漳河流域降雨径流演变规律及水资源优化配置研究

高云明　胡浩云　王国庆　等 著

中国水利水电出版社
www.waterpub.com.cn
·北京·

内 容 提 要

本书重点介绍水文要素变化特征的诊断方法和基于水文模拟的径流变化归因分析方法，分析漳河流域近60年实测径流变化特征，并定量评估其变化归因，以漳河为实例在供需平衡分析的基础上建立水资源优化配置模型。

本书可供水文、水资源、生态及环境等领域的科研、管理和教学人员参考使用，也可作为相关专业的本科生、研究生的专业读物。

图书在版编目（CIP）数据

漳河流域降雨径流演变规律及水资源优化配置研究 / 高云明等著. -- 北京 : 中国水利水电出版社, 2017.6
ISBN 978-7-5170-5587-7

Ⅰ. ①漳… Ⅱ. ①高… Ⅲ. ①漳河－流域－降雨径流－演变－研究②漳河－流域－水资源管理－资源配置－优化配置－研究 Ⅳ. ①TV121②TV213.4

中国版本图书馆CIP数据核字(2017)第148446号

书　　名	**漳河流域降雨径流演变规律及水资源优化配置研究** ZHANGHE LIUYU JIANGYU JINGLIU YANBIAN GUILÜ JI SHUIZIYUAN YOUHUA PEIZHI YANJIU
作　　者	高云明　胡浩云　王国庆 等 著
出版发行	中国水利水电出版社 （北京市海淀区玉渊潭南路1号D座　100038） 网址：www.waterpub.com.cn E-mail：sales@waterpub.com.cn 电话：(010) 68367658（营销中心）
经　　售	北京科水图书销售中心（零售） 电话：(010) 88383994、63202643、68545874 全国各地新华书店和相关出版物销售网点
排　　版	中国水利水电出版社微机排版中心
印　　刷	北京博图彩色印刷有限公司
规　　格	184mm×260mm　16开本　12.5印张　296千字
版　　次	2017年6月第1版　2017年6月第1次印刷
定　　价	**60.00**元

前　言

漳河是海河流域南部地跨山西、河北、河南三省的重要河流，水资源开发由来已久，从战国时期西门豹治邺修建的引漳十二渠，到近代开凿的人工天河——红旗渠，古今闻名。千百年来，漳河水养育了两岸人民，支撑了流域经济社会发展。然而，进入20世纪80年代以来，受人类活动和气候变化共同影响，漳河实测径流减少尤为显著，水资源供需矛盾突出，漳河流域已成为我国水资源最短缺的地区之一，同时也一度成为全国水事矛盾最尖锐的地区之一。全面分析漳河流域降水径流变化成因、科学探寻漳河流域降雨径流演变规律和深入研究水资源优化配置，是漳河流域实施最严格水资源管理制度、支撑流域经济社会快速发展的重要基础工作。

在水利部公益性行业科研专项经费项目“漳河上游降水径流形成及演变规律研究”（项目编号：201201091）、“十三五”国家重点研发计划“全球变化及应对”重点专项课题“自然和人类活动对地球系统陆地水循环的影响机理”（课题编号：2016YFA0601501）、国家自然科学基金重点项目“变化环境下不同气候区河川径流变化归因定量识别研究”（项目编号：41330854）和国家自然科学基金面上项目“不同尺度流域水文循环过程对气候与植被变化的耦合响应关系及模拟”（项目编号：41371063）的支持下，本书对漳河流域降雨径流演变规律、径流变化归因及水资源优化配置等关键技术进行了深入研究。

全书共分6章，第1章介绍了本研究的科学意义、国内外研究相关进展和漳河流域概况；第2章介绍了水文要素变化特征的诊断方法，并对漳河流域降水时空分布、径流变化趋势、周期、变异及降雨径流关系变化进行诊断分析；第3章介绍了VIC模型和基于水文模拟的径流变化归因分析方法以及在漳河流域的应用情况；第4章介绍了漳河流域水资源量分析及需求预测情况；第5章主要介绍了水资源优化配置模型及在漳河流域的应用情况；第6章系统概括了主要研究结论，并提出未来研究重点。书中水量（径流量、库容）精度取四位有效数字；流量精度取三位有效数字。

本书由高云明、胡浩云、王国庆等执笔，各章节内容由项目研究的核心专家参与共同撰写，全书由高云明统稿。第1、第6章由胡浩云教授（河北工程大学）执笔，王勇、刘亮、马涛参与撰写；第 2 章由高云明教授级高级工程师（水利部海河水利委员会水文局）执笔，魏琳、王志国、汤欣钢、万思成、杨云霄参与了本章分析计算及撰写工作；第 3 章由王国庆教授（南京水利科学研究院）执笔，刘翠善、刘艳丽、鲍振鑫、金君良、万思成参与了本章分析计算及撰写工作；第 4 章由张展羽教授（河海大学）执笔，牛文娟、鲁冠华、李文君、林超参与了本章分析计算及撰写工作；第 5 章由王慧敏教授（河海大学）执笔，冯宝平、任晓敏、侯毅凯、富可荣参与了本章分析计算及撰写工作。天津市水文水资源勘测管理中心王得军教授级高级工程师和南京水利科学研究院贺瑞敏教授对全书进行了审稿。在此对所有为本书出版作出贡献的同事和朋友致以衷心感谢。

在项目执行和本书编写过程中，得到了水利部海河水利委员会水文局、河北工程大学、南京水利科学研究院、河海大学、水利部海河水利委员会漳河上游管理局等单位的大力支持，得到了河北工程大学王树谦教授、清华大学武晓峰教授和武汉大学王修贵教授等专家的指导与帮助，在此一并表示诚挚感谢。

限于作者水平，书中难免存在不足和局限之处，敬请广大读者批评指正。

作者

2017 年 2 月

目　　录

第1章　绪　　论

1.1　研究目的与意义

自20世纪80年代以来，我国多数河流实测径流量减少明显，特别是北方河流减少尤为显著。正确认识我国主要江河径流变化成因、科学分析区域水资源变化情势，是实现水资源可持续开发利用的重要保障。

漳河位于海河流域西南部，上游分清漳河和浊漳河，在河北省涉县合漳村汇合后称漳河。漳河流域属中国水资源最短缺的地区之一，人口密集，经济尤其农业相对发达，流域水资源开发利用程度已远远超过了水资源的承载能力。上游山西省境内建设了大、中、小型水库100多座，总库容约14亿m^3。浊漳河以下的河南省红旗渠、跃进渠以及河北省大、小跃峰渠等四大灌区（以下简称四大灌区）的总引水能力已达105m^3/s。1996年以来，河道内基流不足5m^3/s，漳河水资源已经基本上处于“吃干喝尽”状态。由于漳河水资源的时空分布与用水分布不均现象突出，且未实行全流域水资源统一调度和管理，致使上下游、左右岸水事矛盾突出，是我国水事矛盾频发地区之一。

随着人口的增加和工农业的发展，水资源的开发利用量逐年增加，经济社会发展对水资源依赖程度越来越高。《国务院关于实行最严格水资源管理制度的意见》及实施方案明确提出，要全面推动最严格水资源管理制度贯彻落实，建立取用水总量控制指标体系。因此，正确认识降雨径流的变化成因，深入研究漳河流域降雨径流演变规律和水资源科学配置，可为漳河流域水资源的可持续开发利用、制定水量分配方案提供科学依据，对于促进流域社会经济稳定、快速和可持续发展等具有十分重要的意义。

1.2　国内外研究进展

1.2.1　水文序列分析方法

水文现象是一种自然现象，具有确定性变化规律和随机性变化规律，水文现象随时间变化的过程称为水文过程或水文时间序列。时间序列分析的一个重要内容就是分析序列的变化特性，包括趋势性、周期性、突变性等。

河川径流过程是水文学中最常见的时间序列，径流的变化通常包含“量”和“结构”的变化。前者通常是指径流总量、流量等数值上的变化，而后者则注重从径流过程线的“形状”上进行分析，它反映不同时段内径流的比例。在气候变化以及人类活动的影响下，河川径流的年内分配特征也发生着相应的变化，用于体现径流年内分配特征的指标有各月、季径流占年径流的百分比数，汛期、非汛期占年径流的百分比数等。在20世纪80年代，汤奇成等（1982，1983）从河川年径流的角度，给出不均匀系数的概念，讨论了年径流不均匀系数的计算方法和一些性质，并指出不均匀系数不仅可用于径流，而且可用于年降水或其他要素的年内分配分析。郑洪星等（2003）根据黄河源区主要测站1952—1997年的月天然径流资料，分析了年内分配不均匀系数、集中度和集中期、变化幅度等特性，认为20世纪90年代的径流年内分配特征较前期出现了较大的变化，突出表现在汛期径流量的减少。王金星等（2007）采用年内不均匀系数（完全调节系数）和集中度（期）等指标，从多个角度分析了中国六大江河19个重点水文站实测径流年内分配特征的变化规律。

随着时间的增长，对水文序列各值的平均值而言，或是增加或是减少，形成序列在相当长时期内向上或向下缓慢地变动，这种有一定规则的变化称为趋势。时间序列的趋势线变化既可能是线性的，也可能是非线性的。常用的趋势检验方法主要包括：滑动平均法、线性回归法、累积距平法、二次平滑法、三次样条函数法、Mann-Kendall秩次相关检验法及Spearman秩次相关检验法、小波分析法等。线性回归法和滑动平均法简单明了，可以直观地给出时间序列是否具有递增或递减的趋势，并且线性方程的斜率定量表征了时间序列的平均趋势变化率；然而，这两种方法只能给出序列的演变趋势，很难定量判别趋势变化是否显著。Mann-Kendall秩次相关检验法及Spearman秩次相关检验法则通过相关统计量的计算，可以定量地判别序列变化趋势是否显著，其中，Mann-Kendall趋势检验法（简称M-K趋势检验法）是一种非参数统计检验方法，与参数统计检验法相比，该方法不需要样本遵从一定的分布，也不受少数异常值的干扰，而且计算也比较简单，是比较常用的趋势诊断方法。叶茂等（2006）采用线性回归、M-K趋势检验方法，分析了塔里木河水资源利用及趋势，认为自1995年以来，塔里木河水资源增加趋势明显，这种现象与全球变暖不无关系。徐宗学等（2006）分析了北京地区降水的时空分布规律和黄河流域近50年降水的变化趋势。曹建廷等（2007）采用类似的方法，分析了长江源区1956—2000年径流量变化，认为长江源区年径流量在1956—2000年间呈微弱的减少趋势，该时段流域内升温明显，降水也呈微弱减少趋势，降水量减少是该时段径流量减少的直接原因。张建云等（2009）分析了黄河中游径流量在1951—2005年的变化趋势，指出，在全球变暖背景下，黄河中游花园口站实测径流量的平均年线性递减率为6.05亿m^3，M-K统计量明显超过信度为0.05水平的临界值，序列呈现显著性减少趋势，径流量的减少是气候变化和人类活动等多种因素综合作用的结果。趋势性研究为探讨其变化原因（气候因素、人类活动）奠定了基础。

水文时间序列也会发生从一种状态过渡到另一种状态的变化特性，即表现出变异性（也称跳跃）。突变是跳跃的一种特殊形式，是瞬间行为。突变发生后，水文序列一般又保持原来的特性。水文序列中的跳跃一般是由于人为的或自然的原因引起的。例如，修筑水库前坝下最大流量序列与修建水库后经水库调节的年最大流量序列，就是人为的原因引起的跳跃；又如，一个流域若突发大面积的森林火灾，则径流量会突然变化，形成由自然引起的跳跃成分。在洪水频率分析中，通常以洪水时间序列的平稳性为基础，要求资料具有一致性。但是流域系统一旦受到干扰（例如人类活动的影响、自然灾害的发生），则其平稳性遭受破坏，发生突变而演变为非平稳性序列。对于受到干扰影响的水文序列，推估出

突变的时刻，即突变点，在洪水分析中具有实际的意义。水文变异分析中，现应用较多的几种方法包括：有序聚类分析法、游程检验法、秩和检验法、Mann－Kendall 突变检验法、R/S 法以及逐时段滑动分割模型。杨莲梅（2003）分析了 40 年来新疆极端降水的气候变化、发展趋势和空间分布差异，并用 Mann－Kendall 法对年极端降水量进行了突变检验；杨志峰等（2004）采用 EOF 技术分析了黄河上游降水的时空结构特征与变化，并用 Mann－Kendall 法检验了降水序列的突变现象；王国庆等（2001，2006）以黄河中游无定河为研究对象，采用有序聚类分析方法，分析了由于水土保持等人类活动引起的水文序列的突变年份，以汾河流域为研究对象，在诊断实测径流发生突变的基础上，分析了气候变化和人类活动对河川径流的影响。

年径流的多年变化，主要取决于气候因素的变化，而气候因素则取决于大气环流的特点，大气环流的变化受太阳活动制约，太阳活动具有一定的循环周期，因而年径流量多年变化也可能存在一定周期性。由于影响周期因素变化的复杂性，往往周期之间并不可通约，所以隐含在年径流量序列中的这种周期一般称为近似周期。识别周期成分的常用方法很多，有方差分析、功率谱分析、谐波分析、小波分析等方法。波谱分析方法很早就被应用到研究水文气象要素变化的周期性，其分析原理是利用傅立叶级数能够将周期函数展开为无穷多个频率为基频整数倍的谐振动之和。黄忠恕（1983）较早地出版了《波谱分析方法及其在水文气象学中的应用》；李栋梁等（1997）利用中国西北 5 省（自治区）90 个测站，1960—1990 年 6—8 月降水量资料，采用波谱分析及大气环流模式，对夏季降水量的空间异常特征、时间变化规律以及降水异常的主要成因进行了诊断研究；王栋等（2001）系统总结了最大熵原理在水文水资源学中的应用；Rigozo 等（2005）对 4 种波谱分析方法进行了系统比较；S. L. Jeng 等（2008）基于波谱分析对水文时间序列进行了分类；张明（2009）在对最大熵谱求解方法改进的基础上，提取了三川河流域实测径流量的周期特性。

现关于时间序列变异点的推求、周期特征的提取、变化趋势显著性的诊断有很多方法，然而不同方法分析的结果可能存在差异，如何选取有效的诊断分析方法、如何利用多种评估结果对时间序列变化特征给出比较科学的综合评估是亟须解决的科学问题。

1.2.2 人类活动对水文的影响研究

人类生产的发展，越来越快地改变着自然环境，从而在一定条件下改变水文循环状况和流域的产汇流条件。目前，快速的经济发展和人口增长对水文循环已经产生了巨大的影响，致使人们在水文计算、流域规划、水资源评价等各个方面都不可避免地考虑这种影响。

从水文循环角度出发，人类活动对水文水资源影响的主要因素包括：

（1）引起流域水文特性变化的土地利用等下垫面变化。包括农田开垦、放牧、森林砍伐、围湖造田以及大规模城镇化建设等人类活动造成流域下垫面变化，从而改变了流域蒸散发、土壤下渗、地表糙率和包气带水力传导度等天然状态下的水循环机制。

（2）通过拦截蓄水等直接改变原有径流方式的水利工程的建设。由于我国洪涝干旱灾害严重、能源紧张等原因，造成了对水利工程建设的强有力的社会发展需求，在社会经济发展的推动下，修建了一系列具有防洪、发电、灌溉以及供水等功能的水利设施。这些水利设施直接影响了河川径流、造成河道形态改变甚至是流域水系的结构变化，对自然水循环造成了直接影响。

（3）人类直接取用水影响，包括生活用水和生产用水等。随着社会经济的发展和人们生活水平的提高，形成了生产生活用水的强大需求，人们对地表地下水大量开发开采，造成了天然水资源时空上的重新分配，进而直接影响了自然水循环的空间分布状况。

如何科学地评估人类活动对水文情势的影响已成为国内外专家学者的研究焦点。国际水文十年（IHD）和国际水文计划（IHP）自20世纪60年代就将这作为重要课题，组织各国的水文学者开展相关研究。IHP第6阶段计划的第1个主题就是全球变化与水资源，将气候变化和土地利用对水文的影响作为重要课题研究。国际地圈生物圈计划（IGBP）的核心项目（GAIM/BAHC/GCTE/LUCC）也将水文模拟和土地利用变化的水文响应作为核心内容，土地利用变化不仅将直接影响到流域水资源的分布、洪涝灾害、流域管理，而且关系到社会经济的可持续发展。人类活动的水文效应也逐步引起了我国科学家的重视，1980年10月在武汉召开了“人类对水文要素影响的研究”学术交流会，拟定了展开研究的主要专题，包括水利工程、农业措施对水文要素的影响，森林的水文效应和城市化的水文效应。

对比试验是研究土地利用变化等人类活动对区域水文影响、认识水文循环规律的基本途径。1889年，在瑞士Emmental试验区就开始了森林流域与牧场流域水文特性差异的对比分析研究，并得出森林流域的洪水及径流均比牧场流域小的结论；1902年，在阿尔卑斯建立的Sperbelgraben和Rappengraben试验流域是较早研究森林水文效应的试验流域；1909年，在科罗拉多的Wagon Weel峡谷设立了试验径流站，首先采用“控制流域法”研究森林的水文效应，并提出了选择试验流域的准则；1935年，南非的Jonkershoek森林水文研究站设立了6个对比流域，系统地深入分析了森林对水文要素的影响，同一时期，苏联设立的Valday水文实验流域也系统分析了流域水平衡要素的变化规律和各种农业、森林的水文效应；此后，北卡罗林纳的Coweeta、东非的Mokobulaan、英国的Plynlimon、印度的Niligris和澳大利亚的Perth供水区也开展了类似研究（Maidment，2002）。Bosch和Hewlett（1982）通过对比分析世界94个流域的试验结果认为，对草地覆盖的流域来讲，当10%的面积改为松树时，年径流量将减少40mm；当10%的面积改为灌木或者落叶林时，相应的年径流量将减少10～25mm。Bavaria的研究结果表明，造林后，随着树木的生长，洪峰流量也随着削减，大部分削减出现在最初的10年，而且对于较小的暴雨，削减的比例较大。Douglas（1981）对美国Coweeta流域的研究结果认为，森林砍伐对雨洪过程的影响是渐增的，一般是洪量和雨洪历时增加，这种影响随着树林的恢复呈现对数减小。Buytaert等人（2006）利用对比试验的方法研究了放牧、耕种、种植松树等人类活动对Andean地区的水文影响；Alvarez-Rogel等（2007）基于对比观测数据（1991—1993年和2002—2004年），分析了地中海湿地人类活动引起的植被和土壤变化。

我国对人类活动影响的试验研究，始于20世纪50年代，在1958年前后，先后设立了一大批径流实验站，其中比较著名的有：安徽省的青沟、湖北省的石桥铺、浙江省的姜

湾、辽宁省的叶柏寿、湖南省的宝盖洞、水利部黄河水利委员会在陕西省设立的子洲、水利部长江水利委员会在四川省设立的凯江实验站等。郝建中（1985）分析了黄河流域韭园沟流域综合治理对年径流泥沙的影响，认为治理后的径流较治理前减少 44.9%～94.9%，尽管其中包含了降水变化的影响，但流域治理的影响也是非常明显的。周圣杰等（1985）采用相邻相似流域对比分析方法研究了水土保持措施对水文的影响，结果表明：在同一降水条件下，治理流域的平均入渗率较未治理流域增大 20%～40%，同一径流深下，较未治理的洪峰模数平均削减 59%左右；洪水越小，径流深减小的百分数越大，洪水越大，径流深减小的百分数越小，但到一定大水时，径流深的减小量不再增加，而是趋于一定值，减小范围在 8%～50%之间。扈祥来（2000）分析了黄土丘陵地森林植被对水资源的影响，对比分析结果表明，森林地区的年径流系数明显高于植被较差的流域，这点除了受流域岩性的影响外，森林植被在涵养水分和保蓄径流方面有明显的作用，对于植被好的流域，径流的年内分配也相对均匀。对于暴雨洪水而言，森林植被区的暴雨洪水径流系数明显小于植被稀少地区，说明森林植被区的下渗能力和调蓄能力较强，从而可以有效地削减洪峰，延长洪水历时，减缓洪水过程。

土地利用/覆被变化（land use/cover change，LUCC）是引起地表各种物理过程变化的主要原因之一，进而对产流规律、流域蒸散发、土壤下渗、水质、水循环产生显著影响。众多的水库、堤坝、引水工程、灌区建设等，大大改变了河川径流，对河流生态系统、河道形态等也产生了一定影响。由于大量生产、生活用水需求，人类从河湖等地表水体以及地下含水层中大量取用水，直接影响了水文循环，造成了河川径流锐减甚至断流以及大面积地下漏斗，如河北省沧州市地下水漏斗等现象。上述人类活动均是通过改变水文循环进而直接或间接影响河川径流的，而流域水文模型是对区域水文循环的定量数学描述，流域水文模拟技术的快速发展无疑为定量评估人类活动对区域水文影响的评估提供了良好的工具。

20 世纪 60 年代以来，国外许多学者采用模型模拟手段来评估 LUCC 对流域水文过程的影响。Onstad C A 等（1970）最先尝试运用水文模型预测土地利用变化对径流的影响；Legesse 等（2004）利用水文模型研究了人类取用水活动对 Abiyata 湖水位的影响；王浩等（2005）应用分布式流域水文模型 WEP _ L 模型对比是否考虑人工取用水条件的模拟结果，分析了其对水文水资源的影响；王纲胜等（2006）通过建立分布式月水量平衡模型研究了人类活动在潮白河流域径流量影响的贡献率；Li 等（2007）应用生态系统模型（IBIS）和分布式水文模型 THMB 相结合，研究了南非西部地区土地利用变化对水循环的响应；栾兆擎等（2008）基于统计的方法研究了人类活动对别拉洪河流域水文情势的影响；王国庆等（2008）以黄河中游三川河流域为例，采用流域水文模拟途径分析评估了气候变化和人类活动对该流域径流量的影响；欧春平等（2009）应用 SWAT 模型定量评估了海河流域土地覆被变化对径流、蒸发和洪峰流量的影响；Cong 等（2009）采用 GBHM 模型，基于不同气候及土地利用情景模拟出未考虑人工取用水的径流，通过该模拟径流与实际径流对比得到人工取用水对水文的定量影响；史艳华等（2009）以故县水库为例，基于 Richter 提出的 IHA 法分析了洛河流域长水站的生态水文特征变化，探求了故县水利枢纽对河流天然径流的影响；李帆等（2010）分析了葛洲坝水利枢纽工程对宜昌河段水位

—流量关系、断面形状和水位变化规律的影响。目前主要通过对比水利工程相关数据加入/不加入模型的计算结果来评价水利工程对水文的影响，如用SWAT。

水文循环过程是一个涉及多个圈层的复杂的非线性过程，人类活动与气候变化等多个因素共同影响着水文水循环，很难直接量化两者对水文产生影响的贡献，通过长期水文观测资料的对比分析以及水文模拟天然径流量，是评估人类活动和气候变化的重要途径。

1.2.3　气候变化对水文的影响研究

气候变化通过大气环流、冰川和积雪等条件变化引起降雨、蒸发、入渗、土壤湿度、河川径流、地下水等一系列的变化，进而改变全球水循环的现状，引起水资源在时空上的重新分配，并进一步影响到水资源管理系统及经济社会系统（张建云等，2007；Mimikou，1996）。

气候变化与水循环及其相互作用是当前全球变化研究的热点和前沿问题。为了推动对全球变化及其对水循环的可能影响的研究，世界气象组织（WMO）、联合国教育、科学和文化组织（UNESCO）、联合国环境规划署（UNEP）、联合国开发计划署（UNDP）和国际水文科学协会（IAHS）等一些国际组织积极发起并推动开展了国际合作研究，制定实施了一些相应的研究计划，如：世界气候研究计划（WCRP）、国际地球生物圈计划（IGBP）、国际水文计划（UNECO-IHP）等。IPCC（Intergovernmental Panel on Climate Change）是1988年由联合国环境规划署与世界气象组织共同组建的联合国政府间气候变化专门委员会，其主要任务是为政府决策者提供气候变化的事实和对未来气候的可能变化进行预测，以使决策者认识人类对气候系统造成的危害并采取对策。最新的IPCC技术报告专门论述了“气候变化与水”问题，总结了气候变化对水影响的最新认知，指出：观测记录和气候预估提供的大量证据表明，地球上淡水资源是脆弱的，且可能受到气候变化的强烈影响，同时给人类社会和生态系统带来一系列后果（Bates等，2008）。

利用气候情景驱动水文模型评价气候变化对水资源的影响时，采用的气候情景包括两种类型：一是根据气候变化趋势假定的气候变化情景，利用该情景主要分析水资源对气候变化的敏感性；二是全球气候模式预测的情景，分析未来气候变化对水资源的可能影响，进而评价水资源系统对气候变化的脆弱性（张建云等，2007）。

Schwarz等（1977）分析了美国东北部现有的水文条件，试图评价气候对供水的影响，研究结果表明，河川径流对气候变化十分敏感。Gleick等（1986）针对美国加州萨克拉门托流域，根据8种不同的GCMS模型输出的气温和降水结果，应用水量平衡模型研究了气候变化对该流域水文情势的影响，结果表明，CO_2加倍将导致流域的夏季径流减少30%～60%，冬季径流量增加16%～81%；夏季土壤湿度降低14%～36%。引起这些水文响应最主要的内在机制是降雪和融雪的条件发生了显著变化。Nash等（1990）用一个修正的水平衡模型研究了科罗拉多河水文系统的响应并与之前统计模型的研究结果进行了比较，结果表明，以前采用统计模型过高地估计了各种情景（包括气温增加）下径流的减小量，并认为在选择的温度变化范围内（±4℃），预期的径流量变化与历史记录并无统计意义上的差异，降水是影响径流变化的主要因素。美国环境保护署根据GCMS模型的输出结果，评估了美国未来水资源情势，认为在CO_2倍增的情景下，西北部径流将增加

20%～60%，中部则减少26%；在西北太平洋地区的年径流和洪水都将进一步加剧；根据假定的暖干（气温升高2℃，降水减少10%）和冷湿（气温降低2℃，降水增加10%）情景分析结果表明，在美国的大多数地区暖干情景下的水资源量只是冷湿情景下的50%～70%左右。

中国幅员辽阔，南北气候差异大，水资源对气候变化的响应具有明显的区域性。中国学者以典型流域为研究对象，采用不同的水文模型，分析了不同气候区域典型流域水资源系统对气候变化的敏感性。假定不同的降水变化和气温变幅，采用考虑融雪的水量平衡模型、简化的新安江模型和两参数水量平衡模型分析了黄河中下游（王国庆等，2000）、海河流域（刘九夫，2000）、淮河流域（郝振纯，2000）、汉江和赣江（郭生练，2000）径流对气候变化的敏感性。叶佰生等（1996）、康尔泗等（1999）采用冰川动力模型分析了西部高寒内陆河伊犁河和黑河出山径流对气候变化的响应；英爱文等（1996）、邓慧平等（1998）分别采用WatBal模型和类似于abcd水量平衡模型的模拟技术分析了东北地区辽河流域和西南地区沱江流域水文对全球气候变化的敏感性。以上研究结果表明，径流对降水的敏感性远大于对气温的敏感性；相同变化幅度时，径流对降雨增加比对降雨减少敏感；气候过渡区的径流敏感性小于干旱区，湿润地区最弱；气温升高使得冰川对年径流的调节作用减小，可以明显增加春季径流，减少其他季节径流（张建云、王国庆等，2009）。

利用径流对降水变化响应的敏感程度或弹性系数结合全球气候模式的模拟结果，预计21世纪中期和后期，在人类活动引起的全球气候继续变暖情况下，长江、黄河、松花江和珠江4条河流的径流量都可能呈增加趋势，其中，长江和黄河增幅可能略小（任国玉等，2008）。黄艳等（2009）以三种排放情景（A1B、A2、B1）下气候模式输出成果作为径流模型的输入，模拟了长江流域径流量的可能变化趋势，认为未来10～30年长江流域径流量将以减小为主，2060年以后将转变为显著增大的变化趋势。张建云等（2007）根据SRES情景下的未来可能气候变化，采用VIC模型模拟了4种气候情景下全国径流量的可能变化，认为，全国径流量以增加趋势为主，个别地区存在减少的可能，其中，华北和东北的个别省份减幅可能较大。特别强调的是，对未来水资源变化的评价结果在很大程度上依赖于未来的气候变化情景。限于目前对大气过程的认知水平，对未来气候变化预估存在较大的不确定性；同时，由于对水文过程认知的不足，评价模型本身也存在一定程度的不确定性，因此，对未来水资源变化预估也存在较大不确定性（贺瑞敏、刘九夫等，2008）。

1.2.4　水资源调配研究

1. 国外研究综述

国外对水资源配置最早的研究开始于20世纪40年代，Mass从单个水库库存水量的优化调度角度研究水资源配置。进入20世纪50年代以后，随着运筹学和计算机科学的发展，水资源系统模拟技术开始出现，其中比较著名的应用有美国陆军工程师兵团（USACE）设计的密苏里河流域的多个水库调度模拟模型和Emergy和Meek（1960）提出的尼罗河流域水库群调度模拟模型。随着水资源模拟技术的发展，其应用领域进一步扩大，从单纯的水库调度模拟向整个流域或者地区的水资源系统模拟发展。Haimes（1975）应用模拟模型技术对地表水库以及地下含水层的联合调度进行了研究，同年 J. A. Dracup 和 A. D. Fudmar 用系统模拟的方法对南斯拉夫 Morana 流域的水资源规划进行了研究。除了美国的这些研究之外，苏联、加拿大、英国、法国等，也都先后开始用系统模拟和系统分析方法研究水资源配置问题。

由于系统工程的原理和方法的引入，20 世纪 80 年代以后的许多水资源规划目标，都由以前的单一强调经济发展，逐步过渡到更广泛的社会需求方面，即多目标规划，尤其是 1982 年美国召开的“水资源多目标分析”会议，推动了水资源管理多目标决策技术的研究和应用。荷兰的水资源配置专家 E Romijn. M Taminga 在考虑了水的多功能性和多种利益关系的基础上，强调决策者和决策分析者之间的合作，建立了 Gelderlandt Doenthe 的水资源量分配问题的层次模型，体现了水资源配置问题的多目标和层次结构的特点。1985 年 G. Yeh 对当时的水资源配置方法进行了系统的总结，将水资源配置的方法归纳为线性规划、动态规划、非线性规划和模拟技术等几类。

随着工业化的发展，水资源配置不仅仅是水资源短缺问题，水污染问题也逐渐引起了人们的关注，因此从 20 世纪 90 年代开始，国外的水资源配置从单纯的水量配置转向水量与水质的并重，从水资源可持续利用的角度对配置问题进行研究。Watkins 和 David W Jr（1995）在一种伴随风险和不确定性的可持续水资源规划模型框架的基础上建立了有代表性的水资源联合调度模型。该研究通过建立一个两阶段的扩展模型来解决水资源的配置问题，在第一阶段得到投资决策变量后将其代入第二阶段后可以得到运行决策变量，运用大系统的分解聚合算法求解最终的非线性混合整数规划模型。Bana（1990），El－Swaify（1998）以及 Beinat 等（1998）分别利用多准则分析评估的方法来解决水资源配置中的环境问题，通过不同的数学运算法则来支持水资源配置的复杂决策。另外，还有部分学者从经济学的角度通过成本-收益分析法来进行水资源配置中的环境评估，在环境经济学的基础上进行资源配置的最优化决策。

20 世纪 90 年代中期以后，流域水资源配置模型出现了另外一个新趋势：一方面，基因算法和灰色模拟等计算技术不断引入模型中，出现了一些基于新的算法和对原有算法进行改进的水资源配置模型；另一方面，则表现为水资源管理模型与地理信息系统、水文模型和经济模型的耦合。Minsker 等（2000）应用遗传算法（Genetic Algorithms）建立了不确定性条件下的水资源配置多目标分析模型，通过遗传计算模拟自然进化过程来搜索水资源配置多目标的最优解，但从本质上看，这种算法的思路并没有跳出多目标规划寻优的范畴；Rosegrant 等（2000）为评价改善水资源配置和利用的效益，将经济模型与水文模型进行耦合，并把模型应用于智利的 Maipo 流域；Xu 等（2001）将分布式水文模型与地理信息系统有机结合，解决了传统方法不能解决的大量水资源配置方案的检验问题，同时，能形象展示决策者由于条件变化对流域水资源管理的改变，为开发流域水资源管理空间决策支持系统（SDSS）奠定了基础。

除了采用水资源配置模型进行配置之外，国外也有一些国家开展了以水权市场交易为基础的配置。智利的宪法规定个人或者企业在通过法律获取水权后，不仅有使用水的权利，并且还有处置水权的权利，水权可以脱离土地作为抵押品、附属担保品进行市场经济活动。Chales W. Howe 等曾以美国的科罗拉多河为例，研究了通过水权市场进行水资源

配置的优缺点。美国加州地区由于长期缺水，也开展了以水银行为核心的水权交易试点，取得了一定的实际效果。另外，澳大利亚从1994年开始也引入了水权市场交易理论进行水资源配置的改革，将水权从地权中分离出来，允许水权独立运作和流转。

2. 国内研究综述

我国在水资源科学配置方面的研究起步比欧美的研究要迟，最早是20世纪60年代以水库优化调度为先导的流域水资源配置的系列研究，这些方法发展至80年代形成了基于水库调度图的常规调度方法和以运筹学为基础的线性规划方法、非线性规划以及动态规划方法，基于寻优为目的的神经网络方法、遗传算法及其改进的一些算法（如蚁群算法）等，水资源多目标决策方法，水文模拟技术与控制方法，考虑水文随机性因素的优化方法、水资源系统模糊优化算法以及衍生的一些其他方法等。张勇传等（1982）提出在水库优化调度中将变向探索法引入动态规划来解决调度问题；马光文等（1987）提出采用关联平衡法来进行水电站群补偿调节的递阶控制，以水电站群保证出力最大为准则、供水期出力相等作为关联条件，通过上、下级反复协调迭代来求水库群调度问题的最优解，解决了库群数目的增加带来的“维数灾”问题；董子敖等（1989）考虑了随机径流的自相关关系和互相关关系，提出了一种求解串并混联水电站水库群补偿调节和调度的多目标多层次优化法。

20世纪90年代以来，我国基于系统工程理论为科学基础的水资源开发、配置与管理的理论及方法研究方面随着系统工程学科的发展，经历了从按照物理系统运动形式和规律来研究复杂系统的还原论方法，向复杂性科学与复杂系统的整体论和还原论结合的方法发展。冯尚友（1991）提出水资源大系统递阶控制理论，而后（2000）又提出水资源生态经济复合系统理论；刘国纬（1995，2000）首次把水资源系统的运行调度由以往视为结构化问题推进到视为半结构化问题的新阶段；王慧敏等（2000）提出流域复合系统理论以及流域可持续发展系统综合集成研讨体系；赵建世、王忠静（2002）提出水资源复杂适应系统配置模型；王浩、秦大庸等（2003）提出面向全属性功能的水资源配置理念；王慧敏等（2005）提出基于供应链的跨流域调水运营管理理论，基于复杂适应系统范式的水资源管理及建模等。随着计算机信息技术的飞速进步，特别是将分布式水文模型与地理信息系统有机结合，开发出流域水资源管理决策支持系统（DSS）。如金水工程东方世纪科技公司的洪水预报调度及水资源管理SRFFA系统，南瑞集团公司的WRMS流域水资源监控调度管理系统等。

进入21世纪以后，面对当今更为复杂的“人—水”关系、“人—人”关系，国内已有一些零散的从制度、政策等角度研究水资源协商管理的研究。秦大庸（2005）在初始水权分配的原则中提到在尊重历史基础上协商调整原则；王浩（2006）则进一步指出：用水现状是水权初始分配的重要参考依据，通过科学论证和民主协商确定，使其具有可操作性；徐邦斌（2006）建立了淮河流域初始水权分配协商机制，提出由水利部淮河水利委员会负责组织召开由各方代表参加的淮河流域初始水权分配协商联席会议方案；李向阳（2007）结合鄂豫丹江荆紫关水事纠纷、同民河水事纠纷、浙闽边界大岩坑水电站跨流域引水水事纠纷等8个地区水事纠纷案例，从定性分析的角度对跨界水资源管理协商的经验作了总结。从2004年开始，水利部松辽水利委员会为了减少该流域范围内水资源利用过程中的矛盾，率先开展了流域初始水权分配方面的研究和试点工作。陈丽芳等（2009）对松辽流域水资源管理制度建设进行了初步探索，在水资源管理体制、用水管理制度、水权制度、水价机制、流域水资源统一调度方面提出了建议；粟晓玲（2009）根据石羊河流域的情况，从供水、节水、结构调整、虚拟水等措施假设不同的水资源模拟配置情景，通过计算单元优化配置模型和水资源转化模拟模型的耦合模型得到各方案的配置结果，由多目标评价函数评价各方案的优劣，提出了该流域水资源合理配置的方案。

总之，在已有的以水利工程科学为基础的水资源配置研究中，流域水资源配置从最初小规模、单目标的水库优化调度，发展到较大规模、多目标、全局优化算法的流域水资源合理配置，并且随着研究的深入，由于常规数学规划方法的局限性已不能满足规划者的要求，因此各种方法的联合运用以及人工智能等计算机模拟技术的应用不断出现。

随着经济规模的不断扩大和人口的增长，人类对水资源的需求也越来越大，水资源的缺口不断增大，因此要在流域水资源的管理中局部引入市场化的模式来进行水资源的优化配置。在可持续发展和市场环境的大背景下，不同类型主体的利益取向不同，如何对这些不同的利益主体之间的利益关系进行协调以达到利益均衡，从而最终形成各方都比较满意的方案成了流域水资源配置新的目标和任务。

1.3 漳河流域概况

1.3.1 河流水系

漳河位于海河流域西南部，属漳卫河水系一级支流，跨山西、河北、河南三省。上游分清漳河和浊漳河两条支流，在河北省涉县合漳村汇合后始称漳河。漳河自浊漳河南源源头至漳河、卫河汇流处徐万仓，全长460km，流域总面积19220km^2，其中观台水文站断面以上流域面积17800km^2（本书重点研究区域，以下简称漳河流域）。

漳河流域支流众多，水系呈扇形分布，上源可分东、西两区。东区为石质山区，山高谷深，岩石裸露，坡陡流急，含沙量小，故称清漳河；西区为山丘和盆地区，盆地内黄土覆盖较厚，植被较差，水土流失严重，洪水挟带泥沙较多，故称浊漳河。

清漳河流域有支流清漳东源和清漳西源。清漳东源发源于山西省昔阳县西寨乡白家川村，东南流至左权县下交漳村汇清漳西源；清漳西源发源于山西省和顺县横岭镇上北社村虎子沟，东南流经石拐、横岭、左权县至下交漳村，东、西两源汇流后称清漳河，继续向东南经黎城下清泉村出山西省进河北省，流经刘家庄、涉县、匡门口至合漳村汇浊漳河。清漳河东、西两源所经地区峡谷小盆地交错，峡谷宽约200m，河道比降18‰。

浊漳河发源于太行山区，上游有浊漳南源、浊漳西源和浊漳北源三大支流。浊漳南源发源于山西省长子县石哲镇良坪村发鸠山，浊漳西源发源于山西省沁县漳源镇余岩村，浊漳北源发源于山西省榆社县社城镇大牛村三县垴。南源由南向北，西源由西北向东南汇合于襄垣县甘村，然后流向西北与北源汇合于襄垣县小蛟村，三源合流后称浊漳河，由西北向东南流经黎城、潞城、平顺三县流出山西省，在三省桥以下为河南省、河北省界河，在河北省涉县合漳村与清漳河汇合后称漳河，向东流至岳城水库出山进入平原，再向东流至河北省馆陶县徐万仓与卫河汇合。

浊漳河三大支流上分别建有漳泽、后湾、关河3座大型水库；在侯（侯壁）匡（匡门

口）岳（岳城）区间沿河建有4个大型跨流域引水工程，浊漳河上有河南省的红旗渠和跃进渠首引水口，清漳河干流左岸河北省建有大跃峰渠首引水口，漳河干流河北省建有小跃峰渠首引水口；漳河干流出山口处建有岳城水库。

1.3.2 地形地貌

漳河流域位于山西省台地东侧，太行山大背斜上。流域内以山区地貌为主，东部为太行山脉，西部为太岳山脉，两山之间是长治盆地，河流横穿太行山脉。大地构造处于太行山新华夏系第三隆起带，由一系列北东向缓复式群皱组成，岩性地层出露主要有震旦系石英砂岩、泥岩，寒武系紫红色页岩，奥陶系石灰岩，河谷两岩阶地由第四系积物组成。两侧山高坡陡，峰峦叠起，多是悬崖峭壁，植被稀疏，低山及丘陵面积较大，山地一般土壤层较薄，土壤侵蚀严重，土地资源少，只有少量河谷阶地和河滩地，为沿河居民赖以生存的土地资源。漳河流域地形见图1.1。

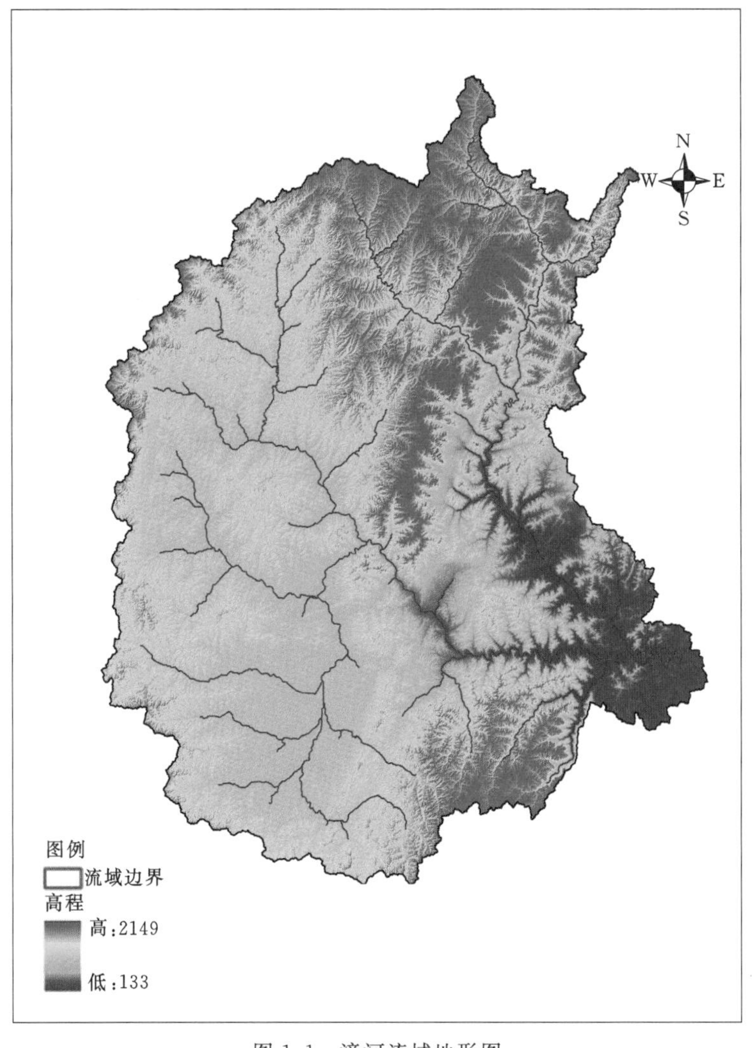

图1.1 漳河流域地形图

1.3.3 水文气象

漳河流域属温带大陆性气候，四季分明，冬春干旱多风，夏季温和多雨，秋季天高气爽，全年夏短冬长。年平均气温7.4～10.3℃，多年平均年降水量为564.8mm（1954—2013年系列），全年降水量主要集中在汛期（6—9月），降水量一般占到全年降水量的60%以上，汛期降水量又主要集中在7月、8月，冬季降水量一般不足全年降水量的8%。多年平均水面年蒸发量在885～1136mm之间，5—6月蒸发量最大，约占全年的1/3，12月至翌年1月水面蒸发量最小，两个月水面蒸发量仅占全年的5%左右。漳河干流观台水文站1951—2013年多年平均实测年径流量9.50亿m^3，清漳河匡门口水文站1958—2013年多年平均实测年径流量3.65亿m^3，浊漳河石梁水文站1953—2013年多年平均实测年径流量4.32亿m^3。

1.3.4 水资源量

漳河流域水资源量主要依据水资源评价成果（1956—2000年系列）和2010年水资源公报。

漳河流域（1956—2000年系列）水资源总量为16.74亿m^3。其中，地表水资源13.830亿m^3，地下水资源9.230亿m^3，两者之间重复量6.320亿m^3，折合平均径流深91.6mm。按行政区划分，山西省13.350亿m^3，河北省2.510亿m^3，河南省0.880亿m^3。最大为1963年的44.200亿m^3，最小为1986年的8.930亿m^3。

漳河流域2010年水资源总量为12.92亿m^3。其中，地表水资源9.591亿m^3，地下水资源9.075亿m^3，两者之间重复量5.746亿m^3，折合平均径流深70.7mm。按行政区划分，山西省10.53亿m^3，河北省1.770亿m^3，河南省0.620亿m^3。

2010年漳河流域水资源总量相对于多年平均水资源总量少23%，其中主要减少的是地表水资源量，减少约30%，地下水资源量基本持平。

1.3.5 社会经济

漳河流域1980年总人口350.9万人，其中城镇人口58.1万人，占总人口的16.6%。1990年总人口389.9万人，其中城镇人口72.7万人，占总人口的18.6%。2000年总人口418.8万人，其中城镇人口95.8，占总人口的22.9%。2010年总人口465.2万人，其中城镇人口142.4万人，占总人口的30.6%。经分析，1980—2010年人口自然增长率呈逐步下降趋势，城镇化率逐步提高，农村人口有减少趋势。

进入21世纪，漳河流域经济一直处于较快发展态势。地区生产总值（GDP）由2000年的211.2亿元快速增长到2010年的1078.4亿元，人均GDP由5043元增加到23181元。产业结构由2005年的10.0∶66.1∶23.9调整为2010年的5.1∶63.9∶31.0。从产业结构的演变趋势分析，第一产业和第二产业的比重略有下降，第三产业比重有所提升，总体来看，产业结构还有较大的优化空间。

漳河流域2010年耕地面积774万亩，区域内播种面积684.2万亩，粮食产量154.2万t，农田有效灌溉面积145.3万亩，农田实际灌溉面积118.5万亩。其中，山西省、河

北省和河南省境内的人均耕地面积分别为 2.0 亩、1.0 亩和 0.9 亩，人均有效灌溉面积分别为 0.3 亩、0.5 亩和 0.6 亩。

1.3.6 水利工程

在漳河观台以上，流域内现有漳泽（浊漳南源）、后湾（浊漳西源）和关河（浊漳北源）3 座大型水库，12 座中型水库，93 座小型水库，总库容约 14 亿 m^3。在侯匡观（浊漳河侯壁、清漳河匡门口、漳河观台）区间建有 4 个大型跨流域引水工程，浊漳河上有河南省的红旗渠、跃进渠，清漳河与漳河干流上有河北省的大跃峰渠、小跃峰渠。

1. 水库工程

漳河流域共有各类水库塘坝等蓄水工程 605 处，其中水库 108 座，包括 3 座大型水库，12 座中型水库，93 座小型水库，水库总库容约 14 亿 m^3，兴利总库容约 3.4 亿 m^3。其中山西省境内水库 97 座，有 3 座大型水库，11 座中型水库，83 座小型水库，水库总库容约 11 亿 m^3。漳河流域大中型水库基本情况见表 1.1。

表 1.1　漳河流域大中型水库基本情况统计

河流名称	水库名称	省份	类型	控制面积 /km^2	总库容 /万 m^3	兴利库容 /万 m^3	建成年份
浊漳河南源	屯绛	山西	中型	407	5190	1206	1959
	申村	山西	中型	235	2219	603.0	1959
	鲍家河	山西	中型	175	1024	434.0	1979
	庄头	山西	中型	119	1700	734.0	1977
	杜家河	山西	中型	135	1067	456.0	1958
	西堡	山西	中型	223	2900	1709	1959
	淘清河	山西	中型	615	3410	1750	1960
	漳泽	山西	大型	3176	42730	11040	1960
浊漳河西源	圪芦河	山西	中型	114	1680	245.0	1958
	月岭山	山西	中型	213	2111	154.0	1958
	后湾	山西	大型	1267	13030	3400	1960
浊漳河北源	云竹	山西	中型	353	7770	4799	1960
	关河	山西	大型	1745	13990	1918	1960
清漳河西源露水河	石匣	山西	中型	754	5830	1723	1966
	南谷洞	河南	中型	270	5804	3762	1960
合计				110500	33930		

2. 引水工程

沿漳河两岸引水灌溉历史悠久。早在战国时期，西门豹治邺在漳河段建设了引漳十二渠；1942 年，八路军一二九师在清漳河修建了漳南渠，至今仍在使用；新中国成立后，在漳河及其支流上除建设了四大灌区引水工程外，还建设了山西省黎城县勇进渠、河北省涉县漳西渠和漳北渠等较大引水工程，见表 1.2。

表 1.2 漳河流域重要灌区基本情况统计

省份	引水河流名称	灌区名称	设计引水流量/(m^3/s)	引漳灌溉面积/万亩	多年平均年引水量/亿 m^3
山西	浊漳河	勇进渠		11.0	
河南	浊漳河	红旗渠	20.0	47.2	1.415
	浊漳河	跃进渠	15.0	30.5	0.415
河北	清漳河	大跃峰渠	30.0	64.4	2.814
	漳河	小跃峰渠	25.0	12.0	0.6771
	清漳河	漳南渠	1.50	1.13	
	清漳河	漳西渠	6.00	2.30	
	清漳河	漳北渠	5.38	5.60	

3. 水电站工程

漳河源远流长，河段峡谷落差集中，有利于水能资源的开发利用。漳河的山西省襄垣县小蛟到河北省磁县岳城镇河段长 180km，天然落差 690m，水能资源蕴藏量达 27.49 万 kW。浊漳河自辛安至天桥断河床纵坡约 1∶200～1∶300，跌差较大者有赤壁（跌水 14m）、侯壁（跌水 19m）及天桥断（跌水 12m），该河段长 52km，天然落差 252m，适于梯级开发，清漳河分 3 个梯级，即下交漳、刘家庄和郜庄。

浊漳河侯壁以下、清漳河匡门口以下至漳河观台区间 108km 河段内，现状沿河共有小水电站 28 座，总装机容量 12281kW，其中，山西省 7 座，河北省 15 座，河南省 6 座，这些电站一般是沿河村或乡镇集资兴建，单机容量较小，大部分为自河道引水尾水退入河道的引水式径流电站。规划电站 15 座，其中，河北省 4 座，河南省 11 座。

第2章　漳河流域降雨径流演变规律

2.1　资料与分析方法

本章根据漳河流域83个站点1954—2013年实测年降水量资料，采用滑动平均法、线性回归法、Mann-Kendall秩次相关检验法和Spearman秩次相关检验法对漳河全流域及支流浊漳河、清漳河流域60年降水量序列进行趋势性分析。选取漳河观台站、浊漳河石梁站、浊漳河石栈道站、清漳河匡门口站和清漳河蔡家庄站作为分析漳河及支流径流演变规律的代表站，根据各代表站建站至2013年实测径流量资料，采用滑动平均法、线性回归法、Mann-Kendall秩次相关检验法和Spearman秩次相关检验法对各代表站径流序列进行趋势分析；采用有序聚类分析法和Mann-Kendall突变检验法对各代表站径流序列进行突变点诊断；采用功率谱分析法、小波分析法对各代表站径流序列进行周期性分析；根据各代表站突变点诊断结果，分两个时间段（建站至1978年，1979—2013年）对各代表站进行降水—径流关系变化分析；选取漳河观台站和浊漳河石栈道站分别作为全流域和河源小流域代表站进行降水、径流和气温的年内分配过程分析。

2.1.1　资料

1. 降水量资料

共收集漳河流域83个雨量站1954—2013年实测逐日降水资料，站点分布均匀，见图2.1。面平均降水量采用算术平均法计算，构建流域面平均降水序列，进行时空变化趋势分析。

2. 径流量资料

漳河流域现有水文站11个，其中观台站是漳河流域较早设立的水文测站，在20世纪50年代、60年代之后又陆续设立了一些水文测站进行观测，综合考虑各站资料系列长度及代表性，选择5个水文站进行分析，其中，漳河干流选取观台站为代表站，支流浊漳河选取石梁站为代表站，支流清漳河选取匡门口站为代表站，另外，在浊漳河和清漳河上游河源区选取石栈道和蔡家庄两个集水面积较小、受人类活动影响较小的测站为代表站。所选5个水文站流量资料系列均超过55年，且具有一定代表性，见表2.1。

表2.1　漳河流域各代表水文站的基本情况

河名	站名	所在县（市）	集水面积/km²	设立时间	资料序列
漳河	观台	河北省磁县	17800	1924年11月	1951—2013年
浊漳河	石梁	山西省潞城市	9652	1952年6月	1953—2013年
浊漳河	石栈道	山西省榆社县	702	1957年6月	1958—2013年
清漳河	匡门口	河北省涉县	5060	1957年6月	1958—2013年
清漳河	蔡家庄	山西省和顺县	460	1958年5月	1959—2013年

图 2.1　漳河流域雨量站、代表水文站位置图

2.1.2　趋势分析方法

1. 线性回归法

线性回归法通过建立年径流序列 y_t 与相应的时序 t 之间的线性回归方程来检验时间序列的线性变化趋势。该方法可以给出年径流序列是否具有递增或递减的线性趋势。线性回归方程为

$$y_t = at + b \tag{2.1}$$

式中：y_t 为实测流量序列；t 为时序（$t=1, 2, \cdots, n$；n 为序列长度）；a 为斜率，表征

时间序列的平均趋势变化率；b 为截距。

a 和 b 的估计式为

$$\hat{a} = \sum_{t=1}^{n}(y_t - \overline{y})(t - \overline{t}) / \sum_{t=1}^{n}(t - \overline{t})^2 \tag{2.2}$$

$$\hat{b} = \overline{y} - \hat{a}\overline{t} \tag{2.3}$$

式中：$\overline{y}$和$\overline{t}$分别为 y_t 和 t 的均值。

2. 滑动平均法

序列 y_1，y_2，…，y_n 的几个前期值和后期值取平均值，得到的新序列 z_t，使原序列光滑，这就是滑动平均法。数学式为

$$z_t = \frac{1}{2k+1}\sum_{i=-k}^{k} y_{t+i} \tag{2.4}$$

若 y_t 具有趋势成分，选择合适的 k，z_t 就能把 y_t 的趋势性特征清晰地显示出来。

3. Mann - Kendall 秩次相关检验法

对年径流序列 x_1，x_2，…，x_n（n 为样本数），所有对偶观测值（x_i，x_j）（$j>i$）中 $x_i<x_j$ 出现的个数设为 k。顺序的（i，j）子集是：（$i=1$，$j=2$，3，4，…，n），（$i=2$，$j=3$，4，5，…，n），…，（$i=n-1$，$j=n$）。如果按顺序前进的值全部大于前面的值，这是一种上升的趋势，$k=n(n-1)/2$；如果顺序全部倒过来，则 $k=0$，则为下降趋势。对无趋势的序列，k 的数学期望为 $E(k)=n(n-1)/4$。

研究序列有无趋势成分需进行检验，构成的统计量为

$$U = \frac{\tau}{[Var(\tau)]^{1/2}} \tag{2.5}$$

其中

$$\tau = \frac{4k}{n(n-1)} - 1 \tag{2.6}$$

$$Var(\tau) = \frac{2(2n+5)}{9n(n-1)} \tag{2.7}$$

统计量 U 称为 Mann - Kendall 秩次相关系数，当 n 增加，U 很快收敛于标准正态化分布。假设原序列为无趋势，当给定显著水平 α 后（这里取 $\alpha=0.05$，下同），在正态分布表中查出临界值 $U_{\alpha/2}$。当$|U|<U_{\alpha/2}$时，接受原假设，即趋势不显著；当$|U|>U_{\alpha/2}$，拒绝原假设，即趋势显著。而且 $U>0$，序列呈上升趋势，$U<0$，序列呈下降趋势。查表得 $U_{0.05/2}=1.96$。

4. Spearman 秩次相关检验法

分析序列 x_t 与时序 t 的相关关系，在运算时，x_t 用其秩次 R_t（把序列 x_t 从大到小排列时，x_t 所对应的序号）代表，相同数值的秩取编号的最大值，t 仍为时序（$t=1$，2，…，n），秩次相关系数 r 为：

$$r = 1 - \frac{6\sum_{t=1}^{n} d_t^2}{n^3 - n} \tag{2.8}$$

$$d_t = R_t - t$$

式中：n 为序列长度。

显然，当秩次 R_t 与时序 t 相近时，d_t 小，秩次相关系数 r 大，趋势显著。相关系数 r 是否异于零，可采用 t 检验法。统计量 T 计算式为

$$T=r\left(\frac{n-4}{1-r^2}\right)^{1/2} \tag{2.9}$$

统计量 T 称为 Spearman 秩次相关系数，服从自由度为 $n-2$ 的 t 分布。假设原序列为无趋势，当给定显著水平 α 后，在 t 分布表中查出临界值 $t_{\alpha/2}$，当 $|T|<t_{\alpha/2}$ 时，接受原假设，即趋势不显著；当 $|T|>t_{\alpha/2}$，拒绝原假设，即趋势显著。而且 $T<0$，序列呈上升趋势，$T>0$，序列呈下降趋势。

4 种分析序列的趋势性方法相比，线性回归法是通过建立线性回归方程来粗略判定流量序列的趋势性，该方法较为常用；滑动平均法只是图形化地表征序列的变化趋势，但不能定量说明序列的变化程度；Mann - Kendall 秩次相关检验法和 Spearman 秩次相关检验法可以定性且定量对序列趋势进行分析检验。

2.1.3　变异点诊断方法

1. *有序聚类分析法*

有序聚类分析法的思想可以用“物以类聚”来形容。在分类时若不能打乱次序，这样的分类称为有序分类。以有序分类来推估最可能的突变点 τ，其实质是寻求最优分割点，使同类之间的离差平方和较小，而类与类之间的离差平方和较大。对于序列 x_1，x_2，…，x_n，最优二分割法的要求如下：

设可能的突变点为 τ，则突变前后的离差平方和可以分别表示为

$$V_\tau=\sum_{i=1}^{\tau}(x_i-\overline{x}_\tau)^2;V_{n-\tau}=\sum_{i=\tau+1}^{n}(x_i-\overline{x}_{n-\tau})^2 \tag{2.10}$$

其中，$\overline{x}_\tau=\frac{1}{\tau}\sum_{i=1}^{\tau}x_i$，$\overline{x}_{n-\tau}=\frac{1}{n-\tau}\sum_{i=\tau+1}^{n}x_i$ 分别为 τ 前后两部分均值。

总离差平方和为

$$S_n(\tau)=V_\tau+V_{n-\tau} \tag{2.11}$$

最优二分割：当满足 $S=\underset{2<\tau<n-1}{\mathrm{Min}}\{S_n(\tau)\}$ 时，τ 为最优二分割点，可推断为最可能的突变点。

2. *Mann - Kendall 突变检验法*

当 Mann - Kendall 法用于检验序列突变性时，需构造一个秩序列 d_k。

$$d_k=\sum_{i=1}^{k}\sum_{j}^{i-1}m_i\quad(k=2,3,4,\cdots,n) \tag{2.12}$$

其中

$$m_i=\begin{cases}1 & x_i>x_j\\0 & x_i\leqslant x_j\end{cases}(j=1,2,\cdots,i) \tag{2.13}$$

在时间序列随机独立的假定下，d_k 的均值和方差可由式（2.14）和式（2.15）计算：

$$E(d_k)=\frac{k(k-1)}{4} \tag{2.14}$$

$$Var(d_k)=\frac{k(k-1)(2k+5)}{72} \tag{2.15}$$

定义统计量

$$UF_k=\frac{d_k-E(d_k)}{\sqrt{Var(d_k)}} \tag{2.16}$$

按时间序列逆序，再重复上述过程，同时使 $UB_{k'}=-UF_{k'}(k'=n+1-k)$，由 UF_k 绘出曲线 C_1，由 $UB_{k'}$ 绘出曲线 C_2。若 UF_k 或 $UB_{k'}$ 的值超过临界直线，表明序列上升或下降趋势显著。如果曲线 C_1 和 C_2 出现交点，且交点在临界线之内，那么交点对应的时刻便是突变开始的时间。

2.1.4 周期性分析方法

1. *功率谱分析*

功率谱分析可以将时间序列的能量分解到不同频率上，根据不同频率分量的方差贡献可识别出原序列的周期成分。设序列为 x_1，x_2，…，x_n，功率谱分析步骤如下：

步骤一：计算样本滞时 j 的自相关系数 $r(j)(j=1, 2, \cdots, m)$，m 为最大滞时。m 较大时，谱的峰值较多，但所有峰值并不表现为周期，有可能是估计偏差造成的虚假现象。m 较小时，谱估计过于光滑，不容易出现峰值，难以确定出主要周期。因此，m 选取十分重要，一般取 $m=n/3\sim n/10$，n 不大时，可取 $m=n/2$。

步骤二：计算不同波数 k 下的粗功率谱，即

$$\overline{S}_k=\frac{1}{m}\left[r(0)+2\sum_{j=1}^{m-1}r(j)\cos\frac{k\pi j}{m}+r(m)\cos k\pi\right](k=0,1,\cdots,m) \tag{2.17}$$

在实际计算中考虑端点特性，常采用下列形式：

$$\begin{cases}\overline{S}_0=\dfrac{1}{2m}[r(0)+r(m)]+\dfrac{1}{m}\displaystyle\sum_{j=1}^{m-1}r(j)\\ \overline{S}_k=\dfrac{1}{m}\left[r(0)+2\displaystyle\sum_{j=1}^{m-1}r(j)\cos\dfrac{k\pi j}{m}+(-1)^k r(m)\right]\\ \overline{S}_m=\dfrac{1}{2m}[r(0)+(-1)^m r(m)]+\dfrac{1}{m}\displaystyle\sum_{j=1}^{m-1}(-1)^j r(j)\end{cases} \tag{2.18}$$

步骤三：粗功率谱与真实谱 S_k 有一定误差，需要平滑处理。当采用 Hanning 窗时，平滑公式为

$$\begin{cases}S_0=0.5\,\overline{S}_0+0.5\,\overline{S}_1\\ S_k=0.25\,\overline{S}_{k-1}+0.5\,\overline{S}_k+0.25\,\overline{S}_{k+1}\\ S_m=0.5\,\overline{S}_{m-1}+0.5\,\overline{S}_m\end{cases} \tag{2.19}$$

步骤四：以 k 为横轴，S_k 为纵轴绘制功率谱图。峰值对应的波数 k 相应的 T 有可能为周期，$T=2m/k$。

步骤五：周期 T 是否显著，必须进行检验。首先判断样本序列总体谱类型。当 $r(1)>\rho_\alpha$ 时，序列可能来自红噪声，则总体谱取红噪声谱；反之，取白噪声谱。

对于红噪声，其标准谱为

$$S_{0k}=\overline{S}\left[\frac{1-r^2(1)}{1+r^2(1)-2r(1)\cos\frac{\pi k}{m}}\right]\quad(k=0,1,\cdots,m) \tag{2.20}$$

其中

$$\overline{S}=\frac{1}{m+1}\sum_{i=0}^{m}S_i \tag{2.21}$$

对于白噪声，其标准谱为

$$S_{0k}=\overline{S}\quad(k=0,1,\cdots,m) \tag{2.22}$$

式中：$\overline{S}$同前。

构造统计量：

$$S'_{0k}=S_{0k}\left[\frac{\chi^2(\alpha)}{\upsilon}\right] \tag{2.23}$$

式中：α 为给定的显著性水平；$\chi^2(\alpha)$ 为遵从自由度为 υ 的 χ^2 分布，其中 $\upsilon=(2n-0.5m)/m$。当 $S_k>S'_{0k}$时，表明 k 对应的周期是显著的；反之，周期不显著。

ρ_α 计算如下：

$$\rho_\alpha=\frac{t_\alpha}{\sqrt{n-2+t_\alpha^2}} \tag{2.24}$$

式中：t_α 为显著性水平 α 的自由度为 $n-2$ 的 t 分布临界值。

2. 小波分析法

小波分析是一种可调时频窗的分析方法，能对时间序列进行多时间尺度分析。通过对年径流序列小波分析，可以得到一些主要尺度的变化过程，进而分析序列周期特性。小波分析的关键是小波变换。对于时间序列，小波变换为

$$W_f(a,b)=|a|^{-\frac{1}{2}}\int_{-\infty}^{+\infty}f(t)\,\overline{\psi}\left(\frac{t-b}{a}\right)\mathrm{d}t \tag{2.25}$$

式中：a 为尺度因子，$1/a$ 在一定意义上对应于频率 ω，反映小波的周期长度；b 为时间因子，反映时间上的平移；$\psi(t)$ 为母小波；$W_f(a,b)$ 为小波变换系数。

实际上时间序列常是离散的，其离散形式可表示为

$$W_f(a,b)=|a|^{-\frac{1}{2}}\Delta t\sum_{k=1}^{n}f(k\Delta t)\,\overline{\psi}\left(\frac{k\Delta t-b}{a}\right) \tag{2.26}$$

式中：$k=1,2,\cdots,n$；Δt 为取样时间间隔。$W_f(a,b)$ 能同时反映时域参数 b 和频域参数 a 的特征，它是时间序列 $f(t)$ 或 $f(k\Delta t)$ 通过单位脉冲相应的滤波器的输出。当 a 较小时，对频率的分辨率低，对时域的分辨率高；当 a 增大时，对频率的分辨率高，对时域的分辨率低。

$W_f(a,b)$ 随参数 a 和 b 变化而变化，可作出以 b 为横坐标，a 为纵坐标的关于 $W_f(a,b)$ 的二维等值线图，称为小波变换系数图。通过小波变换系数图可得到关于时间

序列变化的小波变化特征。在尺度 a 相同情况下，小波变换系数随时间的变化过程反映了系统在该尺度下的变化特征：正的小波变换系数对应于偏多期，负的小波变换系数对应于偏少期，小波变换系数为零对应突变点；小波变换系数绝对值越大，表明该时间尺度变化越显著。

母小波函数采用 Morlet 复小波，表示为 $\psi(t)=e^{ict}e^{-t^2/2}$。运用小波方法对序列进行多尺度分析，进而了解序列在不同时间尺度上的变化。为方便计算，将序列距平化处理，计算小波变换系数。

将时间域上关于尺度 a 的所有小波变换系数的平方进行积分，即小波方差为

$$Var(a)=\int_{-\infty}^{\infty}|W_f(a,b)|^2\mathrm{d}b \tag{2.27}$$

在一定尺度下，$Var(a)$ 表示序列中该尺度周期波动的强弱（能量大小）。小波方差随尺度变化的过程，称为小波方差变化图。通过此图可确定一个时间序列存在的主要时间尺度，即主周期。

Morlet 小波的时间尺度 a 与周期 T 有如下关系：

$$T=\left[\frac{4\pi}{c+\sqrt{2+c^2}}\right]a \tag{2.28}$$

2.2 降水时空演变规律

由于全流域面积仅 1.82 万 km^2，且为同一气候区，在进行降水量年际变化分析时，分别选取漳河全流域、浊漳河流域和清漳河流域作为研究区域，流域面积分别为 1.82 万 km^2、1.17 万 km^2 和 0.416 万 km^2。

进行降水量年际变化趋势性分析时，分别采用线性回归法粗略判断趋势性，滑动平均法定性判断趋势性，Mann－Kendall 秩次相关检验法和 Spearman 秩次相关检验法定性且定量判断趋势性。

进行降水量空间变化分析时，则只着眼于漳河全流域，未进行分区分析，分析方法采用不同时期流域降水等值线图进行分析判断。

2.2.1 降水年际变化趋势

根据漳河流域 83 个雨量站 1954—2013 年实测降水资料，采用算术平均法计算全流域及各支流的面平均降水序列，建立年降水量序列与相应时序之间的线性回归方程，并绘制过程线。计算 5 年均值系列，并绘制过程线，对年降水量变化趋势进行判断。图 2.2～图 2.4 为漳河全流域、浊漳河流域和清漳河流域年降水量及其 5 年滑动平均过程线。

由图 2.2～图 2.4 和建立的线性回归方程可判断漳河全流域及支流浊漳河流域、清漳河流域年降水量呈减少趋势，每 10 年减少约 10mm。

根据流域内 83 个雨量站 1954—2013 年实测降水资料，计算漳河全流域及各支流面平均降水序列，采用 Mann－Kendall 秩次相关检验法对全流域、浊漳河流域和清漳河流域

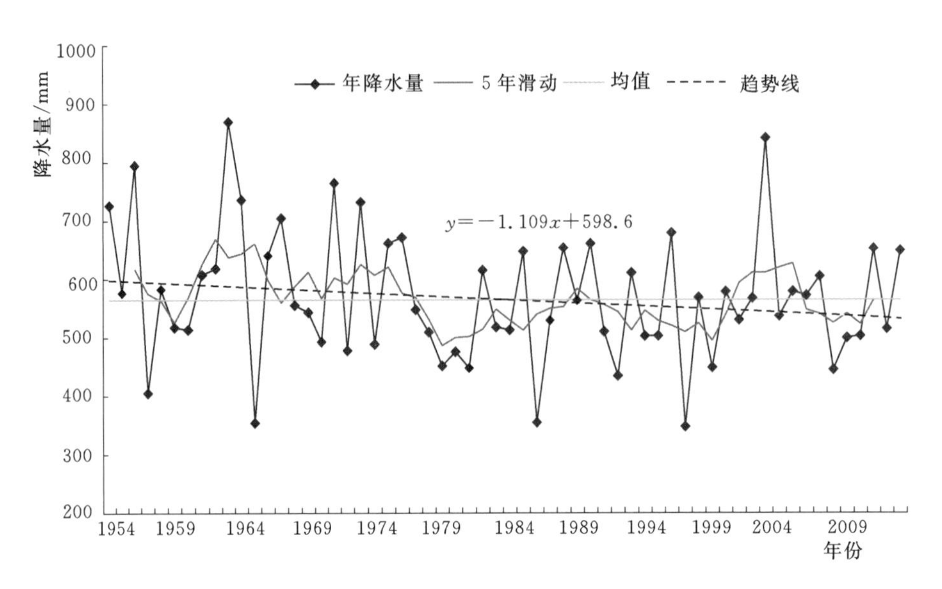

图 2.2　漳河流域年降水量及其 5 年滑动平均过程图

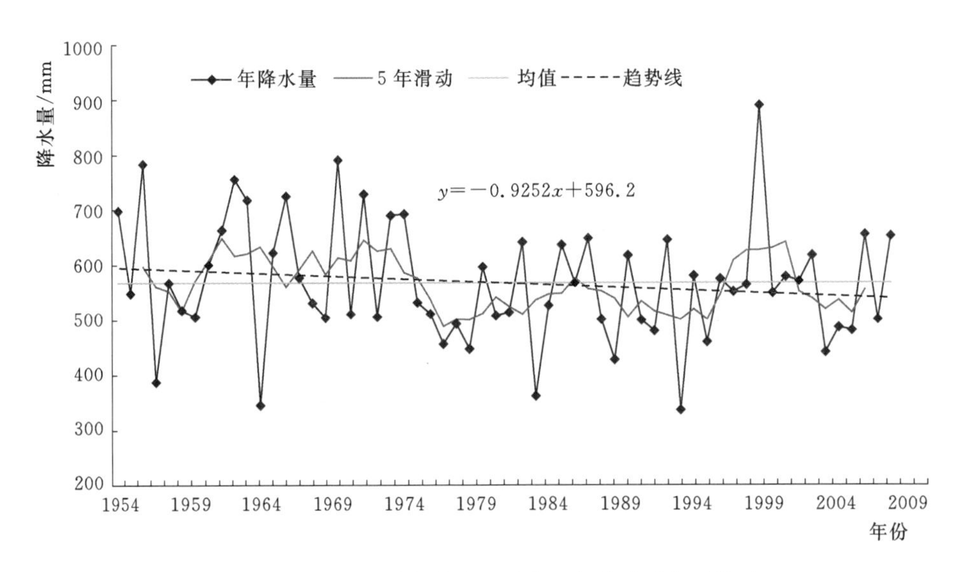

图 2.3　浊漳河流域年降水量及其 5 年滑动平均过程图

年降水变化趋势进行判断。漳河及各支流年降水量年际变化 Mann - Kendall 秩次相关检验成果见表 2.2。

表 2.2　　漳河及各支流年降水量变化 Mann - Kendall 秩次相关检验成果

流域名称	统计量	临界值	趋势性	显著性
漳河	−1.17	1.96	减小	不显著
浊漳河	−1.33	1.96	减小	不显著
清漳河	−0.61	1.96	减小	不显著

由表 2.2 可知，各流域 Mann - Kendall 统计量均小于零，可判断漳河全流域及支流

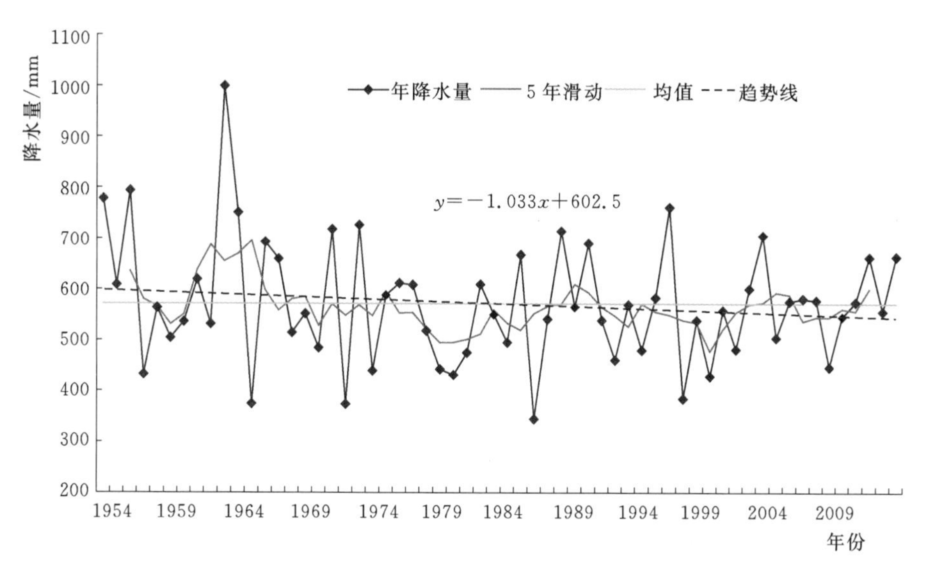

图 2.4 清漳河流域年降水量及其5年滑动平均过程图

浊漳河、清漳河流域年降水量均呈减少趋势；各流域 Mann - Kendall 统计量均小于信度 α=0.05 水平的临界值（1.96），由此判断漳河全流域及支流浊漳河、清漳河流域年降水量序列呈微弱减少趋势。

根据流域内83个雨量站1954—2013年实测降水资料，计算漳河上游全流域及各支流面平均降水量序列，采用 Spearman 秩次相关检验法对全流域、浊漳河流域和清漳河流域年降水量变化趋势进行判断。漳河及各支流年降水量年际变化 Spearman 秩次相关检验成果见表2.3。

表 2.3　　漳河及各支流年降水量变化 Spearman 秩次相关检验成果

流域名称	统计量	临界值	趋势性	显著性
漳河	1.28	2.00	减小	不显著
浊漳河	1.31	2.00	减小	不显著
清漳河	0.65	2.00	减小	不显著

由表2.3可知，各流域 Spearman 统计量均大于零，由此可判断漳河全流域及支流浊漳河、清漳河流域年降水量呈减少趋势；各流域 Spearman 统计量均小于信度 α=0.05 水平的临界值（2.00），由此可判断漳河全流域及支流浊漳河、清漳河流域年降水量序列呈微弱减少趋势。

表 2.4　　漳河及各支流年降水量变化趋势性分析成果汇总

流域名称	漳河	浊漳河	清漳河
多年平均年降水量/mm	564.8	568.0	570.9
最大年降水量/mm	869.2	889.9	999.1
最小年降水量/mm	347.7	336.5	344.1

续表

流域名称	漳河	浊漳河	清漳河
极值比	2.5	3.0	2.9
倾向率/(mm/10a)	−11.1	−9.3	−10.3
Mann - Kendall 统计量	−1.17	−1.33	−0.61
Spearman 统计量	1.22	1.31	0.65
趋势性	减小	减小	减小
显著性	不显著	不显著	不显著

综合滑动平均法、线性回归法、Mann - Kendall 秩次相关检验法、Spearman 秩次相关检验法的分析成果和 1954—2013 年实测降水量资料分析计算成果（见表 2.4），最终得出漳河流域降水量年际变化趋势分析结论：漳河全流域及支流浊漳河、清漳河流域年降水量序列呈微弱减少趋势，变化倾向率在 9.0～11.5mm/10a 之间；年际变化较大，极值比在 2.5～3.0 之间。

根据 1954—2013 年实测降水量资料，统计漳河及各支流不同时段面平均降水量，见表 2.5。

表 2.5　　漳河及各支流各时段年降水量特征值统计　　单位：mm

年份时段	1954—1959	1960—1969	1970—1979	1980—1989	1990—1999	2000—2009	2010—2013
漳河	600.5	614.3	580.1	532.1	527.0	575.7	580.2
浊漳河	583.7	604.3	592.2	529.5	519.9	582.6	572.7
清漳河	633.3	628.3	552.9	538.5	545.2	557.1	613.4

由表 2.5 和图 2.5 可知，漳河及其支流浊漳河和清漳河不同年代的降水量的增减趋势基本一致。漳河流域降水量自 20 世纪 60—70 年代呈下降趋势，70 年代较 60 年代减少了 5.6%，80 年代较 70 年代减少了 8.3%；80—90 年代出现低谷；进入 21 世纪又呈上升趋势，21 世纪 00 年代较 20 世纪 90 年代增加 9.2%。

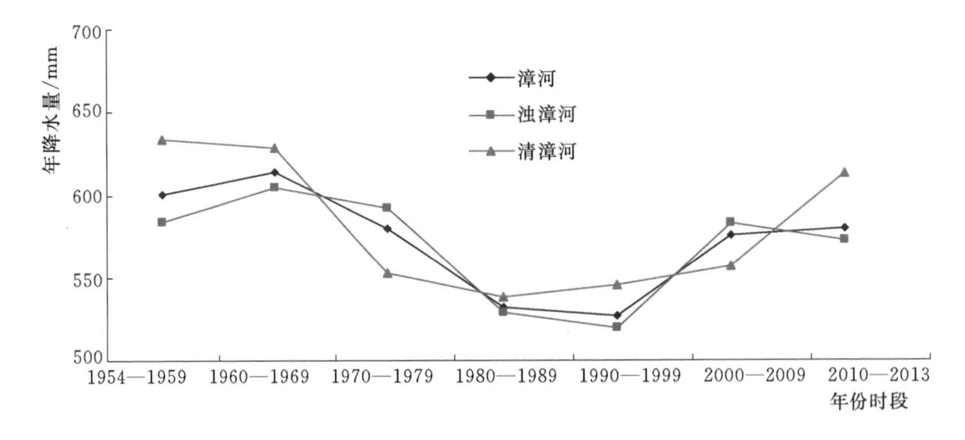

图 2.5　漳河及各支流各时段的实测年降水量

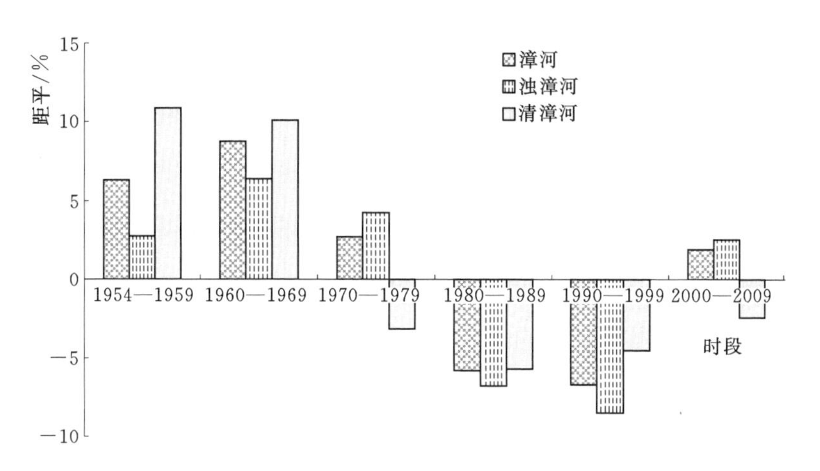

图 2.6 漳河及各支流各时段实测年降水量距平

根据图 2.6 可知，漳河及支流浊漳河和清漳河的实测年降水量的年代变幅在−9%～11%间变化。漳河流域 20 世纪 70 年代以前及 21 世纪以后高于多年平均值，20 世纪 80

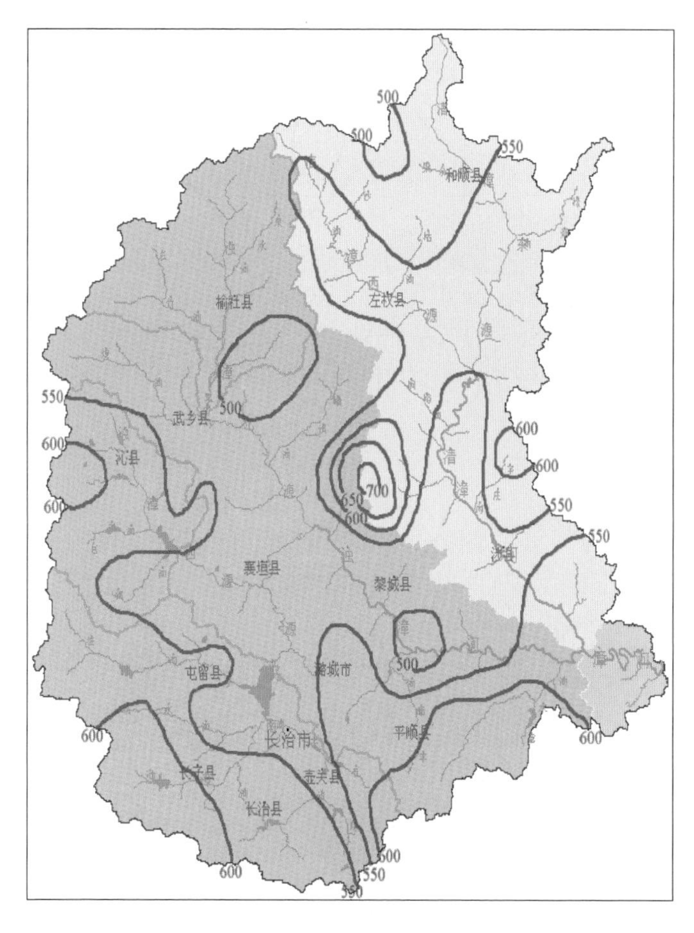

图 2.7 漳河流域多年（1954—2013 年）平均年降水量等值线（单位：mm）

年代、90 年代低于多年平均值；浊漳河流域 20 世纪 80 年代、90 年代降水量偏少较明显；清漳河流域 20 世纪 50 年代、60 年代及 21 世纪 10 年代后降水偏多较明显，但 20 世纪 70 年代至 21 世纪 00 年代低于多年均值。

2.2.2　降水空间分布

根据漳河流域 83 个雨量站资料统计分析，流域多年（1954—2013 年）平均年降水量为 564.8mm，流域中部浊漳河与清漳河交界处为降水高值区，降水量在 650mm 以上，最大降水量为 719.0mm；流域中北部的浊漳河北支和流域中南部浊漳河干流为降水量低值区，降水量在 550mm 以下，最小降水量为 446.2mm；其他地区在 550～650mm 之间。漳河流域多年（1954—2013 年）平均年降水量分布见图 2.7，漳河流域多年（1954—1979 年）平均年降水量分布见图 2.8，漳河流域多年（1980—2013 年）平均年降水量分布见图 2.9。经分析，漳河流域降水量空间分布不均，区域性降水集中现象明显；不同年代空间分布也不均匀，20 世纪 80 年代以前，流域降水量高值区主要在流域西部浊漳河，80 年代以后，流域降水量高值区主要在流域中部。

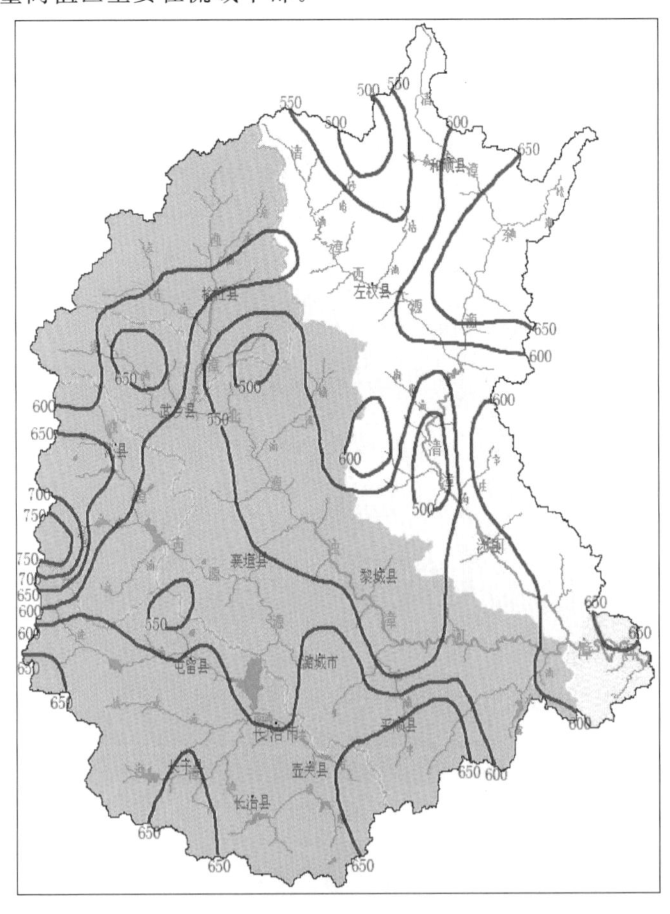

图 2.8　漳河流域多年（1954—1979 年）平均
年降水量等值线（单位：mm）

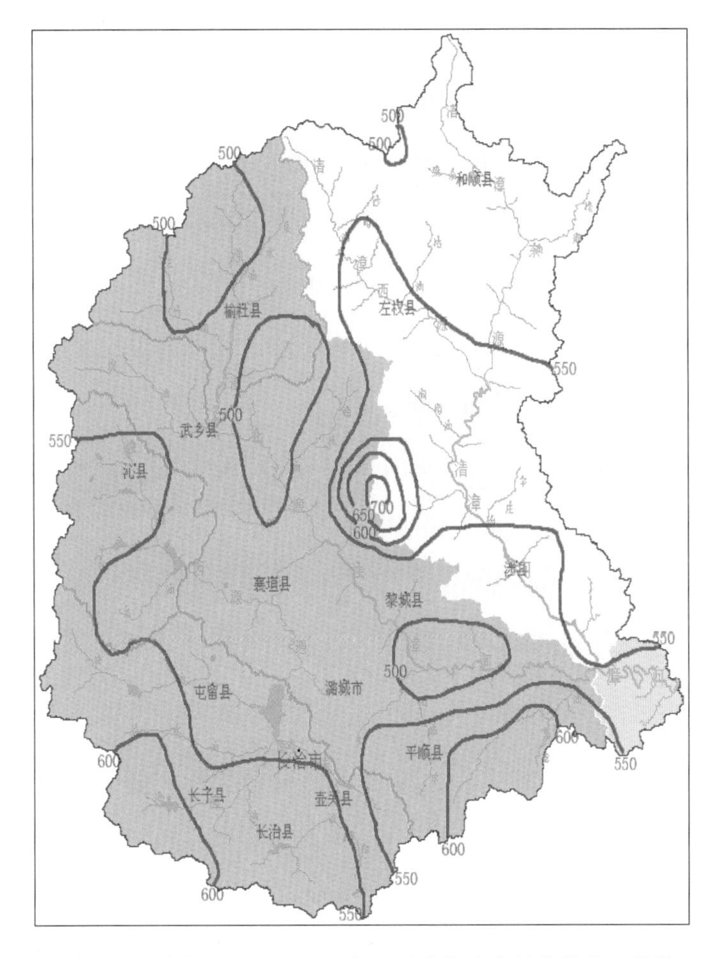

图 2.9 漳河流域多年（1980—2013 年）平均年降水量等值线（单位：mm）

2.3 径流演变规律

根据选取的漳河观台、浊漳河石梁、浊漳河石栈道、清漳河匡门口、清漳河蔡家庄 5 个代表站实测年径流资料，采用滑动平均法和线性回归法粗略定性判断实测径流序列年际变化趋势性，采用 Mann - Kendall 秩次相关检验法和 Spearman 秩次相关检验法定性且定量判断实测径流序列年际变化趋势性。采用有序聚类分析法和 Mann - Kendall 突变检验法诊断实测径流序列变异点。采用功率谱分析和小波分析法进行实测径流序列周期性分析。

2.3.1 径流年际变化趋势

根据漳河流域漳河观台站、浊漳河石梁站、浊漳河石栈道站、清漳河匡门口站、清漳河蔡家庄站建站年份至 2013 年实测年径流序列，绘制年径流量过程线；计算 5 年均值序列，并绘制过程线；建立年径流序列与相应时序之间的线性回归方程。对各代表站年径流量变化趋势进行判断。图 2.10～图 2.14 分别为漳河观台站、浊漳河石梁站、浊漳河石栈道站、清漳河匡门口站、清漳河蔡家庄站年径流量及其 5 年滑动平均过程线。

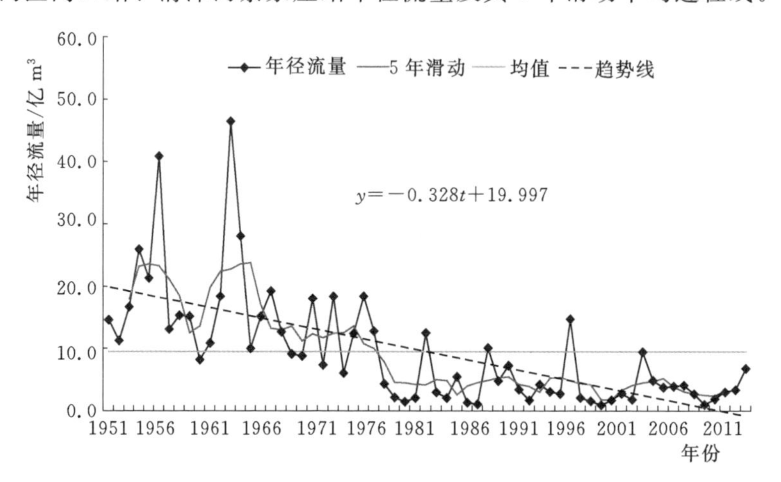

图 2.10　漳河观台站年径流量及 5 年滑动平均过程

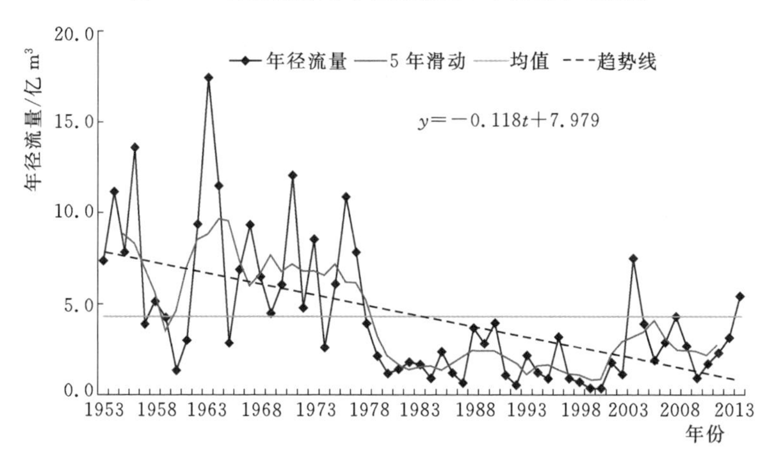

图 2.11　浊漳河石梁站年径流量及 5 年滑动平均过程

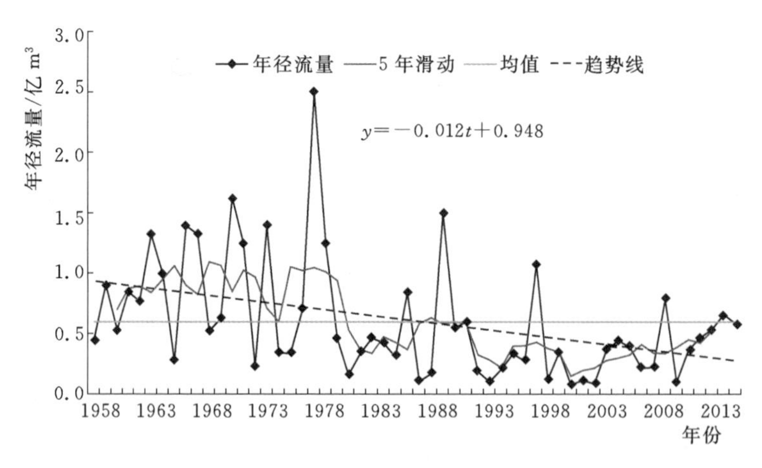

图 2.12　浊漳河石栈道站年径流量及 5 年滑动平均过程

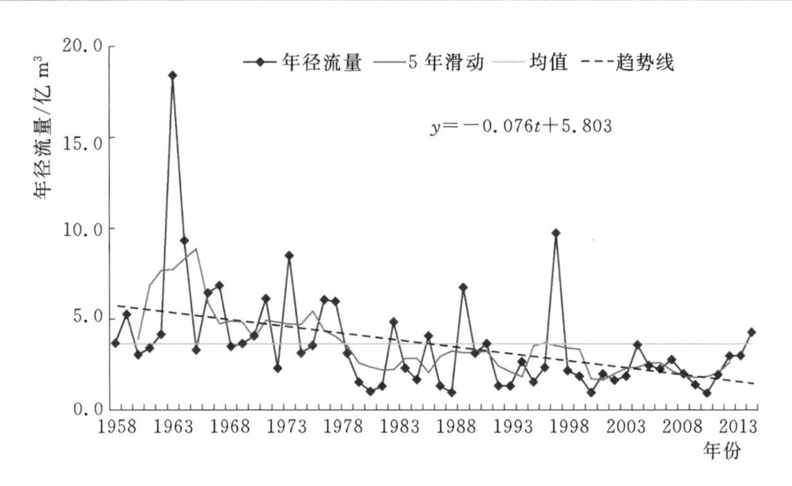

图 2.13 清漳河匡门口站年径流量及5年滑动平均过程

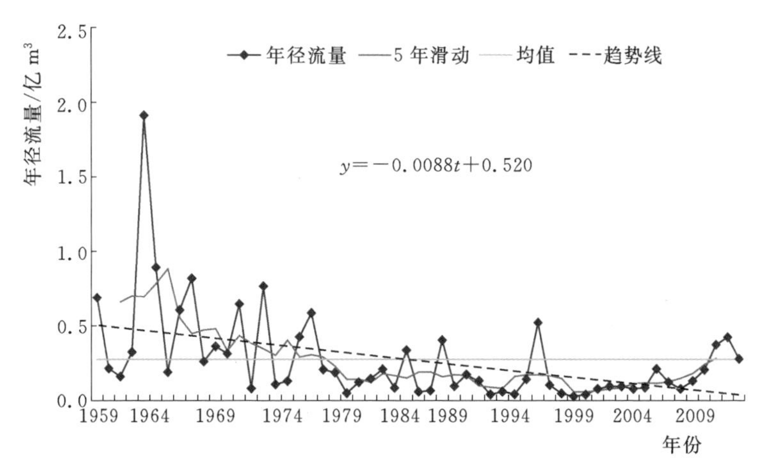

图 2.14 清漳河蔡家庄站年径流量及5年滑动平均过程

由图2.10～图2.14和建立的线性回归方程可判断漳河观台站、浊漳河石梁站、浊漳河石栈道站、清漳河匡门口站、清漳河蔡家庄站年径流量均呈减少趋势。

根据漳河流域各代表站建站年份至2013年实测径流序列，采用Mann－Kendall秩次相关检验法对漳河观台站、浊漳河石梁站、浊漳河石栈道站、清漳河匡门口站、清漳河蔡家庄站年径流变化趋势进行判断。漳河流域各代表站年径流量变化Mann－Kendall秩次相关检验成果见表2.6。

表 2.6 漳河流域各代表站年径流量变化 Mann－Kendall 秩次相关检验成果

河流	站名	统计量	临界值	趋势性	显著性
漳河	观台	−5.78	1.96	减小	显著
浊漳河	石梁	−4.32	1.96	减小	显著
浊漳河	石栈道	−2.84	1.96	减小	显著
清漳河	匡门口	−3.45	1.96	减小	显著
清漳河	蔡家庄	−3.85	1.96	减小	显著

由表 2.6 可知，漳河观台站、浊漳河石梁站、浊漳河石栈道站、清漳河匡门口站、清漳河蔡家庄站 Mann - Kendall 统计量均小于零，可判断漳河流域各代表站年径流量均呈减少趋势；各代表站 Mann - Kendall 统计量绝对值明显超过信度 $\alpha=0.05$ 水平的临界值（1.96），由此判断，漳河流域各代表站年径流量序列呈显著性减少趋势。

根据漳河流域各代表站建站年份至 2013 年实测径流序列，采用 Spearman 秩次相关检验法对漳河观台站、浊漳河石梁站、浊漳河石栈道站、清漳河匡门口站、清漳河蔡家庄站年径流变化趋势进行判断。漳河流域各代表站年径流量变化 Spearman 秩次相关检验成果见表 2.7。

表 2.7　漳河流域各代表站年径流量变化 Spearman 秩次相关检验成果

河流	站名	统计量	临界值	趋势性	显著性
漳河	观台	7.82	2.00	减小	显著
浊漳河	石梁	4.96	2.00	减小	显著
浊漳河	石栈道	3.34	2.01	减小	显著
清漳河	匡门口	4.18	2.01	减小	显著
清漳河	蔡家庄	4.48	2.01	减小	显著

由表 2.7 可知，漳河观台站、浊漳河石梁站、浊漳河石栈道站、清漳河匡门口站、清漳河蔡家庄站 Spearman 统计量均大于零，由此可判断漳河上游流域各代表站年径流量呈减少趋势；各代表站 Spearman 统计量明显超过信度 $\alpha=0.05$ 水平的临界值，由此可判断，漳河流域各代表站年径流量序列呈显著性减少趋势。

综合滑动平均法、线性回归法、Mann - Kendall 秩次相关检验法、Spearman 秩次相关检验法的分析成果和漳河流域各站自建站年份至 2013 年实测径流量资料分析计算成果（见表 2.8），得出漳河流域各代表站径流量年际变化趋势分析结论：漳河观台、浊漳河石梁、浊漳河石栈道、清漳河匡门口、清漳河蔡家庄 5 个代表站实测年径流量序列均呈显著性减少趋势；各代表站径流量年际变化比流域降水量更大，极值比在 19～66 之间。

表 2.8　漳河流域各代表站径流量变化趋势性分析汇总

河名	漳河	浊漳河	浊漳河	清漳河	清漳河
站名	观台	石梁	石栈道	匡门口	蔡家庄
多年平均年径流量/亿 m^3	9.501	4.317	0.5990	3.645	0.2745
最大年径流量/亿 m^3	46.49	17.43	2.500	18.42	1.913
最小年径流量/亿 m^3	0.9641	0.3490	0.0790	0.9396	0.0291
极值比	48.2	49.9	31.7	19.6	65.7
倾向率/(亿 m^3/10a)	−3.28	−1.18	−0.12	−0.76	−0.088
Mann - Kendall 统计量	−5.78	−4.32	−2.84	−3.45	−3.85
Spearman 统计量	7.82	4.96	3.34	4.18	4.48
趋势性	减小	减小	减小	减小	减小
显著性	显著	显著	显著	显著	显著

根据漳河观台站、浊漳河石梁站、浊漳河石栈道站、清漳河匡门口站、清漳河蔡家庄站自建站至2013年实测径流资料，统计各代表站不同时段实测年径流量，见表2.9。由表2.9和图2.15～图2.17可知，漳河观台站、浊漳河石梁站、浊漳河石栈道站、清漳河匡门口站、清漳河蔡家庄站实测径流量各年代总体呈下降趋势，但进入21世纪10年代有所回升。各代表站的年代变幅在－70%～110%之间，变化较大；20世纪80年代以前高于多年平均值，80年代以后多低于多年平均值，仅清漳河上游蔡家庄站进入21世纪10年代后高于多年平均值。漳河观台站减少最为显著，实测年径流量由20世纪60年代的17.82亿m^3减少到80年代的4.402亿m^3，减少了75.3%。

表2.9　漳河流域各代表站各时段年径流量特征值统计　单位：亿m^3

时段	1960—1969	1970—1979	1980—1989	1990—1999	2000—2009	2010—2013
观台	17.82	10.88	4.402	4.188	3.619	3.778
石梁	7.269	6.489	1.764	1.496	2.732	3.143
石栈道	0.8587	1.007	0.4860	0.3330	0.3090	0.5620
匡门口	6.879	4.487	2.753	2.770	2.097	3.061
蔡家庄	0.5750	0.3460	0.1580	0.1300	0.1030	0.3210

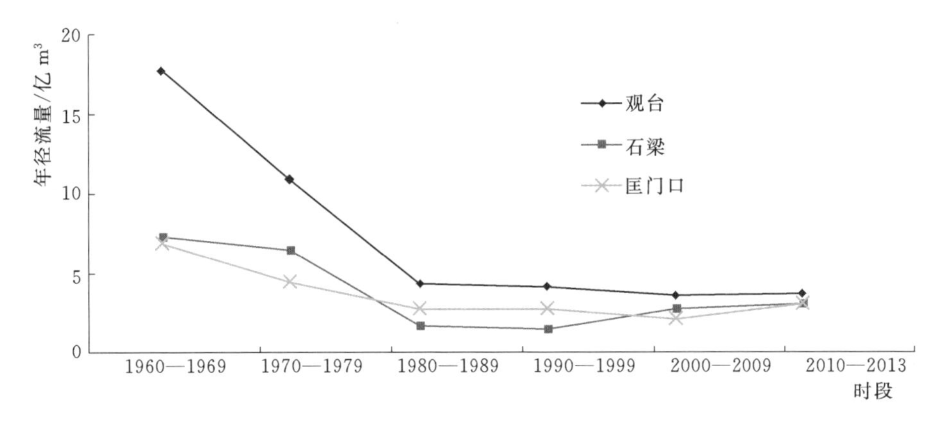

图2.15　漳河各代表站各时段实测年径流量

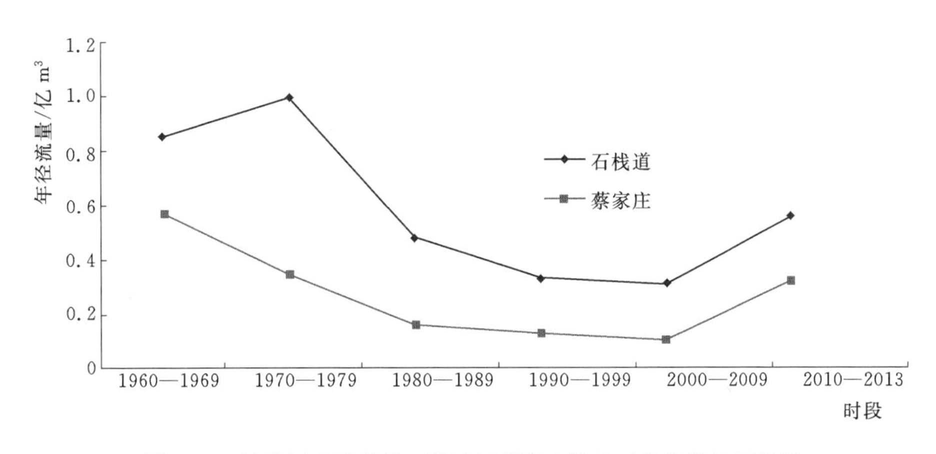

图2.16　浊漳河石栈道站、清漳河蔡家庄站各时段实测年径流量

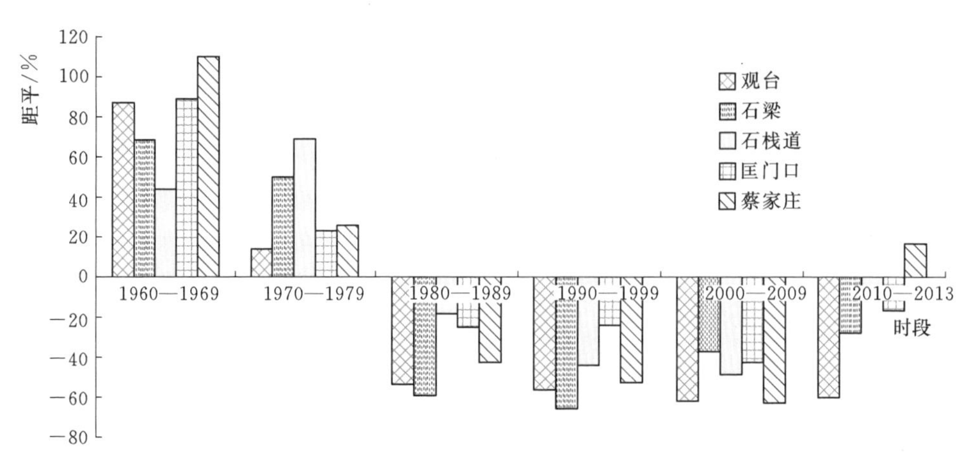

图 2.17　各代表站各时段实测年径流量距平

2.3.2　径流序列变异点诊断

根据漳河流域漳河观台站、浊漳河石梁站、浊漳河石栈道站、清漳河匡门口站、清漳河蔡家庄站建站年份至 2013 年实测径流序列，采用有序聚类分析方法，对各代表站年径流量的变异特征进行分析。

图 2.18～图 2.22 为漳河流域上游各代表站年径流量序列总离差平方和变化图。

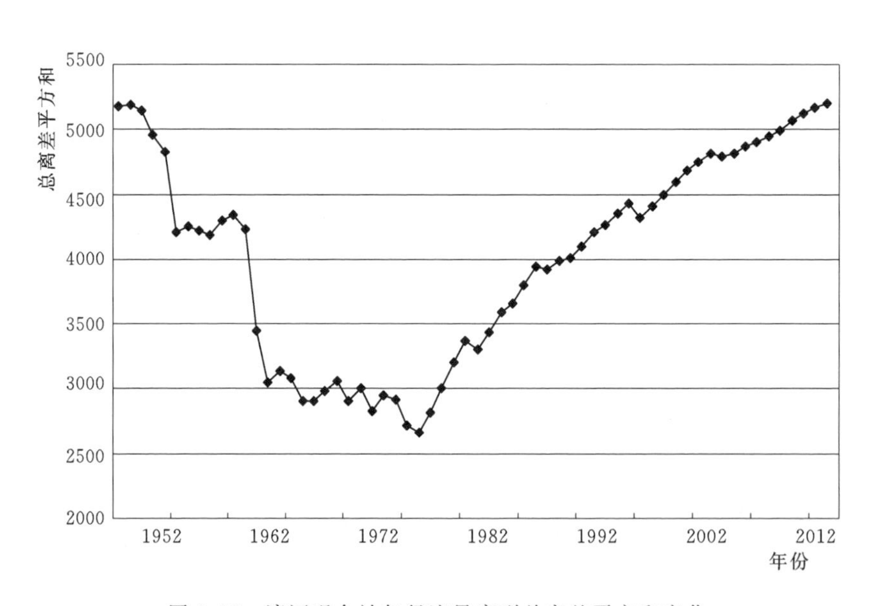

图 2.18　漳河观台站年径流量序列总离差平方和变化

从图 2.18 中可知，漳河观台站径流量序列有序聚类明显转折点为 1978 年，1960 年、1997 年也发生跳跃现象。

从图 2.19 中可知，浊漳河石梁站径流量序列有序聚类明显转折点为 1978 年，1957 年也发生跳跃现象。

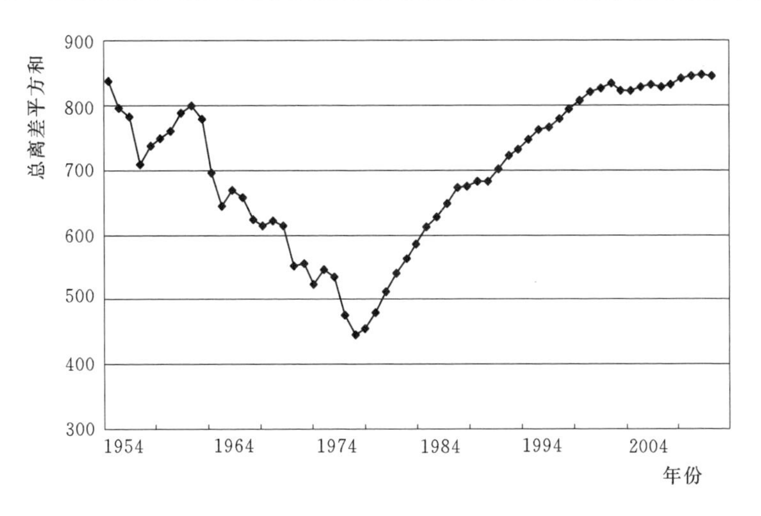

图 2.19 浊漳河石梁站年径流量序列总离差平方和变化

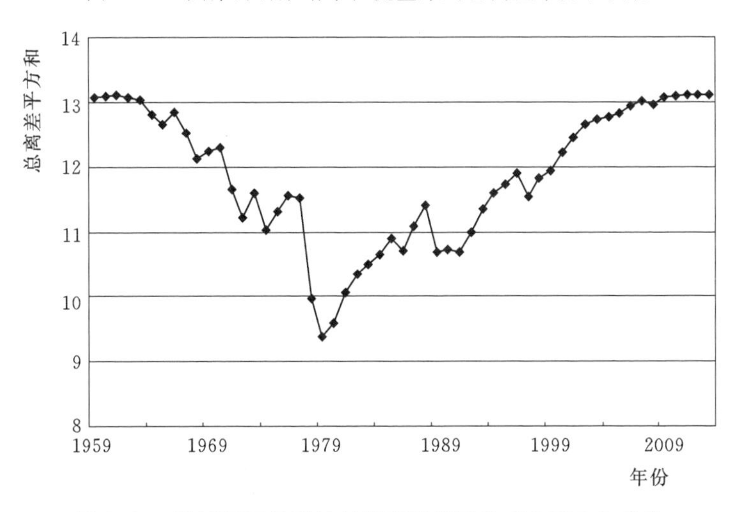

图 2.20 浊漳河石栈道站年径流量序列总离差平方和变化

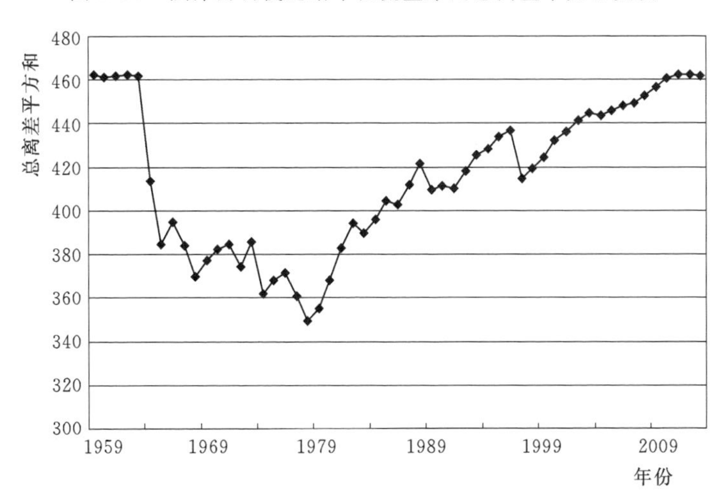

图 2.21 清漳河匡门口站年径流量序列总离差平方和变化

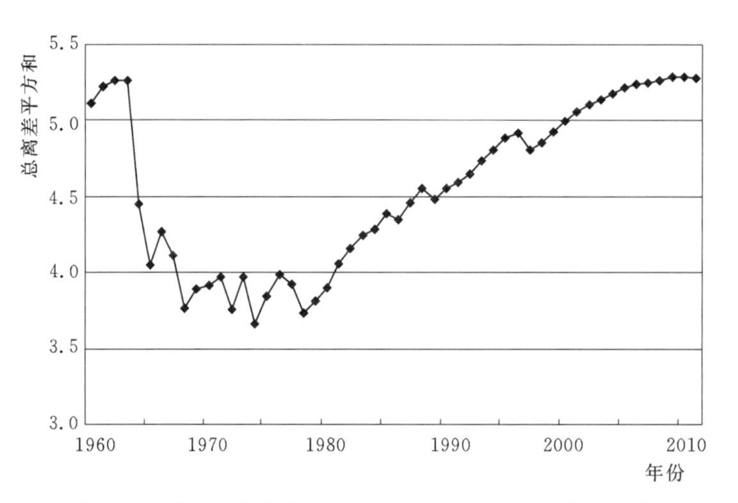

图 2.22　清漳河蔡家庄站年径流量序列总离差平方和变化

从图 2.20 中可知，浊漳河石栈道站径流量序列有序聚类显转折点为 1979 年，1997 年也发生跳跃现象。

从图 2.21 中可知，清漳河匡门口站径流量序列有序聚类明显转折点为 1978 年，1997 年也发生跳跃现象。

从图 2.22 中可知，清漳河蔡家庄站径流量序列有序聚类明显转折点为 1975 年，1978 年也发生跳跃现象。

根据漳河流域漳河观台站、浊漳河石梁站、浊漳河石栈道站、清漳河匡门口站、清漳河蔡家庄站建站年份至 2013 年实测径流序列，采用 Mann－Kendall 突变检验法（简称 M－K 突变检验法），构建 Mann－Kendall 统计量（简称 M－K 统计量），对各代表站年径流序列的变异特征进行分析。

图 2.23～图 2.27 为漳河流域各代表站年径流量的 M－K 统计量时程变化图。

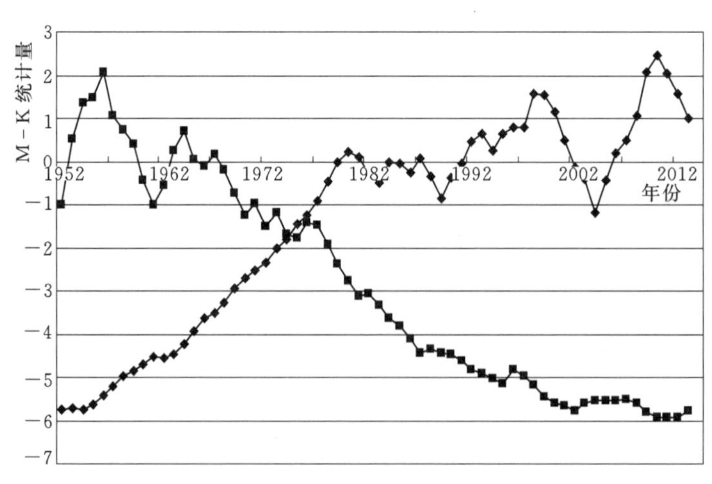

图 2.23　漳河观台站年径流量的 M－K 统计量时程变化

从图 2.23 中可知，采用 M－K 突变检验法对漳河观台站径流量序列诊断结果表明，突变发生在 1975 年前后。

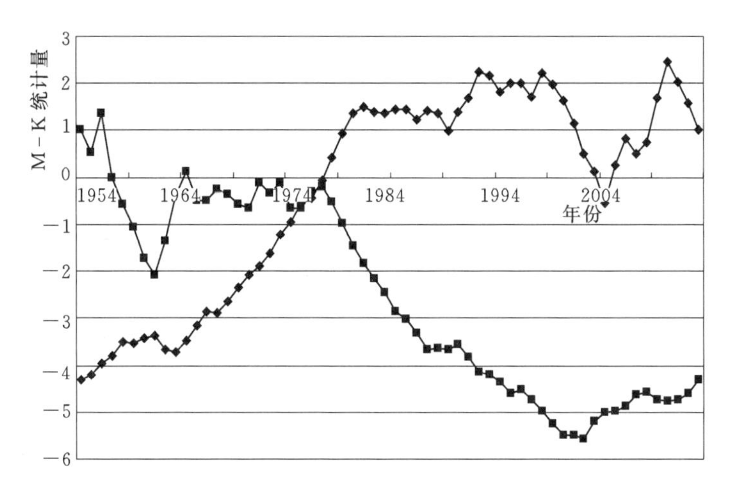

图 2.24 浊漳河石梁站年径流量的 M-K 统计量时程变化

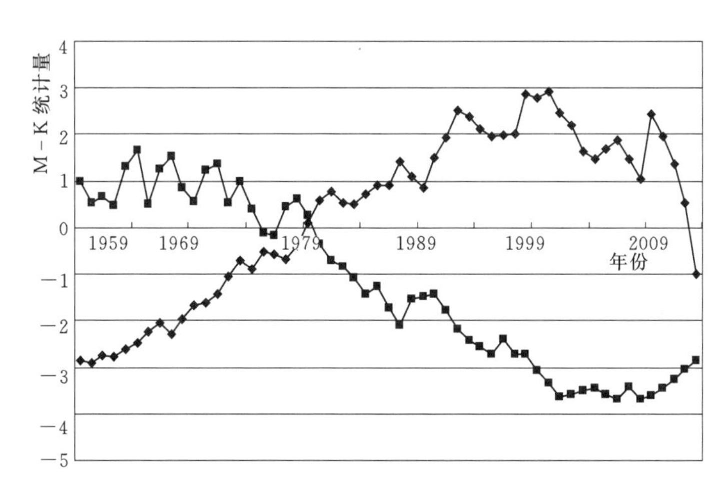

图 2.25 浊漳河石栈道站年径流量的 M-K 统计量时程变化

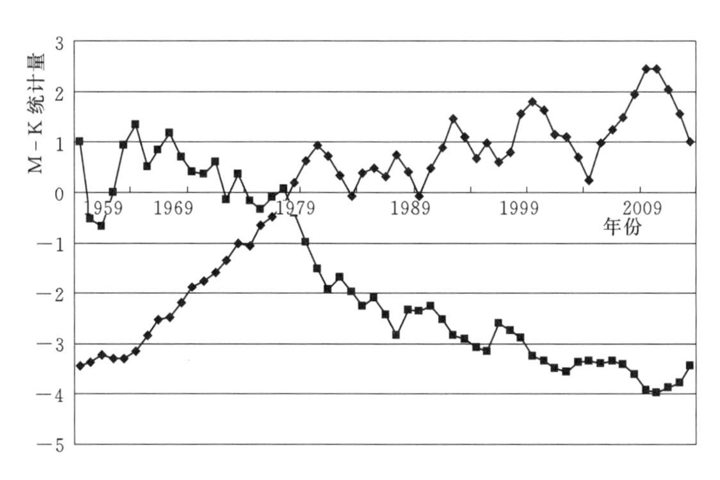

图 2.26 清漳河匡门口站年径流量的 M-K 统计量时程变化

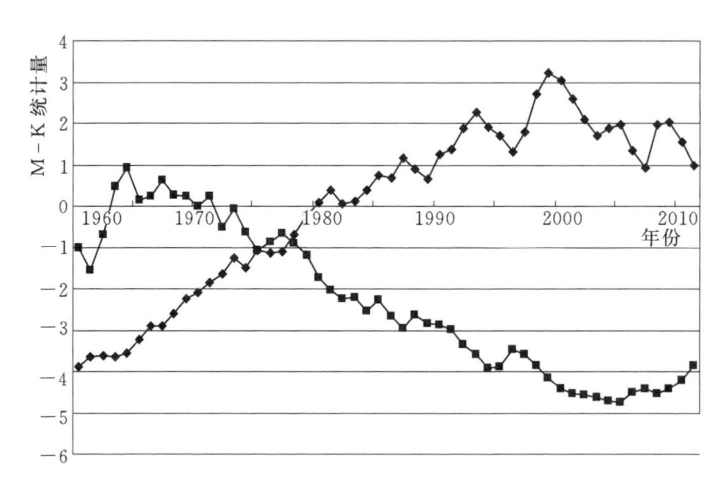

图 2.27　清漳河蔡家庄站年径流量的 M-K 统计量时程变化

从图 2.24 中可知，采用 M-K 突变检验法对浊漳河石梁站径流量序列诊断结果表明，突变发生在 1976 年前后。

从图 2.25 中可知，采用 M-K 突变检验法对浊漳河石栈道站径流量序列诊断结果表明，突变发生在 1979 年前后。

从图 2.26 中可知，采用 M-K 突变检验法对清漳河匡门口站径流量序列诊断结果表明，突变发生在 1978 年前后。

从图 2.27 中可知，采用 M-K 突变检验法对清漳河蔡家庄站径流量序列诊断结果表明，突变发生在 1975 年前后。

根据有序聚类分析法和 M-K 突变检验法诊断成果综合分析，漳河观台站应用有序聚类分析法分析，明显转折点为 1978 年，1960 年、1997 年也发生跳跃现象，由于资料序列起始年份（1951 年）与变异点（1960 年）时间间隔不足 10 年，1960 年变异点可以不考虑；应用 M-K 突变检验法诊断的变异点为 1975 年前后，与应用有序聚类分析法诊断结果的 1978 年相近，因此判断漳河观台站径流量序列变异点为 1978 年。浊漳河石梁站应用有序聚类分析法时，明显转折点为 1978 年，并在 1957 年出现跳跃，但由于建站年份（1954 年）与变异点（1957 年）时间间隔不足 10 年，1957 年的变异点可以不考虑；应用 M-K 突变检验法诊断的变异点为 1976 年前后，与应用序聚类分析法诊断结果的 1978 年相近，因此判断浊漳河石梁站径流量序列变异点为 1978 年。浊漳河石栈道站应用有序聚类法分析，明显转折点为 1979 年，1997 年也发生跳跃现象；应用 M-K 突变检验法诊断的变异点为 1979 年前后，与应用有序聚类分析法诊断结果的 1979 年一致，因此判断浊漳河石栈道站径流量序列变异点为 1979 年。清漳河匡门口应用有序聚类法分析，明显转折点为 1978 年，1997 年也发生跳跃现象；应用 M-K 突变检验法诊断的变异点为 1978 年前后，与应用序聚类分析法诊断结果一致，因此判断清漳河匡门口站径流量序列变异点为 1978 年。蔡家庄站应用序聚类分析法时，明显转折点为 1975 年，1978 年也发生跳跃现象；应用 M-K 突变检验法诊断的变异点为 1975 年前后，与应用有序聚类分析法诊断结果的 1978 年相近，因此判断清漳河蔡家庄站径流量序列变异点为 1978 年。漳河流域各代

表站年径流序列变异点诊断成果汇总见表 2.10。

表 2.10　　各代表站年径流序列变异点诊断成果汇总

河流	站名	有序聚类分析法变异点年份	M-K 突变检验法变异点年份	综合分析变异点年份
漳河	观台	1978，1960，1997	1975	1978
浊漳河	石梁	1978，1957	1976	1978
浊漳河	石栈道	1979，1997	1979	1979
清漳河	匡门口	1978，1997	1978	1978
清漳河	蔡家庄	1975，1978	1975	1978

通过综合分析，由于流域面积不大，全流域统一考虑，最终得出漳河流域各代表站径流序列变异点诊断结果：漳河观台站、浊漳河石梁站、浊漳河石栈道站、清漳河匡门口站、清漳河蔡家庄站 5 个代表站年径流量序列变异点主要发生在 20 世纪 70 年代后期。产生的主要原因是人类活动的影响，直接取用水的增长和部分中型水库的建设导致拦截蓄水增加。

2.3.3　径流变化周期性

根据漳河流域漳河观台站、浊漳河石梁站、浊漳河石栈道站、清漳河匡门口站、清漳河蔡家庄站建站年份至 2013 年实测径流序列，采用功率谱分析法，对各代表站年径流量的周期性进行分析，观察功率谱周期分析图，滑动功率谱峰值对应的波数 k 相应的 T 有可能为周期，用公式 $T_k=2m/k$ 计算，m 为最大滞时，按 $m=n/2$ 计算。

图 2.28～图 2.32 为漳河流域各代表站年径流量时间序列的功率谱周期分析图。

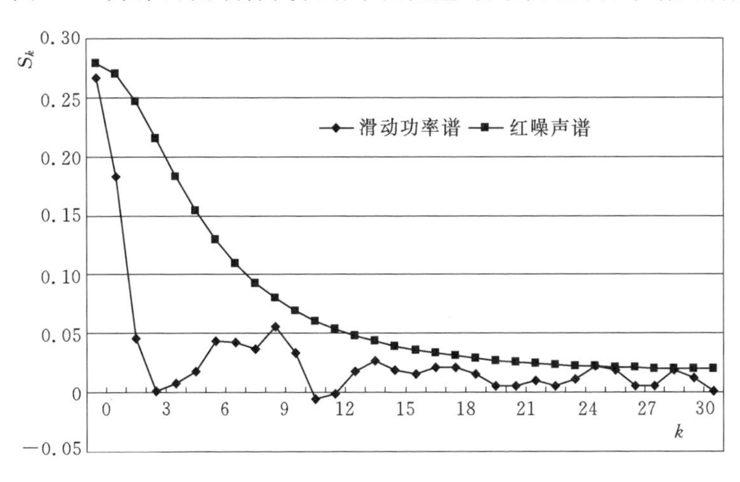

图 2.28　漳河观台站年径流量功率谱及 $\alpha=0.05$ 的红噪声标准谱

由图 2.28 可知，漳河观台站滑动功率谱峰值对应的波数 $k=6$、$k=9$，可能的周期分别为 6～7 年、10～11 年。

由图 2.29 可知，浊漳河石梁站滑动功率谱峰值对应的波数 $k=9$、$k=14$，可能的周期分别为 6～7 年、4～5 年。

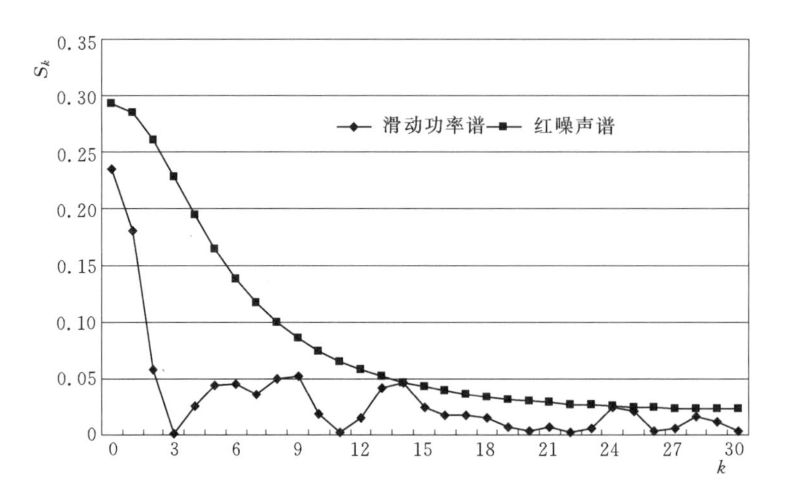

图 2.29　浊漳河石梁站年径流量功率谱及 $\alpha=0.05$ 的红噪声标准谱

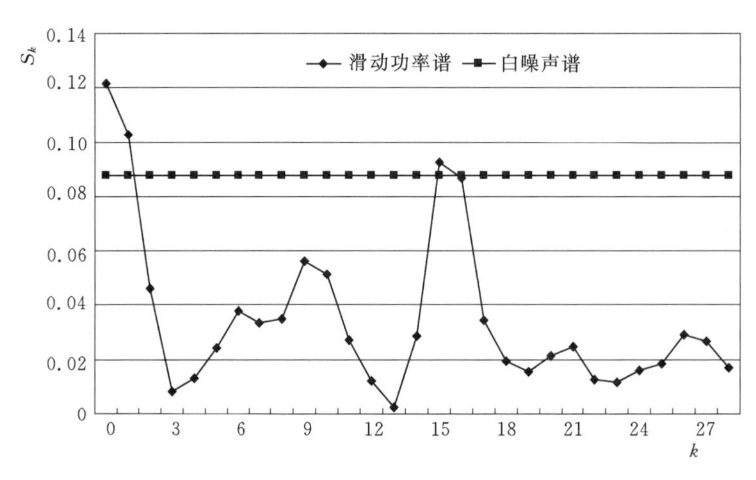

图 2.30　浊漳河石栈道站年径流量功率谱及 $\alpha=0.05$ 的白噪声标准谱

由图 2.30 可知，浊漳河石栈道站滑动功率谱峰值对应的波数 $k=6$、$k=9$、$k=15$，可能的周期分别为 3～4 年、6～7 年、9～10 年。

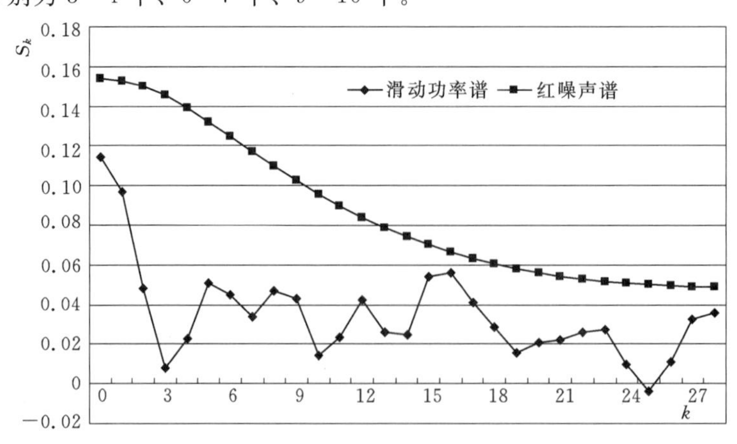

图 2.31　清漳河匡门口站年径流量功率谱及 $\alpha=0.05$ 的红噪声标准谱

由图 2.31 可知，清漳河匡门口站滑动功率谱峰值对应的波数 $k=5$、$k=8$、$k=16$，可能的周期分别为 3～4 年、7 年、11～12 年。

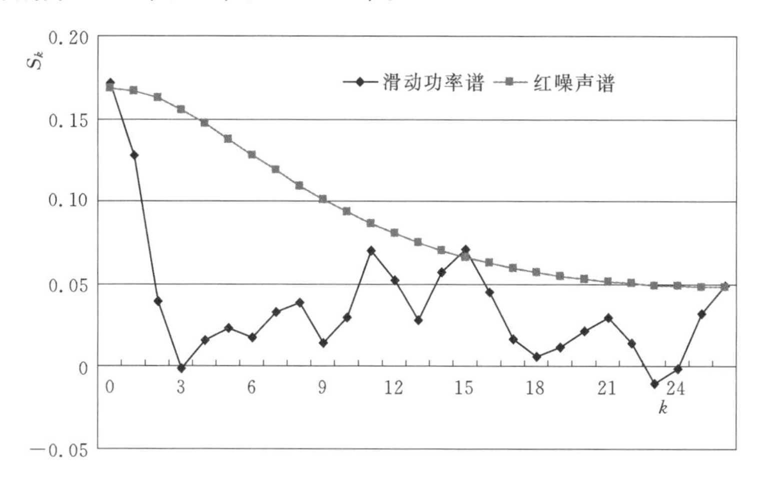

图 2.32 清漳河蔡家庄站年径流量功率谱及 $\alpha=0.05$ 的红噪声标准谱

由图 2.32 可知，清漳河蔡家庄站滑动功率谱峰值对应的波数 $k=8$、$k=11$、$k=15$，可能的周期分别为 3～4 年、4～5 年、6～7 年。

根据漳河流域漳河观台站、浊漳河石梁站、浊漳河石栈道站、清漳河匡门口站、清漳河蔡家庄站建站年份至 2013 年实测径流资料，对各代表站年径流序列进行小波分析，得到一些主要尺度的变化过程，进而分析各代表站径流周期特性。

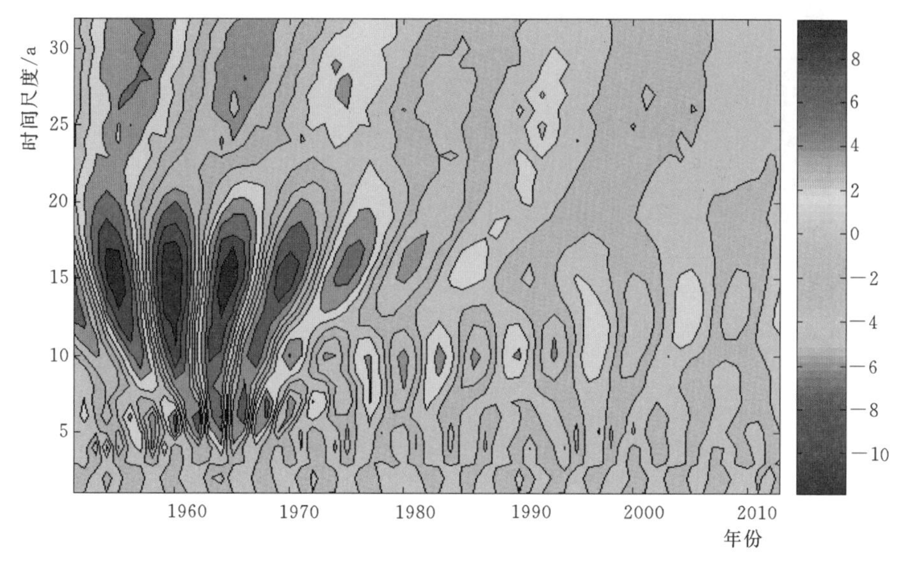

图 2.33 漳河观台站年径流量小波变换系数实部时频分布

由图 2.33 可知，漳河观台站 1951—2013 年径流序列演化过程中存在着 6～8 年的振荡周期，而 15～16 年尺度的周期变化，在 20 世纪 80 年代以前表现得较为稳定。

由图 2.34 可知，漳河观台站的小波方差图中存在 3 个峰值，它们依次对应着 15 年、

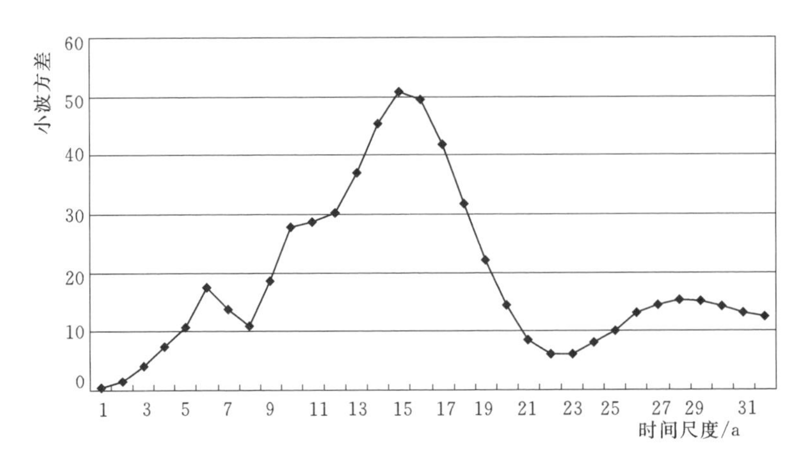

图 2.34　漳河观台站年径流量小波方差

6 年、28 年的时间尺度。其中，15 年左右的周期振荡最强，为流域年径流变化的第一主周期。

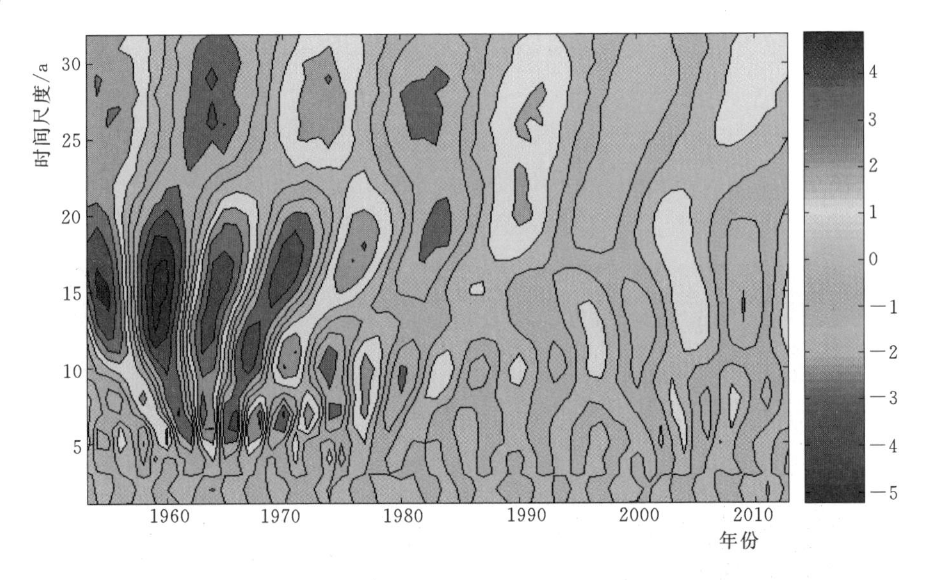

图 2.35　浊漳河石梁站年径流量小波变换系数实部时频分布

由图 2.35 可知，浊漳河石梁站 1953—2013 年径流序列演化过程中存在着 6～8 年、15～16 年、26～27 年的振荡周期，而 15～16 年尺度的周期变化，在 20 世纪 80 年代以前表现得较为稳定。

由图 2.36 可知，浊漳河石梁站的小波方差图中存在 3 个峰值，它们依次对应着 15 年、27 年、7 年时间尺度。其中，最大峰值对应着 15 年的时间尺度，说明 15 年左右的周期震荡最强，为流域年径流变化的第一主周期；27 年时间尺度对应着第二峰值，为径流变化的第二主周期；7 年时间尺度对应着第三峰值，为径流变化的第三主周期。

由图 2.37 可知，浊漳河石栈道站 1958—2013 年径流序列演化过程中存在着 6～7 年、9～10 年的振荡周期。

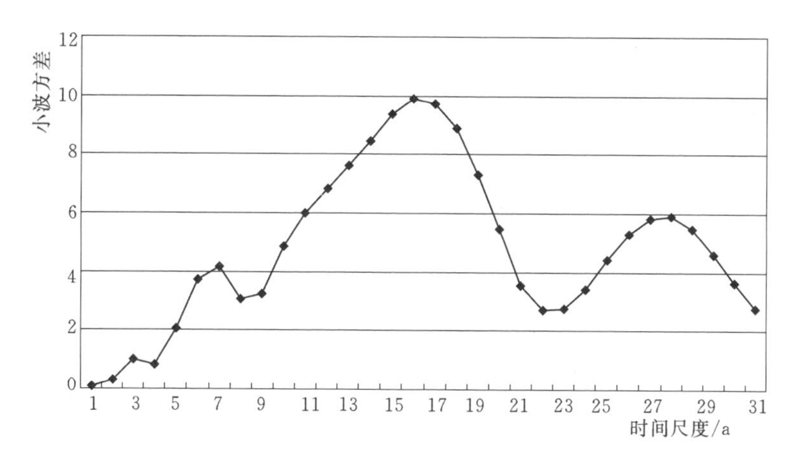

图 2.36 浊漳河石梁站年径流量小波方差

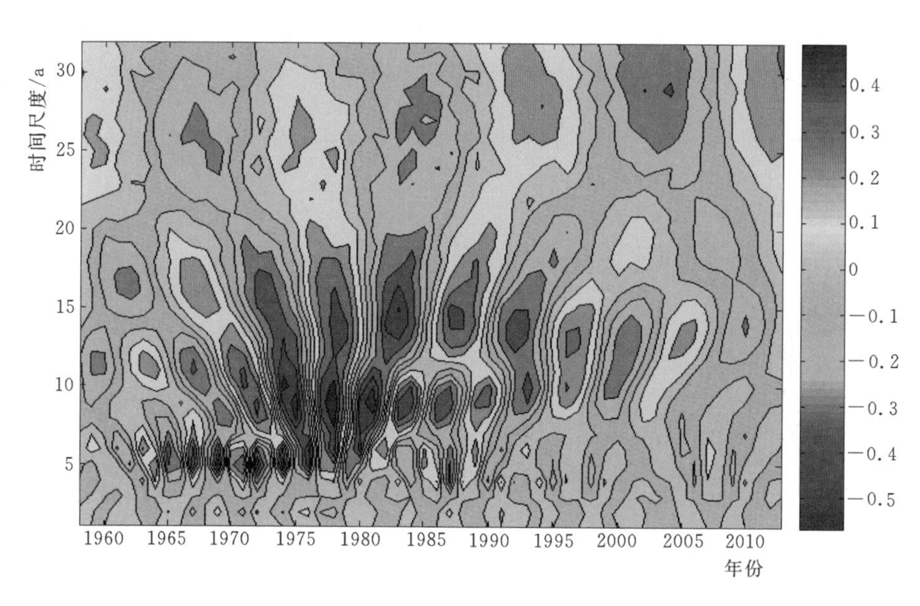

图 2.37 浊漳河石栈道站年径流量小波变换系数实部时频分布

由图 2.38 可知，浊漳河石栈道站的小波方差图中存在 4 个峰值，它们依次对应着 9 年、14 年、5 年、27 年时间尺度。9 年左右的周期振荡最强，为流域年径流变化的第一主周期。

由图 2.39 可知，清漳河匡门口站 1958—2013 年径流序列演化过程中存在着 6～8 年的振荡周期，而 15 年尺度的周期变化，在 20 世纪 90 年代以前表现得较为稳定。

由图 2.40 可知，清漳河匡门口站的小波方差图中存在 3 个峰值，它们依次对应着 15 年、6 年、26 年时间尺度。15 年左右的周期振荡最强，为流域年径流变化的第一主周期。

由图 2.41 可知，清漳河蔡家庄径流变化过程中存在的多时间尺度特征，1959—2011 年径流序列演化过程中存在着 6～8 年的主振荡周期。而 12～15 年尺度的周期变化，在 20 世纪 90 年代以前表现得较为稳定。

由图 2.42 可知，清漳河蔡家庄站的小波方差中存在 2 个较为明显的峰值，它们依次

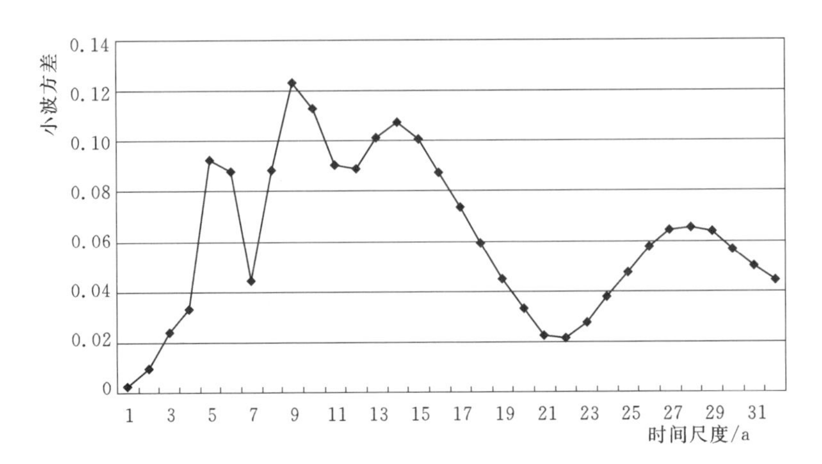

图2.38　浊漳河石栈道站年径流量小波方差

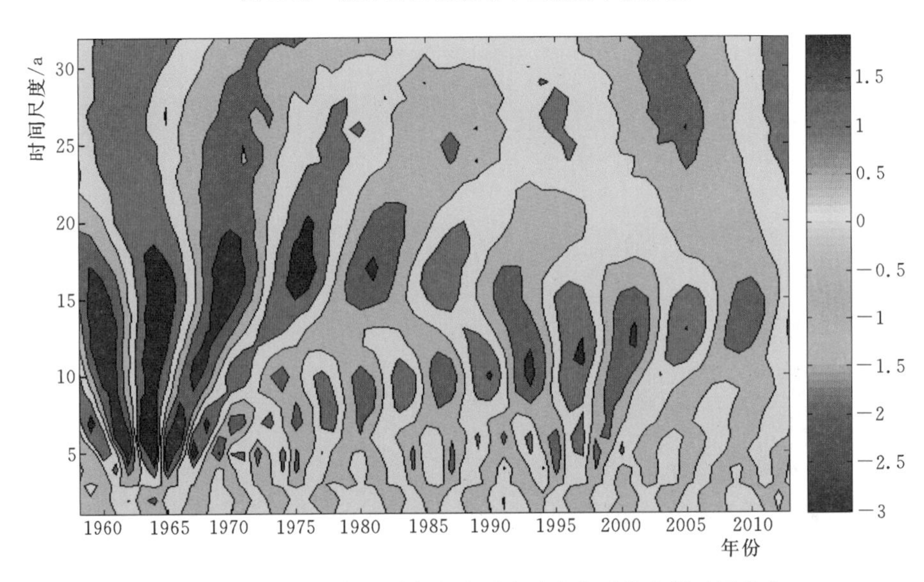

图2.39　清漳河匡门口站年径流量小波变换系数实部时频分布

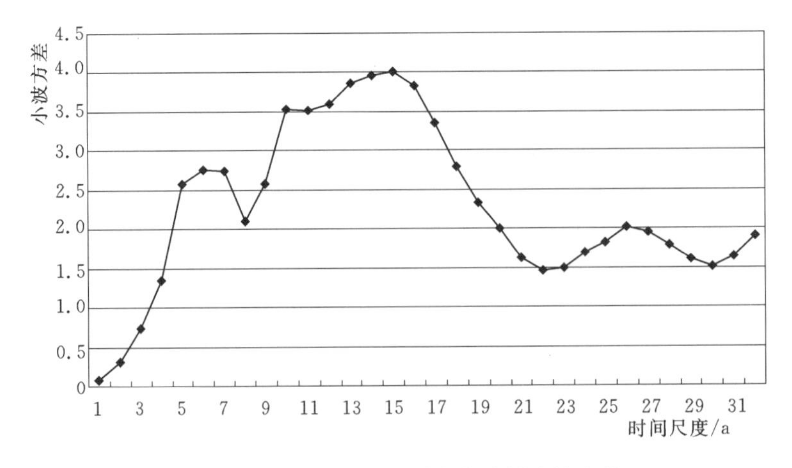

图2.40　清漳河匡门口站年径流量小波方差

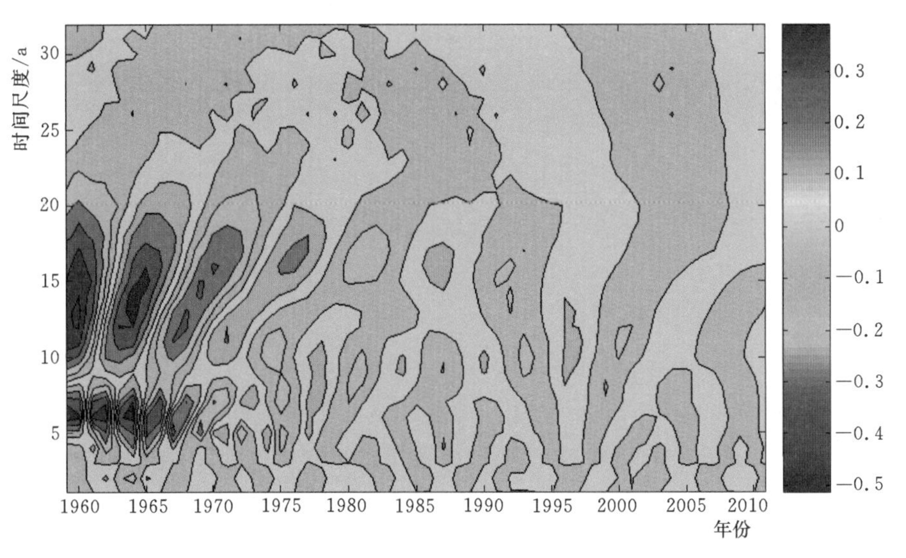

图 2.41 清漳河蔡家庄站年径流量小波变换系数实部时频分布

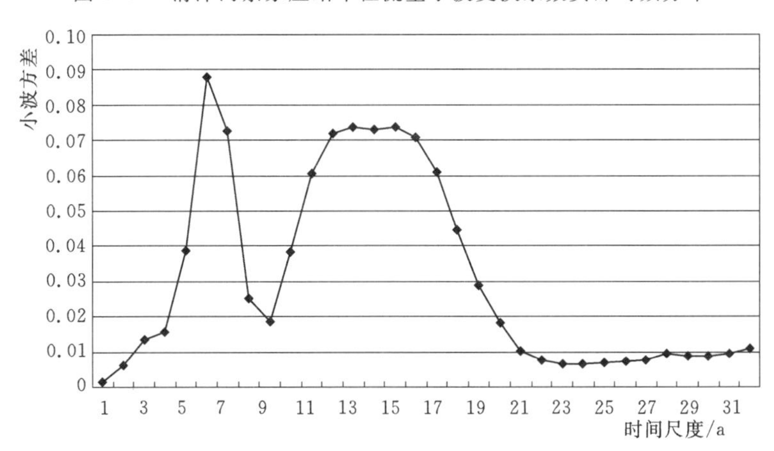

图 2.42 清漳河蔡家庄站年径流量小波方差

对应着 6 年、15 年时间尺度。其中，最大峰值对应着 6 年的时间尺度，说明 6 年左右的周期振荡最强，为流域年径流变化的第一主周期；15 年时间尺度对应着第二峰值，为径流变化的第二主周期。这说明上述 2 个周期的波动控制着流域径流在整个时间域内的变化特征。

漳河流域各代表站年径流量变化周期综合分析成果汇总见表 2.11。

表 2.11　　漳河流域各代表站年径流量变化周期综合分析成果汇总　　单位：a

河名	站名	功率谱	小波变换	综合分析
漳河	观台	6～7，10～11	6～7，15	6～7，15
浊漳河	石梁	6～7，4～5	6～8，15	6～7，15
浊漳河	石栈道	3～4，6～7，9～10	9～10，6～7	6～7，9～10
清漳河	匡门口	3～4，7，11～12	6～7，15	6～7，15
清漳河	蔡家庄	3～4，4～5，6～7	6～8，12～15	6～7，15

通过综合分析，最终得出漳河流域各代表站径流周期性分析结果：漳河观台、浊漳河石梁、浊漳河石栈道、清漳河匡门口、清漳河蔡家庄5个代表站年径流序列变化均存在周期性，变化周期为6～7年和15年左右。

2.4 降雨径流关系

2.4.1 降水及径流的年内分配

降水的年内分配过程决定了径流的年内变化。本次研究选择两个区域进行分析，一个是在浊漳河上游选择石栈道站以上流域，作为河源区小流域代表，流域面积为460km²，平均降水量选取流域内3个雨量站数据通过算术平均求得，气温采用流域内榆社站资料计算；另一个选取漳河观台站以上流域，代表全流域，流域面积为17800km²，平均降水量选取流域内83个雨量站数据通过算术平均求得，气温采用流域内12个气象站数据通过算术平均求得。图2.43、图2.44分别为浊漳河石栈道以上流域和漳河观台以上流域降水、气温和径流的年内分配过程。

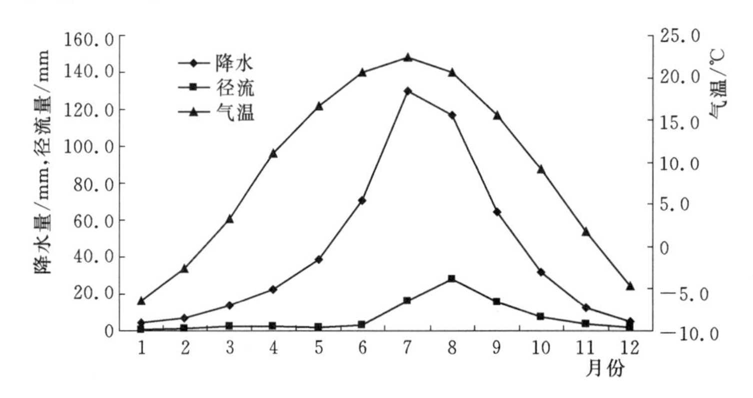

图2.43　浊漳河石栈道站以上流域气温、降水量与径流量年内分配过程

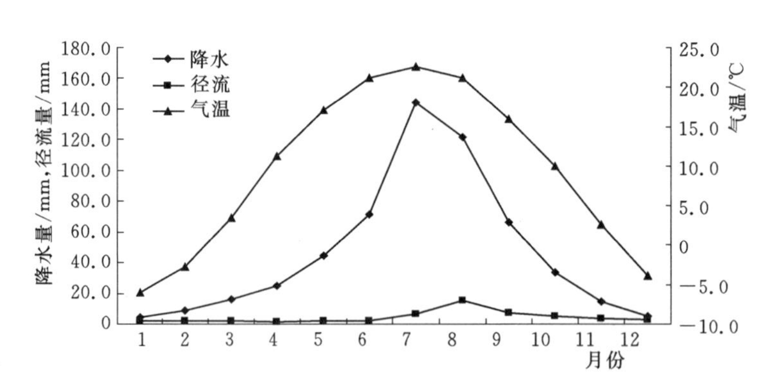

图2.44　漳河观台站以上流域气温、降水量与径流量年内分配过程

由图 2.43、图 2.44 可知，无论是受人类活动影响较大的漳河全流域还是上游受人类活动影响的较小的浊漳河典型流域，降水、径流和气温的年内分配过程基本一致。降水主要集中在 7 月、8 月，7 月最大；径流 8 月最大，较降水峰值滞后 1 个月；气温 12 月至翌年 2 月低于 0℃，6—8 月较高，7 月最高。

根据径流序列变异点诊断成果，分别进行各代表站变异点（1978 年）前后多年平均径流量年内分配分析计算，见表 2.12。绘制各站径流量年内分配过程对比图，见图 2.45 和图 2.46。

表 2.12　代表站不同时期径流量年内分配统计　　单位：mm

站名	漳河观台站		浊漳河石栈道站	
时期	1951—1978 年	1979—2013 年	1958—1978 年	1979—2013 年
1 月	4.1	1.0	1.2	0.4
2 月	3.5	0.8	1.8	0.6
3 月	4.0	0.7	4.0	2.2
4 月	3.1	0.7	2.8	1.8
5 月	3.1	0.9	2.7	1.8
6 月	3.9	0.9	4.6	1.8
7 月	11.7	2.9	23.6	11.9
8 月	25.0	6.9	45.0	18.1
9 月	13.4	2.9	24.4	9.6
10 月	9.0	2.2	11.8	5.3
11 月	6.3	1.3	5.9	2.5
12 月	5.0	1.0	2.8	0.9
全年	92.1	22.2	130.6	56.9
6—9 月	54.0	13.6	97.6	41.4
6—9 月占全年比例/%	58.6	61.3	74.7	72.8

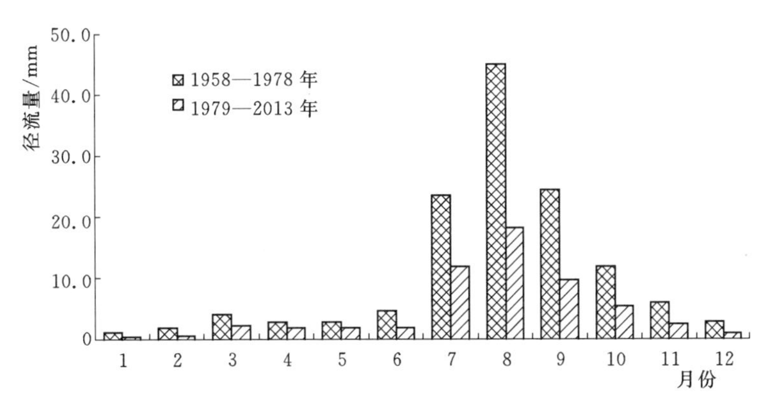

图 2.45　浊漳河石栈道站径流量年内分配过程

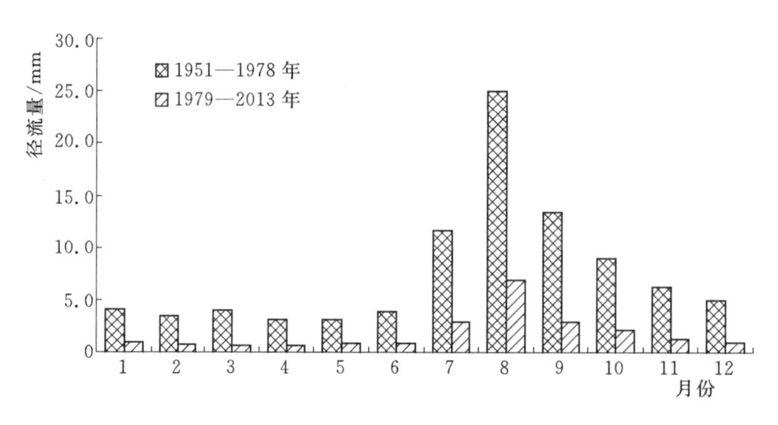

图 2.46　漳河观台站径流量年内分配过程

由图 2.45、图 2.46 可知，无论是受人类活动影响较大的漳河全流域还是上游受人类活动影响较小的浊漳河典型流域的径流过程变化大致相同，径流总量减少较多，年内分配的特征变化不显著。

漳河观台站实测年径流量 1951—1978 年序列 6—9 月占全年的比例为 58.6%，1979—2013 年序列 6—9 月占全年的比例为 61.3%，后期较前期增加了 2.7%。经分析，是由于经济社会发展，上游取用水增加所致。浊漳河石栈道站实测年径流量 1958—1978 年序列 6—9 月占全年的比例为 74.7%，1979—2013 年序列 6—9 月占全年的比例为 72.8%，后期较前期减少了 1.9%。经分析，是由于气候变化和土地利用变化，导致后期 6—9 月径流量的减少。

2.4.2　降雨径流关系

相关分析法是各行业中应用最广、最有效的方法，水文过程分析中也被广泛应用。漳河流域是下垫面条件和径流特性变化显著的流域，根据流域各代表站径流序列变异点诊断分析成果，通过建立年降水量—年径流量相关关系，进行各代表站径流序列变异点（1978 年）前后的降雨径流关系变化分析，判断各代表站降雨径流关系变化的时间分布和流域内不同区域降雨径流关系变化的空间分布。

降雨径流关系变化分析，选取漳河观台站、浊漳河石梁站、清漳河匡门口站、浊漳河石栈道站和清漳河蔡家庄站，分别代表漳河流域、浊漳河流域、清漳河流域和受人类影响较小的上游河源区小流域进行分析。根据各代表站自建站至 2013 年实测径流序列资料和各站以上流域降水资料进行分析统计，其中漳河观台站实测径流量序列为 1951—2013 年，相应测站以上流域面平均降水量采用 83 个雨量站数据算术平均法计算；浊漳河石梁站实测径流量序列为 1953—2013 年，相应测站以上流域面平均降水量采用 49 个雨量站数据算术平均法计算；浊漳河石栈道站实测径流量序列为 1958—2013 年，相应测站以上流域面平均降水量采用 3 个雨量站数据算术平均法计算；清漳河匡门口站实测径流量序列为 1958—2013 年，相应测站以上流域面平均降水量采用 23 个雨量站数据算术平均法计算；清漳河蔡家庄站实测径流量序列为 1959—2013 年，相应测站以上流域面平均降水量采用 4 个雨量站数据算术平均法计算。根据分析计算成果，点绘年降水量和相应年径流量点

据，根据点据分布趋势建立不同时段的降水量—径流量相关图，计算各代表站径流量变异点前后不同时期年降水量与年径流量平均值，详见表 2.13。

表 2.13　　各代表站不同时期年降水量、年径流量统计分析成果

河　名	漳河	浊漳河	浊漳河	清漳河	清漳河
站　名	观台	石梁	石栈道	匡门口	蔡家庄
建站至 1978 年平均年降水量/mm	595.4	595.7	591.8	588.5	611.6
1979—2013 年平均年降水量/mm	546.3	542.7	512.7	551.1	514.8
降水量 1979—2013 年均值与建站至 1978 年均值比较/%	−8.2	−8.9	−13.4	−6.4	−15.8
建站至 1978 年平均年径流量/亿 m^3	16.40	7.259	0.9313	5.433	0.4859
1979—2013 年平均年径流量/亿 m^3	3.983	2.132	0.399	2.571	0.1536
径流量 1979—2013 年均值与建站至 1978 年均值比较/%	−75.7	−70.6	−57.2	−52.7	−68.4

由表 2.13 可知，各代表站以上流域 1979 年以后多年平均年降水量较 1979 年以前多年平均年降水量均减少，减少在 8%～16%之间，其中清漳河上游蔡家庄站以上小流域减少了 15.8%，漳河观台站以上流域减少了 8.2%；各代表站 1979 年以后多年平均年径流量较 1979 年以前多年平均年径流量也均减少，且幅度较大，在 52%～76%之间，其中漳河观台站减少了 75.7%，清漳河匡门口站减少了 52.7%。

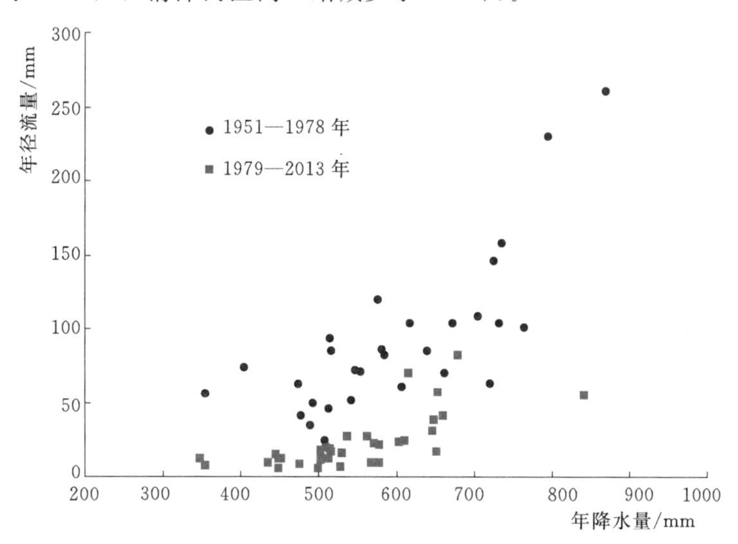

图 2.47　漳河观台站以上流域年降雨径流关系图

由图 2.47 可知，漳河观台站降雨径流关系点群较散乱，1978 年以前的降雨径流关系点普遍分布在后期的点群之上，说明 1978 年前后的降雨径流关系变化是显著的。在相同降水条件下，1978 年以后产生的径流明显偏少。经分析，1978 年前后比较，降水量减少 8.2%，而径流量减少了 75.7%。

由图 2.48 可知，浊漳河石梁站降雨径流关系点群较散乱，1978 年以前的降雨径流关系点普遍分布在后期的点群之上，说明 1978 年前后的降雨径流关系变化是显著的。在相同降水条件下，1978 年以后产生的径流明显偏少。经分析，1978 年前后比较，降水量减少 8.8%，而径流量减少了 70.1%。

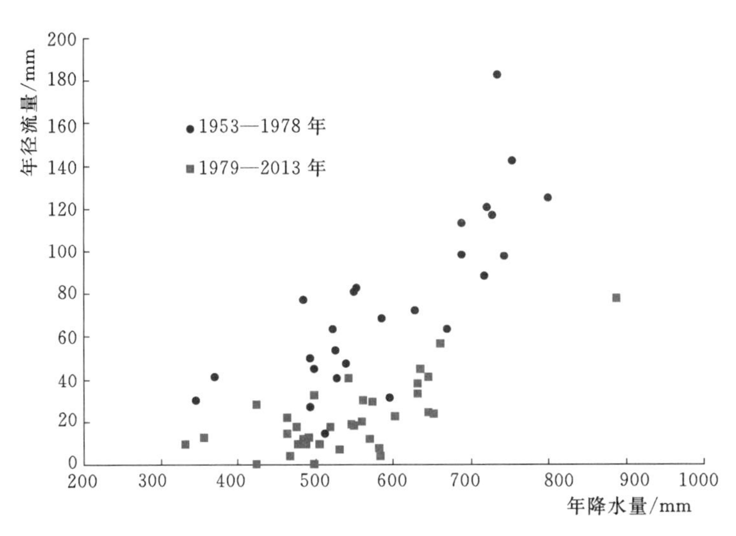

图 2.48　浊漳河石梁站以上流域年降雨径流关系图

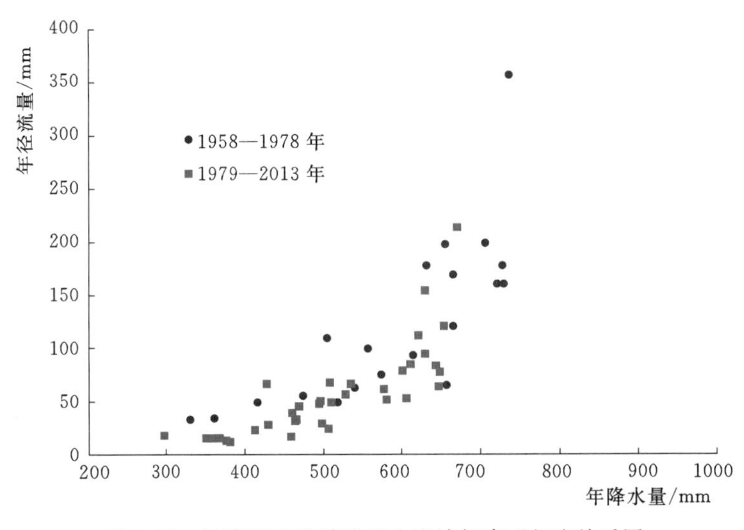

图 2.49　浊漳河石栈道站以上流域年降雨径流关系图

由图 2.49 可知，浊漳河石栈道站降雨径流关系点群明显比漳河观台站和浊漳河石梁站点群的相对集中一些，但 1978 年以前的降雨径流关系点也多数分布在后期的点群之上，说明 1978 年前后的降雨径流关系变化也是较明显的，在相同降水条件下，1978 年以后产生的径流也明显偏少。但当降水超过一定量级时，人类活动对降雨径流关系影响较小。因此，河源地区人类活动对降雨径流关系影响相对较小。经分析，1978 年前后比较，降水量减少 13.3%，径流量减少了 57.2%。

由图 2.50 可知，清漳河匡门口站降雨径流关系点群也明显比漳河观台站和浊漳河石梁站的点群相对集中一些，但 1978 年以前的降雨径流关系点也明显分布在后期的点群之上，1978 年前后降雨径流关系变化也是较明显的，在相同降水条件下，1978 年以后产生的径流也明显偏少。但当降水超过一定量级时，人类活动对降雨径流关系影响较小。经分析，1978 年前后比较，降水量减少 6.4%，径流量减少了 52.7%。

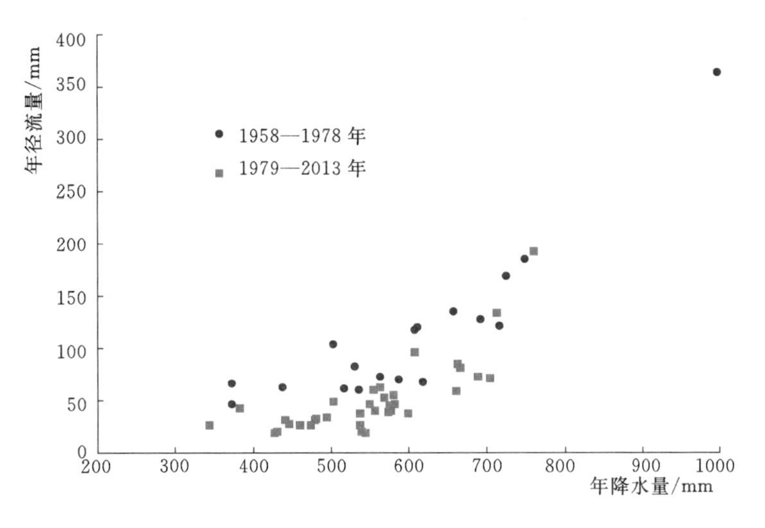

图 2.50　清漳河匡门口站以上流域年降雨径流关系图

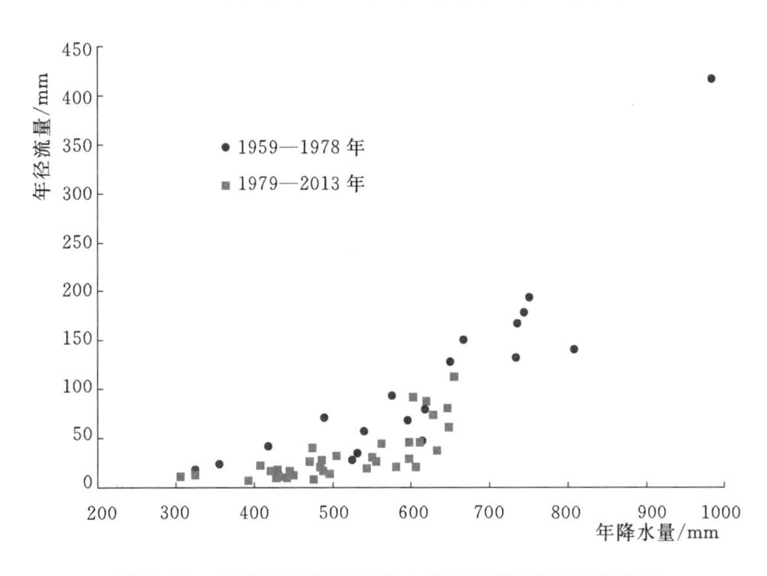

图 2.51　清漳河蔡家庄站以上流域年降雨径流关系图

由图 2.51 可知，清漳河蔡家庄站降雨径流关系点群与浊漳河石栈道站相近，点群相对集中，但 1978 年以前的降雨径流关系点也多数分布在后期的点群之上，说明 1978 年前后的降雨径流关系变化也是较明显的，相同降水条件下，1978 年以后产生的径流也明显偏少。但当降水超过一定量级时，人类活动对降雨径流关系影响较小。因此，河源地区人类活动对降雨径流关系影响相对较小。经分析，1978 年前后比较，降水量减少 15.8%，径流量减少了 68.3%。

综合分析，漳河流域各代表站 20 世纪 80 年代前后降雨径流关系均发生显著变化，对应相同降水后期产生的径流明显偏少，尤其以漳河观台和浊漳河石梁站更为明显，但清漳河匡门口站、蔡家庄站和浊漳河石栈道站当降水超过一定量级时，人类活动对降雨径流关系影响会小一点。

第 3 章　漳河流域径流变化归因

随着计算机技术的发展，水文模型在水文预报、环境影响评价的应用日益广泛，概念性流域水文模型已成为分析评估环境变化对区域水资源影响的重要工具。根据不同的研究区域和研究目的，目前全球范围内已经提出了数十个流域水文模型，并在各自的研究流域得到了成功的应用。通过对 10 余个在中国区域应用相对较为广泛的模型分析比较，发现考虑超渗与蓄满两种产流机制的 VIC 模型（Variable Infiltration Capacity，可变下渗容量模型）具有相对较好的区域适应性。因此，在漳河流域径流变化归因研究中，首先进行 VIC 模型在该流域进行适应性应用研究，在此基础上，采用水文模拟途径分析河川径流变化归因。

3.1　VIC 模型

3.1.1　模型简介

VIC 模型是华盛顿大学和普林斯顿大学共同研制开发的一个大尺度水文模型，它是一个基于正交网格划分的大尺度分布式水文模型，它能够同时模拟地表间的能量平衡和水量平衡，描述了陆气间主要的水文气象过程：土壤层蒸发、植被散发、地表截留蒸发、侧向热通量、感热通量、长波辐射、短波辐射、地表热通量、下渗、渗漏、地表径流和基流。模型主要的特点有：基于正交网格的流域划分、多种土地覆盖类型的利用、三层土壤的划分、土壤蓄水容量空间分布的不均匀性描述和非线性的地下径流产生机理等，见图 3.1。在模型计算时，首先分别在每个网格内独立进行降水-蒸发-产流过程的计算，然后再统一汇流到流域出口断面形成流量过程。出于对地表间水文过程相对精细和准确的描述，VIC 模型在世界上很多流域都得到了广泛的应用，并且获得了很好的模拟结果，例如长时间的地表通量模拟，流域径流模拟及预报，干旱事件的重构、分析和预报，以及区域水资源管理等。

3.1.2　模型结构

根据 VIC 模型结构，模型计算主要包括以下 4 个方面。

1. 蒸散发计算

VIC 模型一般将土壤分为 3 层，计算过程中有时会把第 1、第 2 层合在一起成为上层，第 3 层为下层。每个计算网格内陆地表面有 $N+1$ 种类型，第 1 到第 N 种为植被覆盖，第 $N+1$ 种代表裸土。网格内的土层间的水分交换、蒸散发及产流，是依据不同的植被类型分别计算的。网格内总的蒸散发和产流是各种地表类型上的面积加权平均值。

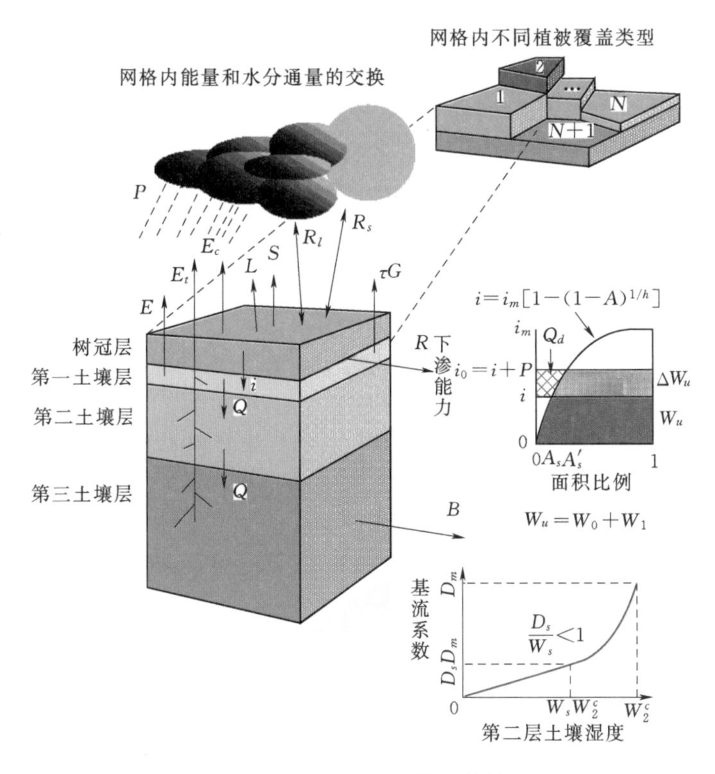

图 3.1 VIC 模型结构图

模型中考虑了植被冠层截留蒸发、植被蒸腾和裸地蒸发三种蒸发形式。当植被截留量不能满足大气蒸发（蒸发能力，利用 Penman - Monteith 公式进行计算）时，就考虑植被蒸腾；假设裸地蒸发只发生在上层，下层蒸发为零；上层土壤饱和时，蒸发等于蒸发能力；如果上层土壤不饱和，则进行相应折减，而使用的折减系数则考虑了土壤的实际含水量和最大含水量的空间不均匀分布；如果有很小的降水，蒸发则先发生在表层土壤。

计算蒸发能力的 Penman - Monteith 公式所需的净辐射和水汽压差不是直接给出的，而是作为日最高、最低气温的函数计算得出。大气顶层的潜辐射由纬度和儒略日（Julian day）的函数求得。可能辐射随大气透射度递减，透射度为气温变化的函数，日气温变化越大透射性越好。在海平面上最大净空气投射量为 0.06。在其他应用情况下，这些参数可以按季节进行率定。

在没有大气湿度资料的情况下，把日最小温度大致作为露点温度，则水汽压差为日平均气温处的饱和水汽压与日最低气温处的饱和水汽压之差。这种近似在湿润地区具有一定的精度，但在比较干旱的气候区误差就相对较大，主要是因为干旱地区的夜最低气温常高于露点温度。因此，对于干旱和半干旱地区，需要对日最低气温处的饱和水汽压加以修正。修正方法是采用一个干旱指数，即年潜蒸发（只取决于净辐射）与年降水量的比值。当指数小于 2.25 时，不用进行修正，在其他情况下，以日可能蒸发与日平均降水量的比值及空气温度为基础对日最低气温处的饱和水汽压进行修正。净长波辐射则是假设日平均气温为表面温度，并把前面计算的大气透射度作为云层参数来计算。

2. 融雪计算

模型融雪计算使用能量平衡的方法来表示地表的积雪和融化。假定低矮的植被完全被积雪覆盖，因此不影响地表积雪场的能量平衡。模型考虑因为升华、滴落和释放而引起的地表雪截留。此外，每个网格被细分成由使用者指定降水因子的高程带。积雪高程带代表子网格地形控制降水和气温而对积雪和融雪产生的影响。在积雪表面，使用一个两层能量平衡模型来计算地表积雪和融化。

将积雪场分为两层，考虑所有重要的热能通量（如长波、短波辐射，感热量、潜热量，对流能量）和积雪场内部的能量，而忽略地表热通量。由于积雪增加了地面反照率，减少了地表粗糙率，因此，在每一个时间步长，模型将首先计算积雪场的雨雪比例，然后计算所有的能量通量。

植被对降雪的截留量大小依据叶面面积指数（LAI）来计算，同时，最大存储量还考虑温度和风速的影响。冠层的融雪采用简化的积雪场能量平衡模型进行计算。融雪模型中有 3 个主要的参数需要设定：降雪发生的最高温度、降雨发生的最低温度和雪盖表面粗糙高度。通常前两个参数分别设为 1.5℃ 和 −0.5℃，表面粗糙高度的范围为 0.001～0.03m。

3. 产流计算

VIC 模型在计算产流的同时将水源分开，上层土壤产生直接径流，下层土壤产生基流。计算的直接径流与基流之和即为网格的河网总入流。上层土壤产生直接径流及下渗到下层土壤的渗漏，下渗部分是土壤含水量和饱和水力传导度的函数，VIC 模型引进新安江模型的蓄水容量曲线的概念，考虑土壤含水量分布的不均匀性对直接径流的影响。直接径流的计算公式为

$$Q_d=\begin{cases}P+W_0-W_0^{\max} & (I_0+P\geqslant I_m)\\ P+W_0-W_0^{\max}\left[1-\left(1-\dfrac{I_0+P}{I_{\mathrm{m}}}\right)^{1+b}\right] & (I_0+P\leqslant I_m)\end{cases} \tag{3.1}$$

$$I_0=I_{\mathrm{m}}[1-(1-A_S)^{1/b}] \tag{3.2}$$

式中：P 为降水量；W_0 为初始土壤含水量；$W_0^{\max}$ 为上层最大土壤含水量；b 为形状参数；I_0 为初始下渗率；I_{m} 为最大下渗容量；A_S 为网格内土壤达到饱和的百分数。

VIC 模型下层土壤产生基流，采用 Arno 模型计算基流，即当土壤含水量在某一阈值以下时，基流是线性消退的，而高于此阈值时，基流过程是非线性的。基流的计算表达式为

$$Q_b=\begin{cases}d_1W_2 & W_2\leqslant W_SW_2^{\max}\\ d_1W_2+d_2[W_2-W_SW_2^{\max}] & W_2>W_SW_2^{\max}\end{cases} \tag{3.3}$$

式中：d_1 为下土层含水量的线性出流系数；d_2 为基流非线性消退系数；W_S 为基流非线性消退时最大土壤含水量所占的百分比系数；W_2 为下土层土壤含水量；$W_2^{\max}$ 为下土层最大含水量。

4. 汇流计算

VIC 模型汇流计算方案见图 3.2，模型假设水流总是通过其相邻 8 个网格方向的 1 个网格流出，将各网格产生的河网总入流先汇流至网格出口，再进入河流系统，最后到达流

域出口。网格内的汇流采用单位线的方法，河道汇流采用线性圣维南方程（Saint - Venant Equation）计算。

降雨形成的不同的径流成分的汇流历时有所不同，因此需要把流量分成快速流和慢速流两部分，公式如下：

$$\frac{dQ^S(t)}{dt}=-kQ^S(t)+bQ^F(t) \tag{3.4}$$

式中：$Q^S(t)$ 为慢速流；$Q^F(t)$ 为快速流。

总流量：

$$Q(t)=Q^S(t)+Q^F(t) \tag{3.5}$$

假定每一个计算时段上参数 k 和 b 是常数，快速流和慢速流大致对应于产流模型的直接表面径流和基流过程，快速流和慢速流的解析关系式为

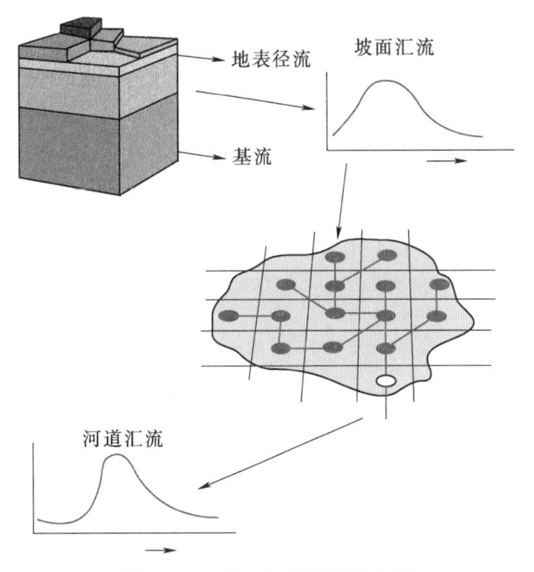

图 3.2 VIC 模型汇流方案图

$$Q^S(t)=b\int_0^1 \exp(-k(t-\tau))Q^F(\tau)d\tau+Q^S(0)\exp(-kt) \tag{3.6}$$

初始的 $Q^S(0)$ 随着 $\exp(-k\Delta t)$ 项而衰减，其中，$1/k$ 是慢速流的平均驻留时间。对于离散性数据，$Q^S(t)$ 可由式（3.7）求解，即

$$Q^S(t)=\frac{\exp(-k\Delta t)}{1+b\Delta t}Q^S(t-\Delta t)+\frac{b\Delta t}{1+b\Delta t}Q(t) \tag{3.7}$$

假设流量与净雨 P^{eff}（有效降雨）具有线性关系，又因为快速流和慢速流具有式（3.6）的关系，所以可以找到一个把快速流 Q^F 和 P^{eff} 联系起来的脉冲响应函数。脉冲响应函数和 P^{eff} 可通过以下方程迭代求得

$$Q^F(t)=\int_0^{t_{max}} UH^F(\tau)P^{eff}(t-\tau)d\tau \tag{3.8}$$

式中：$UH^F(\tau)$ 为传输过程中快速流的脉冲相应函数（瞬时单位线）；t_{max} 为快速流完全衰退的时间。

在离散情况下，式（3.8）可写成式（3.9）和式（3.10），其中，Δt 为数据的时段长度，$t_{max}=(m-1)\Delta t$。将净雨量作为起始条件代入式（3.9），并对两式迭代求解。

$$\begin{pmatrix} Q_m^F \\ \vdots \\ Q_n^F \end{pmatrix}=\begin{pmatrix} P_m^{eff} & \cdots & P_1^{eff} \\ \vdots & \ddots & \vdots \\ P_n^{eff} & \cdots & P_{n-m-1}^{eff} \end{pmatrix}\begin{pmatrix} UH_0^F \\ \vdots \\ UH_{m-1}^F \end{pmatrix} \tag{3.9}$$

每一次迭代过程中对任意 i，$UH_i^F \geqslant 0$ 须满足以下条件：

$$\sum_{i=0}^{m-1} UH_i^F=\frac{1}{1+\frac{b}{k}} \tag{3.10}$$

然后把 UH^F 代入式（3.9），可求得 P^{eff}。

$$\begin{pmatrix} Q_m^F \\ \vdots \\ \vdots \\ Q_n^F \end{pmatrix} = \begin{pmatrix} UH_{m-1}^F & \cdots & UH_0^F & 0 & \cdots & 0 \\ 0 & \ddots & \ddots & \ddots & \ddots & \vdots \\ \vdots & \ddots & \ddots & \ddots & \ddots & 0 \\ 0 & \cdots & 0 & UH_{m-1}^F & \cdots & UH_0^F \end{pmatrix} \begin{pmatrix} P_1^{eff} \\ \vdots \\ \vdots \\ P_n^{eff} \end{pmatrix} \tag{3.11}$$

同理，迭代过程满足 $0 \leqslant P_i^{eff} \leqslant P_i$，$i$ 为任意值。然后把式（3.11）中的 P^{eff} 代入式（3.9），反复计算直到收敛。

河道汇流可用线性圣维南方程表示，即

$$\frac{\partial Q}{\partial t} = D\frac{\partial^2 Q}{\partial x^2} - C\frac{\partial Q}{\partial x} \tag{3.12}$$

式中：C 为波速；D 为扩散系数，需要根据实际河道的特性来估计。

回水的影响在大尺度水文模型中很小，所以忽略不计。式（3.12）可采用脉冲响应函数（或格林函数）的卷积公式来求解。

3.1.3　模型参数

VIC 模型的参数大致可以分为 4 类：气象参数、植被参数、土壤参数及水文参数。其中，气象参数、植被参数和土壤参数一经确定，在模型运行过程中不再进行调整；而水文参数则需要根据实测的流量过程来率定。

1. 气象参数

VIC 模型要求输入每个网格的逐日降水量、日最高气温和最低气温，为此需要将站点的气象资料插值到网格点上。这里采用距离反比加权插值方法将站点气象资料插值到流域内的正交网格上。在插值过程中，不考虑地形对降水的影响，但考虑了高程对气温的影响。插值范围采用动态搜索的方法，将距网格中心最近的 3 个测站作为每个网格的插值站点。但是如果网格内包含 3 个以上的站点，则取网格内所有站点的平均值作为该网格的值。

2. 植被参数

VIC 模型的植被参数由两部分组成：网格植被类型和植被参数库。其中，网格的植被类型由 Maryland 大学的全球 1km 土地覆盖数据来确定，共分为 11 种土地覆盖类型，主要包括：常绿针叶林、常绿阔叶林、落叶针叶林、落叶阔叶林和混交林等。植被参数库则给出了每一种植被类型对应的根系深度、逐月叶面积指数和糙率等参数，见表 3.1。

表 3.1　　VIC 模型植被分类及部分参数

序号	植被类型	反照率	最小气孔阻抗 /(s/m)	叶面积指数	糙率 /m	零平面位移 /m
1	常绿针叶林	0.12	250	3.40～4.40	1.4760	8.040
2	常绿阔叶林	0.12	250	3.40～4.40	1.4760	8.040
3	落叶针叶林	0.18	150	1.52～5.00	1.2300	6.700
4	落叶阔叶林	0.18	150	1.52～5.00	1.2300	6.700
5	混交林	0.18	200	1.52～5.00	1.2300	6.700

续表

序号	植被类型	反照率	最小气孔阻抗 /(s/m)	叶面积指数	糙率 /m	零平面位移 /m
6	林地	0.18	200	1.52～5.00	1.2300	6.700
7	林地草原	0.19	125	2.20～3.85	0.4950	1.000
8	密灌丛	0.19	135	2.20～3.85	0.4950	1.000
9	灌丛	0.19	135	2.20～3.85	0.4950	1.000
10	草原	0.20	120	2.20～3.85	0.0738	0.402
11	耕地	0.10	120	0.02～5.00	0.0060	1.005

3. 土壤参数

VIC 模型中有很多土壤参数需要确定，包括土壤饱和体积含水量、饱和土壤水势和饱和水力传导度等。土壤质地数据来源于联合国粮农组织发布的全球 10km 的土壤质地数据，共分为 16 种土壤质地，其中前 12 种在 VIC 模型中采用，土层分为上、下两层，0～30cm 为上层，30～100cm 为下层。上层土壤属性用作 VIC 模型的第 1 层，下层土壤的属性用作 VIC 模型的第 2、第 3 层。表 3.2 给出了 VIC 模型中使用的 12 种土壤质地及部分参数取值。

表 3.2　　VIC 模型土壤质地及部分参数

序号	土壤质地	饱和水力传导度变率	气泡压力 /cm	总体密度 /(kg/m^3)	残留含水量
1	砂土	11.20	6.9	1490	0.020
2	壤质砂土	10.98	3.6	1520	0.035
3	砂壤土	12.68	14.1	1570	0.041
4	粉质壤土	10.58	75.9	1420	0.015
5	粉土	9.10	75.9	1280	0.015
6	壤土	13.60	35.5	1490	0.027
7	砂质黏壤土	20.32	13.5	1600	0.068
8	粉质黏壤土	17.96	61.7	1380	0.040
9	黏壤土	19.04	26.3	1430	0.075
10	砂质黏土	29.00	9.8	1570	0.056
11	粉质黏土	22.52	32.4	1350	0.109
12	黏土	27.56	46.8	1390	0.090

4. 水文参数

VIC 模型中共有 6 个参数需要利用观测的流量资料来进行率定（表 3.3），包括控制基流的 3 个参数：D_m、W_s 和 D_s；描述土壤蓄水容量曲线的形状参数 b；以及第 2 层和第 3 层的土层厚度 d_2 和 d_3。通过参数 b 将入渗水量描述为饱和区域网格面积的函数，当取值较大时，则说明下渗透水量低，从而增大产流量；D_s 值增大时，在土壤含水量较低时，下层土壤的基流将增大；W_s 类似于 D_s，取值较大时，将提高非线性基流，延迟洪峰的出现；对于 d_2 和 d_3，在增大其取值的情况下，将增加蒸发量，延缓基流的峰值。

一般来说，对于有水文资料的流域，一般采用优化的方法确定水文参数。对于无资料地区水文参数可采用同一气候区相近流域直接移用，也可以通过研究水文参数的区域规律，建立水文参数与土壤、气象因子相关的定量关系来确定。

表 3.3　　　　VIC 模型 6 个水文参数

参数	单位	描　述	推荐的取值范围
b	—	饱和蓄水容量曲线参数	0.001～1.0
D_s	—	非线性基流发生时占 D_m 的比例	0.001～1.0
D_m	mm/d	基流日最大出流量	0.1～50.0
W_s	—	非线性基流发生时占最大含水量的比例	0.2～1.0
d_2	m	第 2 层土层厚度	0.1～3.0
d_3	m	第 3 层土层厚度	0.1～3.0

3.2　模型参数优化技术

进行水文模拟时，除要求所选用的模型结构合理外，参数的优化识别也非常重要。流域水文模型的优化具有多参数同时优化和目标函数难以用模型参数来表达等特点，因此也就不可能通过对目标函数的参数求导的方式直接求解，而只能选择可以计算并逐步改进目标函数值而不需要目标函数导数值的多参数优化方法进行模型参数的优化识别。

3.2.1　参数率定方法

模型参数率定方法可分为人工试错法和自动优选法两种。人工试错法是根据人的分析判断来修改参数，最后使目标函数达到预定要求；自动优选法是利用计算机采用优化技术一次解出参数的最优值。

1. 人工试错法

人工试错法的基本原则是给出一组参数，在计算机上运算模型，通过目视比较模拟值与实测值的拟合程度及目标函数的定量比较，逐次调整参数和运算模型，直至达到模拟精度符合要求为止。人工试错法可以在一定程度上保证参数的物理意义，但模拟精度未必最高，同时，该方法对参数调试者素质要求较高，需要调试者熟悉模型的计算过程和参数优化规律。

2. 自动优选法

自动优选法是由计算机按一定的规则自动优选，而不需要任何人工调节。这类方法可以系统地找到一组参数，使给定的目标函数达到最优，但自动优化出来的参数可能会使得参数物理意义削弱或丧失。常用的自动优化计算方法包括 Rosenbroke 法、Simplex（单纯形）法、SCE－UA、遗传算法和种群进化法等方法。

Resenbrock 方法是一种迭代寻优的过程，也是目前水文模拟中比较常用的参数优化方法之一。该方法的基本原理是要优化的 n 个参数构造一个 n 维的正交坐标系（$S_1^{(k)}$，$S_2^{(k)}$，…，$S_n^{(k)}$，表示 n 个坐标上的搜索方向，$k=0$，1，…，表示寻优的循环次数），通过目标函数计算，按一定规则改变每个参数的新搜索方向和步长，直到满足优化终止条件。寻优计算的具体步骤如下。

步骤一：根据参数的物理意义和合理的取值范围，确定各参数的初始值，即定义寻优函数曲面上起始点 $X^{(0)}$，利用轮换坐标法对每一个参数沿其坐标轴方向搜索，按照单一变量方法进行寻优，所有变量寻优结束后，一轮寻优计算结束，得到一个新的寻优起始点 $X^{(1)}$。

步骤二：确定新的寻优方向，假如从起始点 $X^{(k)}$ 到点 $X^{(k+1)}$，则 $X^{(k)}$ 和 $X^{(k+1)}$ 两点的连线为最优基准线，其他各参数新的寻优方向均与该线垂直，并且各方向之间相互垂直。新的寻优方向可由 Gram－Schmidt 正交公式计算确定：

$$\left.\begin{aligned}
&S_1^{(k+1)}=X^{(k+1)}-X^{(k)}=\beta_1^{(k)}p_1^{(k)}+\beta_2^{(k)}p_2^{(k)}+\cdots+\beta_n^{(k)}p_n^{(k)}\\
&S_2^{(k+1)}=\beta_2^{(k)}p_2^{(k)}+\cdots+\beta_n^{(k)}p_n^{(k)}\\
&\vdots\\
&S_n^{(k+1)}=\beta_n^{(k)}p_n^{(k)}
\end{aligned}\right\}\tag{3.13}$$

式中：$\beta_n^{(k)}$ 为从 $X^{(k)}$ 到 $X^{(k+1)}$ 之间在 $S_n^{(k)}$ 方向上的距离；$p_n^{(k)}$ 为 $S_n^{(k)}$ 方向上的计算步长。

第一次优化计算时取各方向的单位向量（e_n）为各寻优方向的计算步长（$p_n^{(0)}$）。此后，各方向的计算步长则由式（3.14）确定

$$\left.\begin{aligned}
w_1 &= S_1^{(k+1)}\\
p_1^{(k+1)} &= w_1/\|w_1\|\\
w_2 &= S_2^{(k+1)}-[(S_2^{(k+1)})^T p_1^{(k+1)}]p_1^{(k+1)}\\
p_2^{(k+1)} &= w_2/\|w_2\|\\
&\vdots\\
w_n &= S_n^{(k+1)}-\sum_{j=1}^{n-1}[(S_n^{(k+1)})^T p_j^{(k+1)}]p_j^{(k+1)}
\end{aligned}\right\}\tag{3.14}$$

如果 $\beta_j^{(k)}=0$，则取第 j 个方向的上一次搜索方向为本次搜索的方向，即 $p_j^{(k+1)}=p_j^{(k)}$。

按照单一变量方法对每一个参数沿其坐标轴方向进行寻优计算，所有变量寻优结束后，得到一个新的寻优点 $X^{(k+1)}$。

步骤三：重复步骤二，直到精度寻优计算满足收敛标准，退出寻优计算。

3.2.2 目标函数

目标函数的选择决定了模型参数优化识别的效率、准确性，进而直接影响系统模拟的精度。为方便模型在不同流域内应用效果的比较，常采用 Nash－Sutcliffe 提出的标准化评价指标，Nash－Sutcliffe 确定性系数表达式为

$$R^2 = 1 - \frac{\sum_{i=1}^{N}(Q_{obs_i} - Q_{sim_i})^2}{\sum_{i=1}^{N}(Q_{obs_i} - \overline{Q_{obs}})^2} \tag{3.15}$$

显然，若模拟流量与实测流量完美拟合，该效率系数可以得到最大值 1。一般情况下，该系数在 0～1 之间变化，若为负值，也就意味着还不如以实测流量均值替代所模拟的流量。该标准是目前流域水文模拟中最常使用的目标函数之一，该目标函数可以很好地控制模拟过程的吻合度。

为保证水文模拟中的水量平衡，模型参数率定中常用的另外一个标准是平均相对误差，其表达式为

$$R_e = \frac{MAR_{sim} - MAR_{obs}}{MAR_{obs}} \times 100 \tag{3.16}$$

式中：MAR_{sim} 为模拟的平均年径流量；MAR_{obs} 为实测的平均年径流量。

显然，如果 Nash - Sutcliffe 效率标准越接近 1，同时相对误差越接近 0，则说明模拟效果越好。在本书中，选用 Nash - Sutcliffe 确定性系数和相对误差作为目标函数进行参数的率定。

参数优化的总目标是尽量减少模型模拟的流量和实测流量的相对误差，同时提高水文过程的模拟吻合程度。因此，采用人机交互方式调试参数时，不仅要求输出每一调试结果的定量描述指标，而且也要求绘制模拟和实测径流的过程线，以便人工判断参数的合理性及下阶段参数的调试方向。

尽管不同模型的结构存在差异，但基于概念的水文模型都含有包括土壤湿度为主的中间状态变量，在进行模型率定时，这些中间状态变量是人为给定的，会在某种程度上影响到模型的模拟效果，因此，常在模型开始率定前的一段时期作为模型的预热期。为检验模型参数的稳定性，一般将资料的最后几年资料作为验证期，验证期的资料不用来进行参数的率定，主要用以验证模型的模拟效果。

3.3　VIC 模型在漳河流域的适应性

3.3.1　网格划分及代表站选取

以 0.25°为分辨率，将观台站以上划分 45 个格点，将实测的降水、气温等气象资料用距离反比加权插值方法插值到每个格点，在每个格点运行 VIC 模型进行产流计算，网格内的汇流采用单位线的方法，格点之间概化为河道，汇流采用线性圣维南方程计算。

在漳河流域各水文站中，综合考虑资料长度及代表性，选取漳河干流观台站为全流域出口控制代表站，选取石栈道、后湾水库和石梁站为浊漳河流域代表站，选取蔡家庄、刘家庄和匡门口站为清漳河流域代表站。以各代表站资料为基础进行 VIC 模型验证。各代表站的基本信息见表 3.4 和图 3.3。

表 3.4 漳河流域各代表水文站基本情况表

河名	站名	所在县（市）	地理坐标		集水面积/km²	站类
			东经	北纬		
浊漳河	石栈道	山西省榆社县	112°58′	37°04′	702	河道站
浊漳河	后湾水库	山西省襄垣县	112°49′	36°33′	1296	水库站
浊漳河	石梁	山西省潞城市	113°19′	36°28′	9652	河道站
清漳河	蔡家庄	山西省和顺县	113°36′	37°19′	460	河道站
清漳河	刘家庄	河北省涉县	113°31′	36°45′	3800	河道站
清漳河	匡门口	河北省涉县	113°47′	36°27′	5060	河道站
漳河	观台	河北省磁县	114°05′	36°20′	17800	河道站

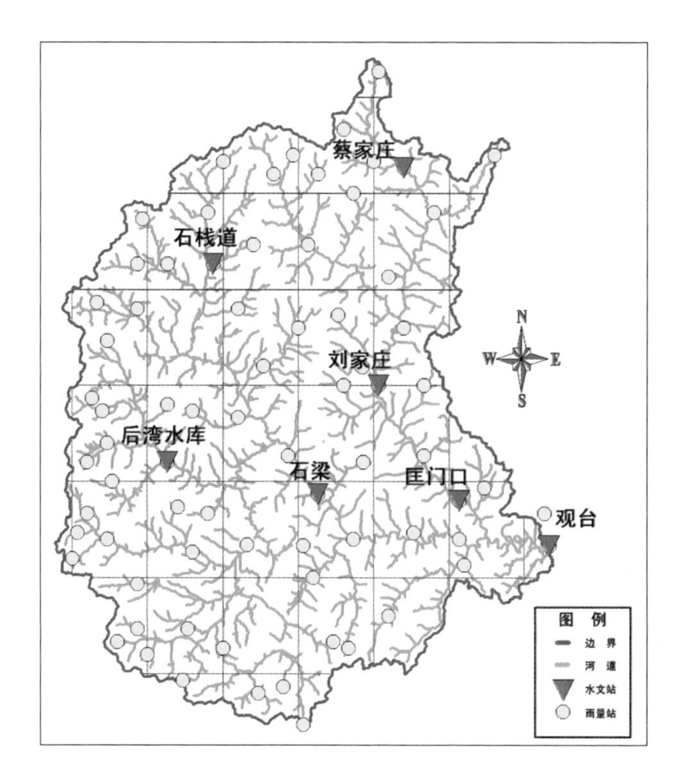

图 3.3 漳河流域水系及代表站地理位置图

3.3.2 VIC模型的模拟效果

模型参数的率定主要考虑2个目标函数：Nash－Sutcliffe效率系数（N_{sc}）和相对误差（R_e）。N_{sc}反映了模拟的流量过程和实测的流量过程之间的吻合程度；R_e是一个水量平衡指标，它反映了模拟总径流和实测总径流之间的相对误差。N_{sc}的值越接近1，同时R_e的值越接近0，则表示模拟效果越好。

$$N_{sc}=1-\frac{\sum(Q_{obs}-Q_{sim})^2}{\sum(Q_{obs}-\overline{Q}_{obs})^2} \tag{3.17}$$

$$R_e=\frac{R_{sim}-R_{obs}}{R_{obs}}\times100\% \tag{3.18}$$

式中：Q_{obs} 和 Q_{sim} 分别为实测和模拟的流量过程；$\overline{Q}_{obs}$ 为实测流量的均值；R_{obs} 和 R_{sim} 分别为实测和模拟的总径流量。

径流突变诊断结果表明，突变年份主要发生在 1978 年前后，与流域内人类活动状况调查结果一致，漳河流域在 20 世纪 70 年代之前人类活动相对较少，在 70 年代后期人类活动对河川径流量的影响逐步明显。为方便起见，统一采用各站自建站以来至 1975 年的实测水文气象资料率定并检验模型，其中，1970—1975 年为模型检验期，采用 1970 年之前的资料来率定模型参数，表 3.5 给出了 VIC 模型对漳河各子流域率定期和检验期月径流过程的模拟结果，直观起见，图 3.4～图 3.6 给出了 3 个代表性流域实测与模拟的月径流过程。

表 3.5　　漳河流域各子流域径流量模型效果比较　　%

站名	率定期（建站至 1969 年）		检验期（1970—1975 年）	
	N_{sc}	R_e	N_{sc}	R_e
蔡家庄	87.2	1.2	77.9	0.2
石栈道	76.8	0.7	79.5	−1.6
后湾水库	79.5	−1.8	76.4	1.3
石梁	77.8	0.3	73.6	−0.2
刘家庄	73.2	−2.1	75.2	0.9
匡门口	74.9	−1.3	70.3	0.4
观台	79.1	0.7	75.1	1.9

由表 3.5 和图 3.4～图 3.6 可以看出：

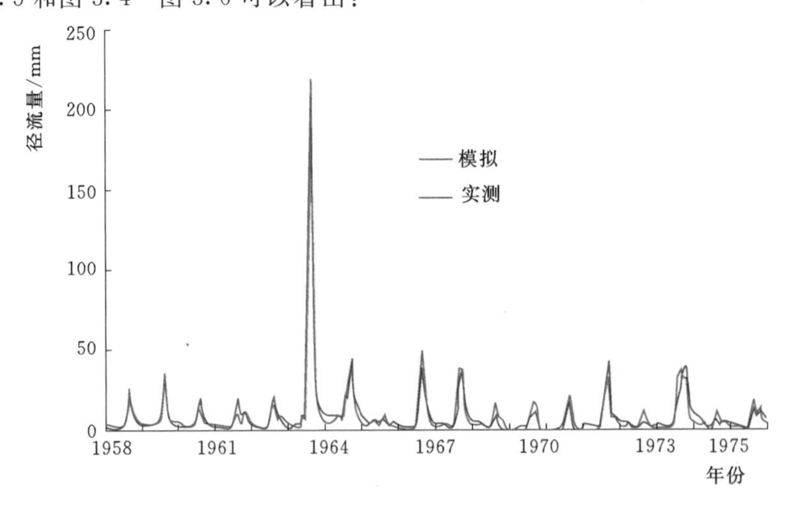

图 3.4　清漳河匡门口站 1958—1975 年实测与模拟月径流量过程

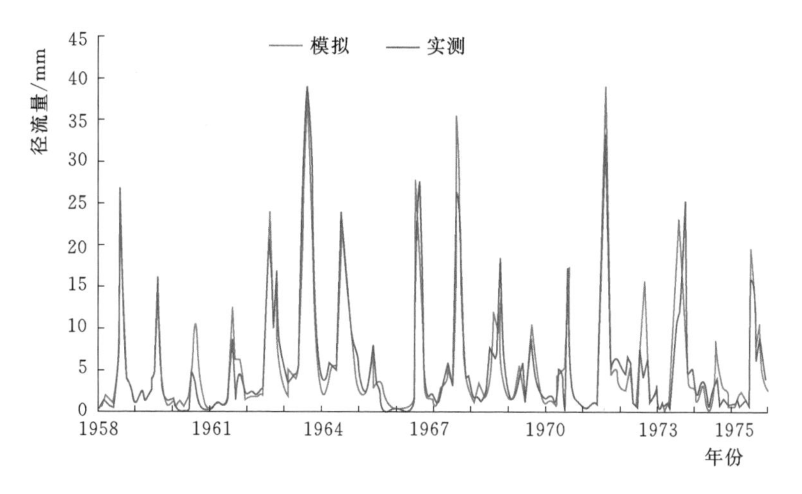

图 3.5　浊漳河石梁站 1958—1975 年实测与模拟月径流量过程

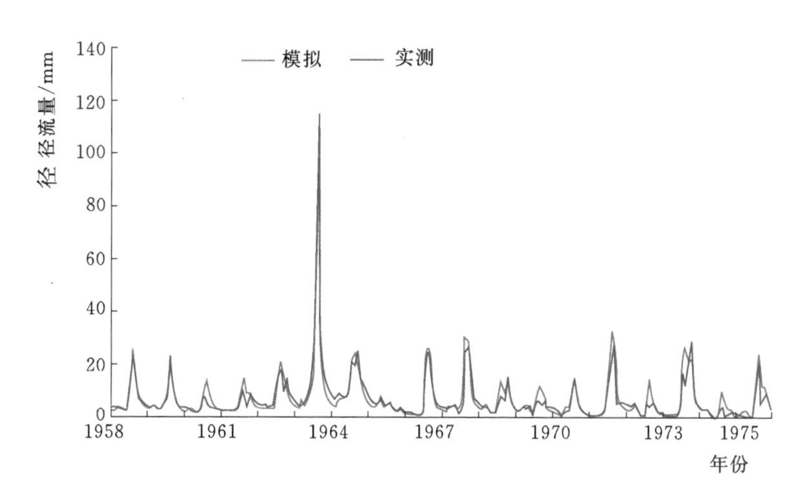

图 3.6　漳河观台站 1958—1975 年实测与模拟月径流量过程

（1）VIC 模型对漳河流域各站均有较好的模拟效果，率定期和检验前 N_{sc} 均在 70%以上，相对误差控制在±2%以内。

（2）相比而言，模型对上游流域模拟效果相对较好，例如，清漳河蔡家庄站，率定期 N_{sc} 超过 85%，相对误差也较小。VIC 模型能够满足漳河流域径流变化归因的精度要求。

3.4　径流变化归因定量识别

3.4.1　基于水文模拟的径流变化归因分析方法

河川径流变化是环境变化的综合结果，环境变化主要指气候变化（波动）和人类活动对流域下垫面等自然状况的改变两个方面。若在人类活动比较显著之前，流域已经有若干年的降水量、径流量等观测资料，则可以采用流域水文模拟途径分析河川径流变化的归因。径流变化归因识别的主要内容包括两个方面：①如何选择天然时段？②如何还原人类活动影响下的天然径流量？图 3.7 给出了河川径流变化归因识别结构框图。

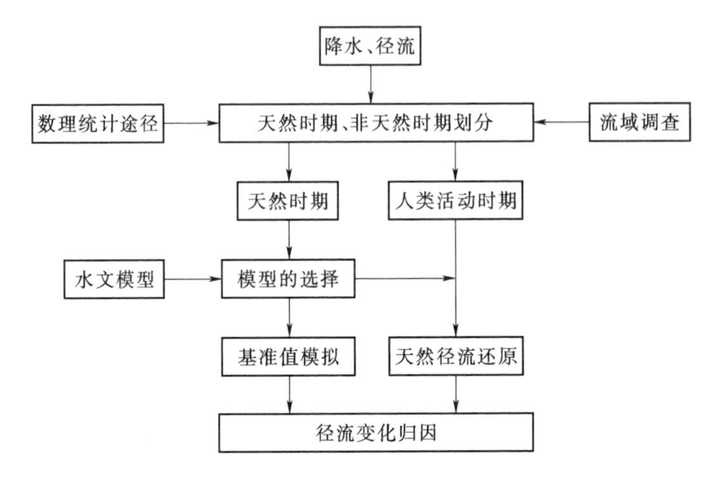

图 3.7　河川径流变化归因识别结构框图

首先，利用数理统计途径，分析研究流域降水、径流变化的特征、趋势、阶段性，结合流域状况的调查分析，进行流域的天然时期和非天然时期（人类活动影响期）划分。

其次，利用天然时期的水文、气象资料，对多个流域水文模型进行参数率定和水文模拟效果比较，选择出适合于研究流域的水文模型作为天然径流还原计算的工具。

再次，将天然时期作为基准期，利用水文模型模拟基准期的天然径流量作为基准值；同时，保持模型参数不变，将非天然期的气象资料输入模型，模拟人类活动影响期的天然径流量过程。

最后，根据选择的基准值、各时期的实测径流量与天然径流量，综合分析气候要素变化和人类活动对河川径流量的影响。

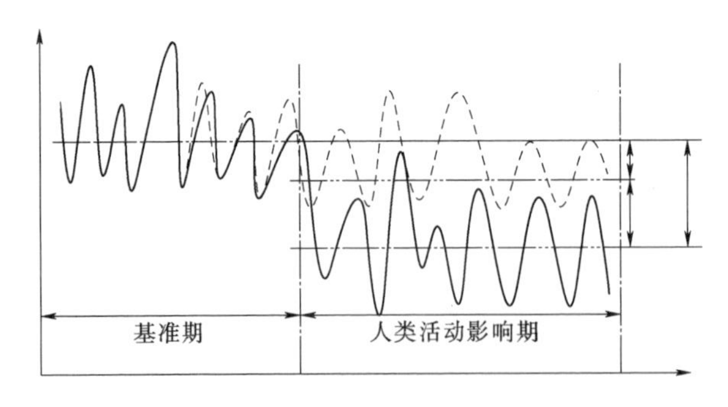

图 3.8　径流变化归因定量识别原理示意图

基于上述计算过程，图 3.8 给出了径流变化归因定量识别原理示意图。

不难看出，利用天然阶段的水文、气象等资料率定的水文模型参数反映了人类活动显著影响之前土地利用、用水结构等方面对产流的影响；还原的人类活动影响期间的天然径流量反映了原始土地利用和用水结构状况下的产流过程。因此，人类活动影响时期的实测径流量与天然时期的基准值之间的差值包括两部分，其一为人类活动影响部分，其二为气候要素变化影响部分。气候变化和人类活动对径流影响的定量分析方法如下：

$$\Delta W_T = W_{HR} - W_B \tag{3.19}$$

$$\Delta W_H = W_{HR} - W_{HN} \tag{3.20}$$

$$\Delta W_C = W_{HN} - W_B \tag{3.21}$$

$$\eta_H = \frac{\Delta W_H}{\Delta W_T} \times 100\% \tag{3.22}$$

$$\eta_C = \frac{\Delta W_C}{\Delta W_T} \times 100\% \tag{3.23}$$

式中：ΔW_T 为径流变化总量；ΔW_H 为人类活动对径流的影响量；ΔW_C 为气候变化对径流的影响量；W_B 为天然时期的径流量；W_{HR} 为人类活动影响时期的实测径流量；W_{HN} 为人类活动影响时期的天然径流量，由水文模型计算得出；η_H、η_C 分别为人类活动和气候变化对径流影响百分比。

河川径流变化是环境变化（包括人类活动和气候变化）的综合结果。根据流域实测径流突变诊断结果，各代表站径流突变基本发生在 1978 年前后，由于流域在突变点之前水土保持等人类活动相对较少，因此，根据各代表站实测资料序列，为方便各代表站前后期的归因变化分析，均将 1958—1975 年（突变点前）视为流域的天然时期，利用该时期的资料率定水量平衡模型参数，然后固定参数不变，将 1976—2010 年期间的气候要素资料输入模型模拟该时期的天然径流量过程。

3.4.2 清漳河流域径流变化归因

1. 天然径流过程模拟

采用可适用于漳河流域水文过程模拟的分布式水文模型 VIC 模型模拟了天然时期（1958—1975 年）清漳河匡门口站的月径流过程，见图 3.9 和图 3.10。可以看出，在天然时期，不管是从实测与模拟径流的年内月分配过程来看，还是从实测与模拟年径流量的相关关系来看，VIC 模型对清漳河匡门口站均具有较好的模拟效果。

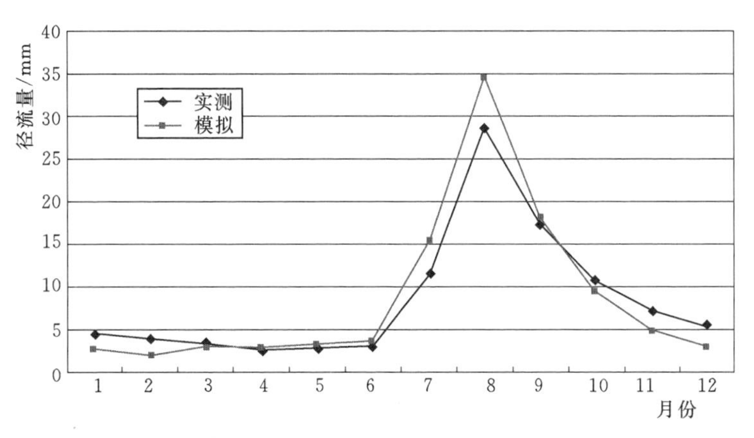

图 3.9 清漳河匡门口站 1958—1975 年实测与模拟径流量的年内月分配过程

图 3.11 给出了清漳河流域匡门口站 1958—2010 年实测与模拟的年径流量过程。可以看出，在突变年份 1978 年之前，实测与模拟的年径流量较为接近，统计结果表明，该时期模拟的年径流量为 98.4mm，平均模拟误差为 0.8%。说明模型模拟的天然径流量具有

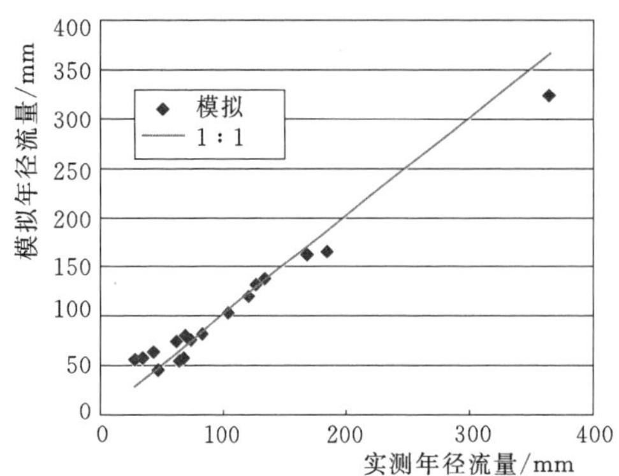

图3.10　清漳河匡门口站1958—1975年实测与模拟年径流量相关图

足够的精度。在突变年份1978年之后，特别是1997年以后的模拟径流量明显高于实测径流量，由此说明，进入20世纪中后期以来，人类活动对河川径流量的影响更为明显。

2. 气候变化和人类活动对径流量的影响

以1958—1979年的实测径流量作为基准，分析人类活动和气候变化对清漳河匡门口站实测径流量的影响。表3.6给出了各阶段实测径流量和模拟的天然径流量较基准值的变化。

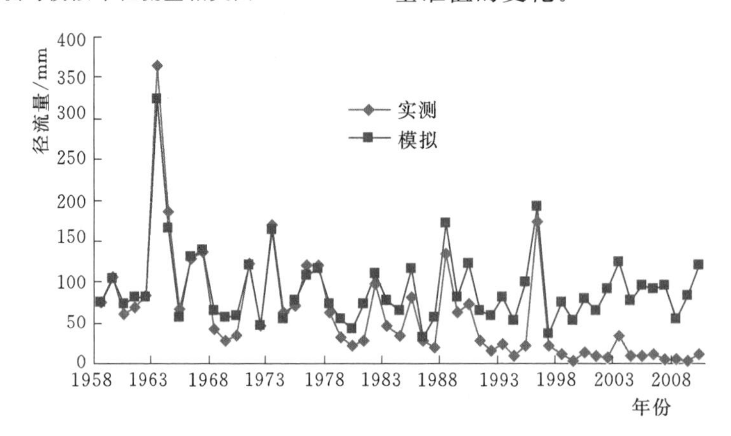

图3.11　清漳河匡门口站1958—2010年实测与模拟年径流量过程

表3.6　气候变化和人类活动对清漳河匡门口站径流量的影响

年　代	模拟径流量/mm	实测径流量/mm	总变化量/mm	气候变化的影响		人类活动的影响	
				绝对值/mm	相对值/%	绝对值/mm	相对值/%
1958—1979	98.4	98.4		0.0		0.0	
1980—1989	79.8	54.4	−44.0	−18.6	42.3	−25.4	57.7
1990—1999	80.4	37.3	−61.1	−18.0	29.4	−43.1	70.6
2000—2010	86.3	9.7	−88.7	−12.1	13.6	−76.6	86.4
1980—2010	82.3	33.0	−65.4	−16.1	24.6	−49.3	75.4

由表3.6可以看出：

（1）基准期1958—1979年天然年径流量约为98.4mm，其后各阶段模拟的天然径流量均较基准期有不同程度的减少，说明气候要素变化引起了径流量的减少。不同阶段实测径流量与基准期相比，1980年之后的各年代，总减少量较为显著，特别是21世纪以来的最近10年，较基准期偏少88.7mm。

（2）1980年以来，尽管气候变化的相对影响量有减少趋势，但气候变化的绝对影响

量变化趋势不大。其中，20 世纪 80 年代和 90 年代，气候变化的绝对影响量大致相当，分别为 18.6mm 和 18.0mm，分别占减少量的 42.3%和 29.4%。

(3) 人类活动对河川径流的绝对影响量和相对影响量均呈现增加趋势，特别是 21 世纪以来，绝对影响量为 76.6mm，占该时期径流总减少量的 86%以上。

(4) 就 1980—2010 年期间而言，人类活动和气候变化对径流量的相对影响量分别为 75.4%和 24.6%，人类活动是清漳河流域径流量偏少的主要原因。

3.4.3 浊漳河流域径流变化归因

1. 天然径流过程模拟

采用可适用于漳河流域水文过程模拟的分布式水文模型 VIC 模型模拟了天然时期 (1958—1975 年) 浊漳河石梁站的月径流过程，见图 3.12 和图 3.13。可以看出，在天然时期，不管是从实测与模拟径流的年内月分配过程来看，还是从实测与模拟年径流量的相关关系来看，VIC 模型对浊漳河石梁站均具有较好的模拟效果。

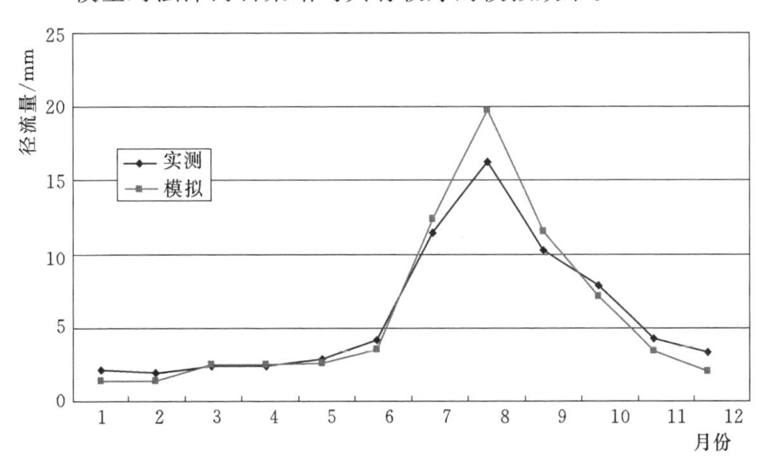

图 3.12　浊漳河石梁站 1958—1975 年实测与模拟径流量的年内月分配过程

图 3.14 给出了浊漳河石梁站 1958—2010 年实测与模拟的年径流量过程。可以看出，实测径流突变点 1978 年之前，实测与模拟的年径流量较为接近，统计结果表明，该时期模拟的年径流量为 68.3mm，平均模拟误差为 0.3%。说明模型模拟的天然径流量具有足够的精度。1979 年以来的模拟径流量明显高于实测径流量，由此说明，浊漳河流域 20 世纪 80 年代以来持续受大范围的人类活动影响，人类活动对河川径流量的影响更为明显。

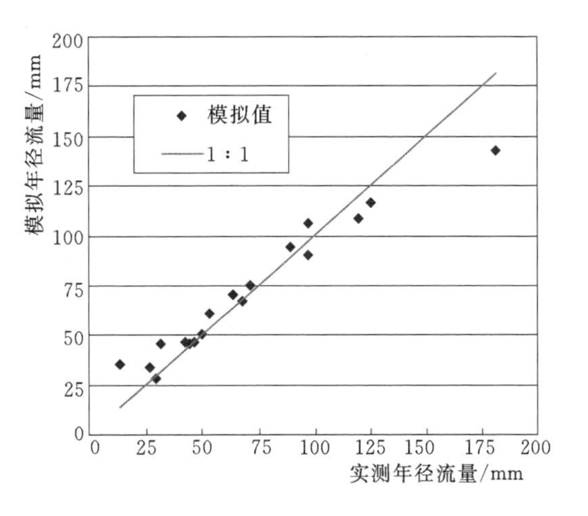

图 3.13　浊漳河石梁站 1958—1975 年实测与模拟年径流量相关图

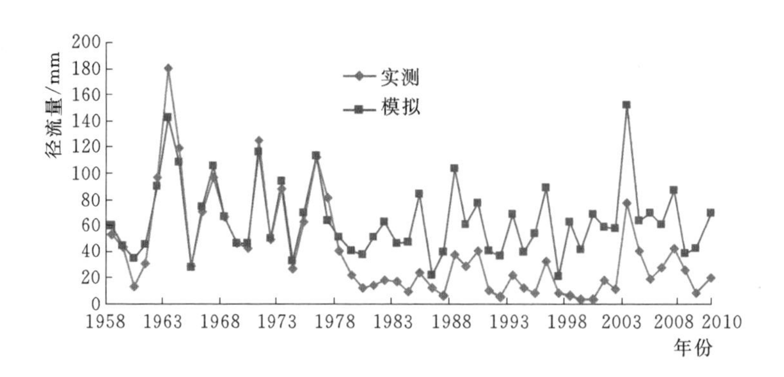

图3.14　浊漳河石梁站1958—2010年实测与模拟月径流量过程

2. 气候变化和人类活动对径流量的影响

以1958—1979年的实测径流量作为基准，分析人类活动和气候变化对浊漳河石梁站实测径流量的影响。表3.7给出了各阶段实测径流量和模拟的天然径流量较基准值的变化。

表3.7　　气候变化和人类活动对浊漳河石梁站径流量的影响

年代	模拟径流量/mm	实测径流量/mm	总变化量/mm	气候变化的影响		人类活动的影响	
				绝对值/mm	相对值/%	绝对值/mm	相对值/%
1958—1979	68.3	68.3		0.0		0.0	
1980—1989	54.4	18.3	−50.0	−13.9	27.8	−36.1	72.2
1990—1999	52.1	15.5	−52.8	−16.2	30.6	−36.6	69.4
2000—2010	67.9	26.7	−41.6	−0.4	1	−41.1	99
1980—2010	58.5	20.4	−47.9	−9.9	20.6	−38.1	79.4

由表3.7可以看出：

(1) 基准期1958—1979年天然年径流量约为68.3mm，其后各阶段模拟的天然径流量均较基准期有不同程度的减少，说明气候要素变化引起了径流量的减少。不同阶段实测径流量与基准期相比，1980年之后的各年代，总减少量较为显著，20世纪90年代是实测径流量减少最为显著的年代，较基准期偏少52.8mm。

(2) 20世纪80年代、90年代是受气候变化影响相对显著的年代，其中90年代气候变化影响的绝对值为16.2mm，相对值达到30.6%；进入21世纪以来气候有所转湿，受气候变化影响总体相对较小，相对值仅为1%。

(3) 人类活动对河川径流的绝对影响量和相对影响量均呈现增加趋势，特别是21世纪以来，绝对影响量为41.1mm，占该时期径流总减少量的99.0%。

(4) 就1980—2010年期间而言，人类活动和气候变化对径流量的相对影响量分别为79.4%和20.6%，人类活动是浊漳河流域径流量减少的主要原因。

3.4.4 漳河流域径流变化归因综合分析

1. 天然径流过程模拟

采用可适用于漳河流域水文过程模拟的分布式水文模型VIC模型模拟了天然时期（1958—1975年）漳河流域观台站的月径流过程，见图3.15和图3.16。可以看出，在天然时期，不管是从实测与模拟径流的年内月分配过程来看，还是从实测与模拟年径流量的相关关系来看，VIC模型对漳河流域观台站均具有较好的模拟效果。

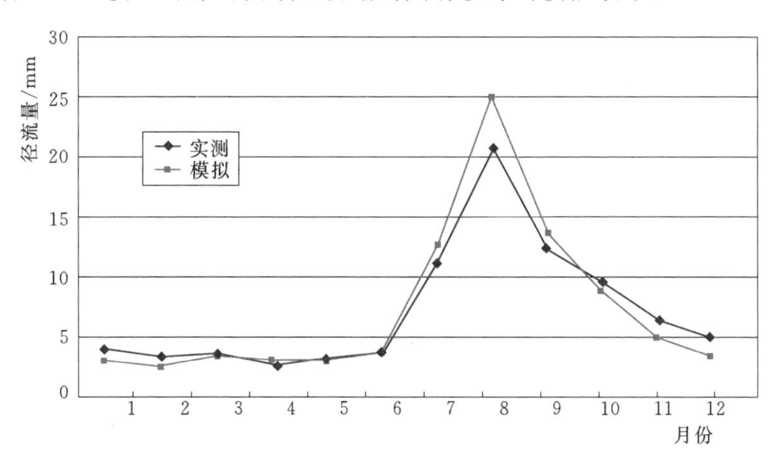

图3.15 漳河流域观台站1958—1975年实测与模拟径流量的年内月分配过程

图3.17给出了漳河流域观台站1958—2010年实测与模拟的年径流量过程。可以看出，实测径流量突变点1978年之前，实测与模拟的年径流量较为接近，统计结果表明，该时期模拟的年径流量为78.2mm，平均模拟误差为1.3%。说明模型模拟的天然径流量具有足够的精度。1979年以来的模拟径流量明显高于实测径流量，由此说明，漳河流域20世纪80年代以来持续受大范围的人类活动影响，人类活动对河川径流量的影响更为明显。

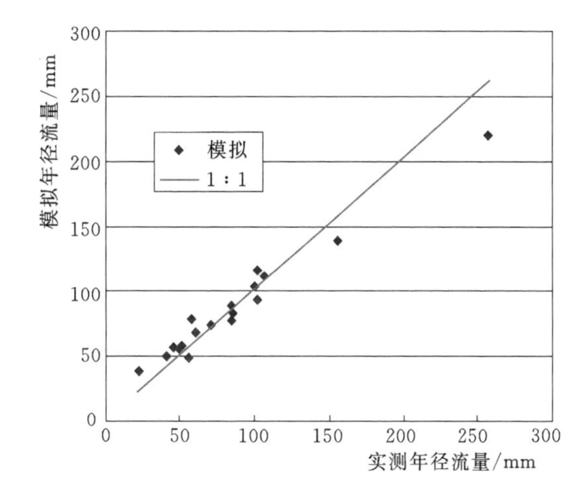

图3.16 漳河流域观台站1958—1975年实测与模拟年径流量相关图

2. 气候变化和人类活动对径流量的影响

以1958—1979年的实测径流量作为基准，分析人类活动和气候变化对漳河流域观台站实测径流量的影响。表3.8给出了各阶段实测径流量和模拟的天然径流量较基准值的变化。

由表3.8可以看出：

（1）基准期1958—1979年天然年径流量约为78.2mm，其后各阶段的模拟的天然径流量均较基准期有不同程度的减少，说明气候要素变化引起了径流量的减少。不同阶段实测径流量与基准期相比，1980 年之后的各年代，总减少量较为显著，特别是 21 世纪以来的最近 10 年，较基准期偏少 63.6mm。

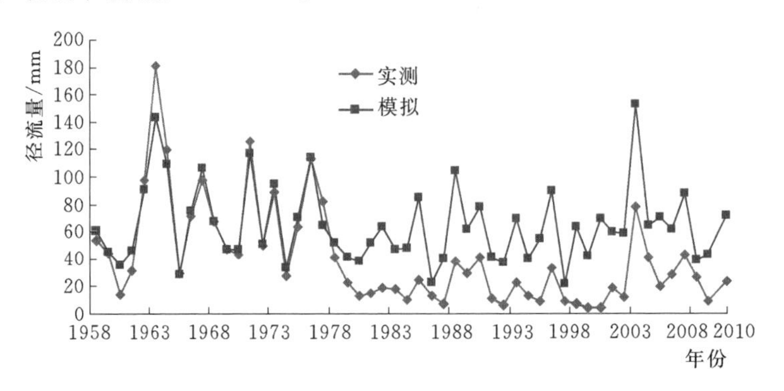

图 3.17　浊漳河石梁站 1958—2010 年实测与模拟月径流量过程

表 3.8　　气候变化和人类活动对漳河观台站径流量的影响

年代	模拟径流量/mm	实测径流量/mm	总减少量/mm	气候变化的影响		人类活动的影响	
				绝对值/mm	相对值/%	绝对值/mm	相对值/%
1958—1979	78.2	78.2		0.0		0.0	
1980—1989	66.6	19.8	−58.4	−11.6	19.9	−46.8	80.1
1990—1999	64.3	18.8	−59.4	−13.9	23.4	−45.5	76.6
2000—2010	75.6	14.6	−63.6	−2.7	4.2	−61.0	95.8
1980—2010	69.0	17.7	−60.6	−9.2	15.2	−51.4	84.8

（2）1980—2000 年是受气候变化相对显著的年代。其中 20 世纪 90 年代气候变化影响的绝对值为 13.9mm，相对值达到 23.4%；进入 21 世纪以来气候有所转湿，受气候变化影响总体相对较小，相对值仅为 4.2%。

（3）人类活动对河川径流的绝对影响量和相对影响量均呈现增加趋势，特别是 21 世纪以来，绝对影响量为 61.0mm，占该时期径流量总减少量的 95%以上。

（4）就 1980—2010 年期间而言，人类活动和气候变化对径流量的相对影响量分别为 84.8%和 15.2%，人类活动是漳河流域径流量减少的主要原因。

第4章　漳河流域水资源量分析及需求预测

根据漳河流域的不同特点，将全流域划分为上游地区和重点区域分别进行水资源分析。上游地区有诸多水资源调蓄工程，水资源包括地表水和地下水，分别对地表水资源量、地下水资源量、水资源总量、水资源可利用量（地表水可利用量、地下水可开采量）、水资源可利用总量、现状工程（水库工程、引提水工程、集雨工程、污水处理回用工程）供水能力进行了分析计算；重点区域没有水资源调蓄工程，可利用水资源主要指地表水，包括过境水和区间自产水，分别对不同年型下浊漳河侯壁断面来水过程、清漳河刘家庄断面来水过程、侯壁、刘家庄—观台区间（简称侯刘观区间）产水量进行了分析计算。

根据研究区经济发展情况及水资源利用现状，结合近几年国家的宏观经济调控政策，以2010年为现状年，对2020年和2030年上游地区的社会、经济发展形势对生活、生产、生态环境水资源需求进行预测研究。重点区域分析了沿河村庄现状年（2010年）需水量，对沿河村庄2020年和2030年需水量预测、不同年型下四大灌区灌溉需水、工业和生态环境需水进行预测。

4.1　水资源系统分区及概化

4.1.1　水资源系统分区

按照水资源控制工程分布及河流水系完整性，将漳河流域划分为上游地区和重点区域，具体分为6个子流域，分别为浊漳河南源（至漳泽水库）、浊漳河西源（至后湾水库）、浊漳河北源（至关河水库）、清漳河（至刘家庄）、浊漳干流（三源水库—侯壁）和漳河干流（侯壁、刘家庄—观台），其中前5个子流域为上游地区，第6个为晋、冀、豫3省交界的重点区域，见表4.1和图4.1。

表4.1　漳河流域水资源分区表

子流域编号	子流域名称	出口控制断面	行政分区	计算面积/km^2
1	清漳河	刘家庄站	晋中、长治	4159
2	浊漳河南源	漳泽水库站	长治	3477
3	浊漳河西源	后湾水库站	长治	1689
4	浊漳河北源	关河水库站	晋中、长治	3807
5	浊漳干流（三源水库—侯壁）	侯壁站	长治	2715
6	漳河干流（侯壁、刘家庄—观台）	观台站	邯郸	2437
合计				18284

注　浊漳河南源含长治盆地1169km^2。

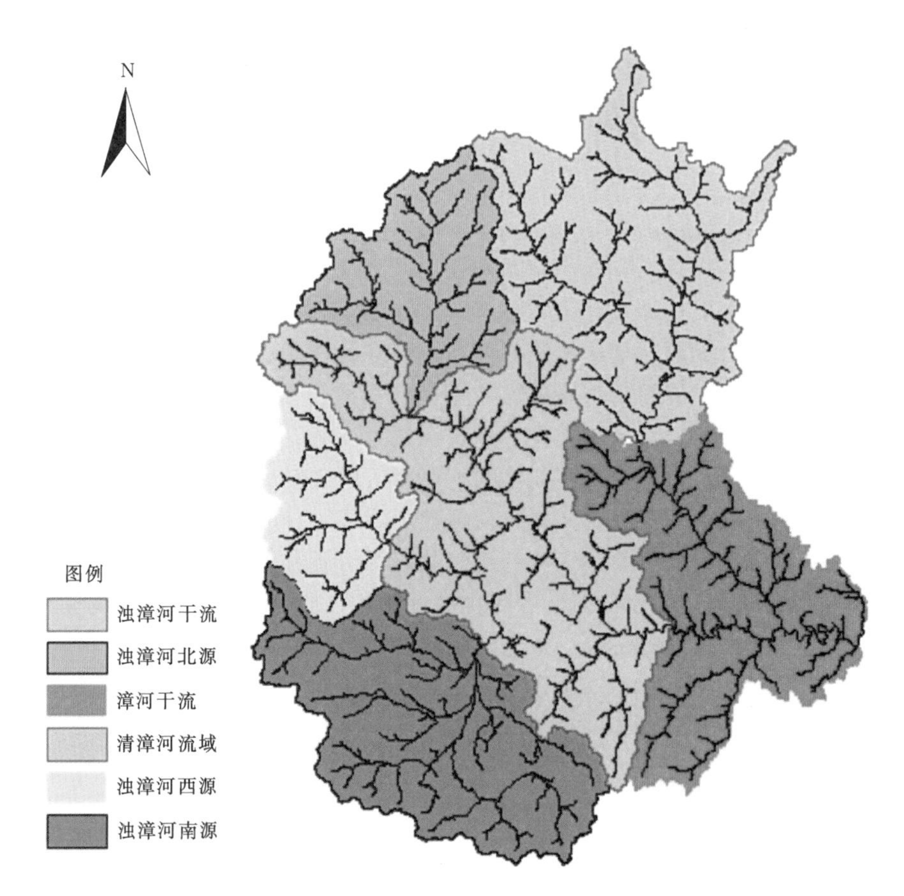

图 4.1　漳河流域子流域分区图

4.1.2　水资源系统概化

系统概化就是为满足数学描述的需要，将复杂、抽象的问题进行简化，把实际问题用数学方法描述，实现系统模拟。为了建立水资源配置模拟模型，首先把流域实际水资源系统概化为由节点和有向线段构成的网络。通过概化，建立反映系统水量转换的总体框架，该框架包括各种水量传输关系描述。

对漳河流域实际水资源系统进行抽象和概化，整个系统由一系列节点及有向连线组成，各节点考虑了区间入流、回归水、地下水、水库蓄水等要素，以及生活需水，第一产业需水，第二产业、第三产业需水，生态环境需水，根据流域实际水力联系及计算要求，绘制出漳河流域水资源系统模拟图，见图 4.2。

根据漳河流域实际情况，共分为 6 个子流域（即计算单元），上游地区分为 5 个子流域，分别为浊漳河北源、浊漳河南源、浊漳河西源、浊漳河干流和清漳河流域；重点区域为一个子流域，浊漳河侯壁断面和清漳河刘家庄断面的来水供给四大灌区，因此将四大灌区归为重点区域（第 6 个子流域）。

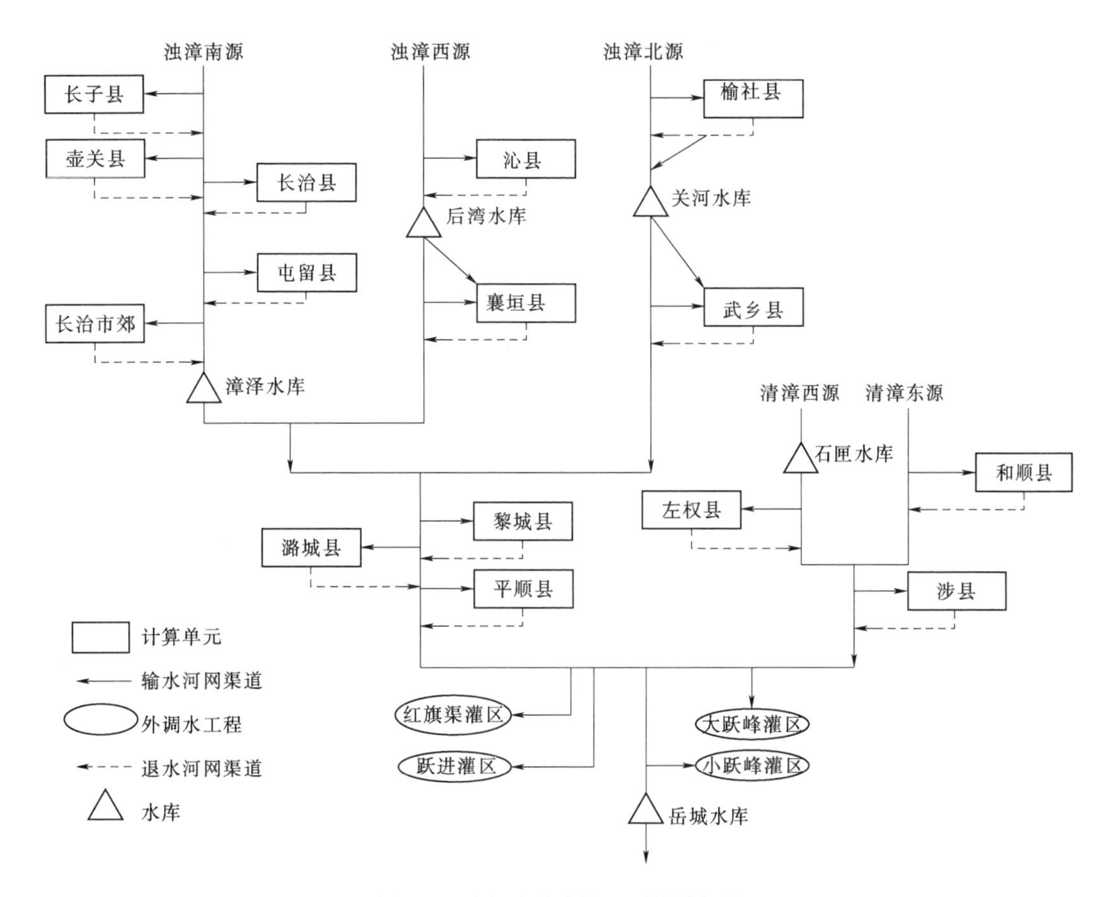

图 4.2 漳河流域水资源系统模拟图

4.1.3 代表年和规划水平年选择

区域水资源供需分析总是要根据一定的雨情、水情、旱情来进行分析计算的。分析方法有系列法和代表年法（即典型年法）两种。代表年法是根据区域水资源供需情况，仅分析计算有代表性的几个年份，不必逐年分析计算，不仅可以简化计算工作量，而且可以克服资料不全的问题。

漳河流域干旱缺水，降水量较少，供水主要依靠径流调节，因此采用年径流系列选择代表年。采用平水年（$P=50\%$）、枯水年（$P=75\%$）和特枯年（$P=95\%$）3 种代表年。

国民经济的发展是有阶段性的，每一阶段都反映了一定的国民经济水平，同时也反映了一定的水资源供需条件和开发利用水平，这就是水平年问题。表示不同时期的水平年要尽可能与国家或地区中长期发展计划分期相一致，一般划分为现状、近期和远景 3 类规划水平年。现状水平年又称基准年，是指现状情况，以某一年为基准；近期水平年为基准年以后的 5～15 年，远景水平年为基准年以后的 15～30 年。本书现状水平年为 2010 年，近期水平年为 2020 年，远景水平年为 2030 年。

4.2 上游地区水资源量

4.2.1 地表水资源量

1. 径流量还原分析

水文站控制断面天然径流量为实测径流量和还原水量二者之和。还原的主要项目包括地表水源供水的农业、工业、生活用水耗水量，跨流域（水文站断面以上控制流域）引入、引出水量，水库蓄水变量，水库渗漏损失量等。计算公式为

$$W_{天然}=W_{实测}+W_{还原} \tag{4.1}$$

$$W_{还原}=W_{农耗}+W_{工耗}+W_{林牧渔}+W_{人畜}+W_{城生}+W_{引水}+W_{库蓄}+W_{库蒸}+W_{库渗} \tag{4.2}$$

式中：$W_{天然}$为水文站控制断面天然径流量；$W_{实测}$为水文站控制断面实测径流量；$W_{还原}$为各项还原水量之和；$W_{农耗}$为农业灌溉地表水净耗水量；$W_{工耗}$为工业引用地表水净耗水量；$W_{林牧渔}$为林牧渔业引用地表水净耗水量；$W_{人畜}$为农村人畜饮水净耗水量；$W_{城生}$为城镇生活净耗水量；$W_{引水}$为跨流域（水文站断面以上控制流域）引入、引出水量，引入为“－”，引出为“＋”；$W_{库蓄}$为水库蓄水变量，蓄水量增加时为“＋”，减少时为“－”；$W_{库蒸}$为水库蒸发损失量；$W_{库渗}$为水库渗漏损失量。

根据水量平衡方程式（4.2），各还原项还原水量之和即为总的还原水量。还原计算按河系自上而下，按水文站控制断面分段进行，然后累积计算。从径流还原计算成果来看，各站还原水量占天然径流量的比例，呈递增趋势。例如，漳泽水库从 20 世纪 60 年代、70 年代的 21%左右过渡到 80 年代、90 年代的 85%，石梁站从 20 世纪 60 年代、70 年代的 10%左右过渡到 80 年代、90 年代的 62%。分析各主要河流控制站 1980—2000 年还原水量的构成可以看出，漳泽水库以农业还原水量所占比重最大，约占 58%，其次为工业还原水量约占 15%，其余为水库渗漏、蒸发等；石梁站农业还原水量所占比重更大，约占 69%，工业还原水量占 14%。

2. 河川径流的一致性修正

由于社会经济的高速发展，人类活动对下垫面的影响不断加剧，漳河流域地表水资源量呈减少趋势，即在同量级降水情况下，20 世纪 80 年代、90 年代的产流量明显小于 50—70 年代的产流量。说明在人类活动影响逐渐加大的情况下，流域的产汇流机制发生了变化，应用数理统计法分析计算较长系列的地表水资源量，难以符合系列的一致性要求，同时计算成果也不能反映近期下垫面条件下的产流量。

在单站径流还原计算的基础上，将各站 45 年系列划分为 1956—1979 年和 1980—2000 年两个年段，分别通过点群中心绘制其年降雨—径流关系。漳河流域主要水文站径流量一致性修正前、后变化情况见表 4.2。经分析，人类活动对后湾水库站径流的影响不明显，基本为单一降雨—径流关系线，故未作修正。

3. 分区地表水资源量

水文站全部控制水资源分区径流的，水文站天然年径流系列即为分区年径流系列；上、下游水文站区间作为分区的，由下游站减去上游站天然径流量作为分区径流量系列。

表 4.2　　漳河流域主要水文站径流量一致性修正前、后比较

站名	控制面积 /km²	项目	最大		最小		多年平均	
			径流量 /万 m³	出现年份	径流量 /万 m³	出现年份	径流量 /万 m³	径流深 /mm
刘家庄	3800	修正前	136700	1963	8306	1986	29240	77.0
		修正后	134900	1963	8306	1986	26000	68.4
匡门口	5060	修正前	184700	1963	14020	1987	43950	86.9
		修正后	181700	1963	11210	1979	37570	74.2
关河	1747	修正前	45660	1977	3441	1986	15300	87.6
		修正后	42410	1977	2985	1972	13700	78.4
漳泽	3146	修正前	57580	1971	7227	1981	21000	66.8
		修正后	57320	1971	6274	1979	19500	62.0
石梁	9652	修正前	161300	1963	15300	1986	59300	61.4
		修正后	151600	1963	15300	1986	52200	54.1
天桥断	11250	修正前	252000	1956	33940	1999	92500	82.2
		修正后	227500	1956	33940	1999	79000	70.2
观台	17800	修正前	452900	1963	64038	1999	155200	87.2
		修正后	382000	1963	58390	1979	133300	74.9

水资源分区内有径流站，且径流站控制区降水量与未控区降水量相似，采用面积比法由控制站计算成果推求分区天然径流量系列；对于水资源分区内没有径流站，借用降水条件和下垫面产流条件相似区的径流深，推求分区的年径流量系列。

漳河上游地区 1956—2000 年多年平均年地表水资源量 10.74 亿 m³，各分区 1956—2000 年天然年径流量特征值见表 4.3。

表 4.3　　漳河上游地区 1956—2000 年天然年径流量　　单位：万 m³

子区	行政分区	多年平均值	不同频率天然年径流量		
			$P=50\%$	$P=75\%$	$P=95\%$
清漳河	晋中	24660	17040	10760	8373
	长治	3996	2761	1743	1357
浊漳河南源	长治	19500	15200	9890	6980
浊漳河西源	长治	11800	9680	6940	5370
浊漳河北源	晋中	13110	10500	6433	3532
	长治	5487	4500	2757	1518
浊漳干流	长治	28830	23190	15430	10730
合计		107400	82870	53950	37860

4.2.2　地下水资源量

4.2.2.1　地下水资源补给量及排泄量

按次一级地形地貌特征和地下水成因类型，漳河流域区可以划分为一般山丘区和长治盆地平原区两大水文地质区。

1. 一般山丘区地下水排泄量

由于山丘区地下水分布复杂，计算面积涉及14678km²。用补给量法计算地下水资源量比较困难，可以计算各项排泄量作为地下水资源量。河川径流量是山丘区主要的排泄项，利用水文站观测资料进行计算，以1980—2000年各项排泄量均值之和作为现状条件下山丘区浅层地下水资源量。

根据《海河流域水资源评价》，排泄量包括山丘区平均河川基流量、山前侧向流出量、浅层地下水实际开采净消耗量和山前泉水溢出量等排泄量，见表4.4。

表4.4　山丘区1980—2000年平均地下水排泄量　单位：万m^3

河川基流量	山前侧向流出量	开采净消耗量	山前泉水溢出量	总排泄量
35810	9166	12720	0	57700

2. 长治盆地地下水补给量和排泄量

长治盆地计算面积为1169km²，地下水资源补给量包括1980—2000年多年平均降水入渗补给量、山前侧向补给量、地表水体补给量（包括河道渗漏补给量、渠系渗漏补给量、渠灌田间入渗补给量）、井灌回归补给量等项补给量，各类补给量见表4.5。

表4.5　长治盆地地下水各项补给量　单位：万m^3

降水入渗补给量	山前侧向补给量	地表水体补给量				井灌回归补给量	地下水总补给量
		河道	渠系	田间	小计		
8393	1853	809.0	202.0	404.0	1415	360.0	12020

地下水排泄量包括浅层实际开采量、潜水蒸发量、侧向流出量和河道排泄量，1980—2000年平均排泄量结果见表4.6。

表4.6　长治盆地地下水排泄量　单位：万m^3

实际开采量	潜水蒸发量	侧向流出量	河道排泄量	总排泄量
6100	4300	0	0	10400

4.2.2.2　地下水资源量

1. 长治盆地地下水资源量

长治盆地以计算补给量的方法确定地下水资源量，用多年平均年总补给量减去平均井灌回归补给量为现状条件下盆地区地下水资源量，则地下水资源量1980—2000年平均为1.166亿m^3。

2. 山丘区地下水资源量

在计算上游地区地下水资源量时，扣除一般山丘区与山间盆地区之间的重复水量，包括山前侧渗量和一般山丘区基流量两部分。上游地区一般山丘区地下水资源量平均为5.770亿m^3。

漳河上游地区1980—2000年多年平均年地下水资源量为6.936亿m^3，各分区地下水资源量见表4.7。

表4.7　　漳河上游地区分区地下水资源量　　单位：万m^3

子流域	行政分区	地下水资源量		
		山丘区	盆地	合计
清漳河	晋中	14660		14660
	长治	2239		2239
	小计	16900		16900
浊漳河南源	长治	6021	11660	17680
浊漳河西源	长治	4915		4915
浊漳河北源	晋中	3735		3735
	长治	2308		2308
	小计	6043		6043
浊漳干流	长治	23820		23820
合计		57700	11660	69360

4.2.3 水资源总量

漳河流域区多年平均水资源总量为13.02亿m^3，多年平均河川年径流量为10.74亿m^3，地下水资源量6.936亿m^3，地表水与地下水重复量4.656亿m^3。漳河上游地区各子流域水资源总量见表4.8。

表4.8　　漳河上游地区各子流域水资源总量　　单位：万m^3

子流域	行政分区	多年平均值	不同保证率水资源总量		
			$P=50\%$	$P=75\%$	$P=95\%$
清漳河	晋中	30700	22800	16010	13080
	长治	3996	3696	2594	2120
	小计	34700	26500	18600	15200
浊漳河南源	长治	30080	25940	19170	14470
浊漳河西源	长治	12100	10100	7340	5600
浊漳河北源	晋中	13610	10700	6433	3532
	长治	5487	4500	2757	1518
	小计	19100	15200	9190	5050
浊漳干流	长治	34210	30110	21670	14870
合计		130200	107800	75970	55190

4.2.4　水利工程供水能力

4.2.4.1　水库工程

漳河上游地区共有各类水库 95 座，其中 3 座大型水库，10 座中型水库，82 座小型水库，年供水能力达 15.72 亿 m³。

现有蓄水工程的可供水量是根据不同设计水平年的库容淤积情况，按水库现状特征指标进行径流调节计算，计算出不同保证率的工业、农业可供水量。现有主要大中型水库不同水平年的可供水量见表 4.9。

表 4.9　现有主要大中型水库不同水平年可供水量　　单位：万 m³

子流域		水库名称	可供水量		
			P=50%	*P*=75%	*P*=95%
清漳河		石匣	1824	1697	1527
浊漳河	南源	鲍家河	637.0	566.0	471.0
		申村	1140	978.0	762.0
		屯降	2675	2023	1153
		漳泽	3247	3023	2724
		小计	7699	6589	5110
	西源	后湾	3641	3149	2492
		圪芦河	500.0	350.0	200.0
		月岭山	150.0	105.0	60.00
		小计	4291	3604	2752
	北源	云竹	842.0	649.0	393.0
		关河	3492	2894	2098
		小计	4334	4030	2935
	浊漳河合计		16820	14220	10800
漳河合计			18640	15920	12330

4.2.4.2　引提水工程

上游地区内共有引水工程 612 处，其中万亩以上灌区 10 处，小型灌区 602 处；上游地区内共有提水工程 574 处，其中，中型提水灌区 8 处，小型提水灌区 566 处；引提水工程规划新建连村等提引水工程，总引水规模为 5220 万 m³，现有引提工程保持现状的供水能力见表 4.10。

表 4.10　引提水工程现状供水能力　　单位：万 m³

流域分区	行政分区	引提水工程		
		P=50%	*P*=75%	*P*=95%
清漳河	晋中	474.0	331.0	231.0
	长治	509.0	356.0	249.0
	小计	983.0	688.0	481.0

续表

流域分区		行政分区	引提水工程		
			$P=50\%$	$P=75\%$	$P=95\%$
浊漳河	南源	长治	2907	2034	1423
	西源	长治	1197	837	585
	北源	晋中	223.0	156.0	109.0
		长治	970.0	679.0	475.0
		小计	1193	835.0	584.0
	干流	长治	4118	2882	2017
	浊漳河小计		9415	6590	4613
合计			10400	7278	5094

4.2.4.3 集雨工程

集雨工程根据现状年集雨工程规模为基础，根据长治和晋中市的集雨规划确定其各水平年的可供水量。规划的各水平年各分区的集雨工程可供水量规划成果见表4.11。

表4.11 **集雨工程规划可供水量** 单位：万m^3

子流域		行政分区	集雨工程		
			2010年	2020年	2030年
清漳河		晋中	166.0	218.0	270.0
		长治	106.0	124.0	142.0
		小计	272.0	342.0	412.0
浊漳河	南源	长治	400.0	480.0	560.0
	西源	长治	6.000	8.000	10.00
	北源	晋中	53.00	70.00	87.00
		长治	73.00	73.00	73.00
		小计	126.0	143.0	160.0
	干流	长治	423.0	534.0	645.0
	浊漳河小计		955.0	1165	1375
合计			1227	1507	1787

4.2.4.4 污水处理回用工程

1. 现状回用量

山西省长治市城区污水处理厂，设计污水处理规模为10万t/d，范围主要为长治市城区，面积约为41.5km^2，人口43万人。该污水处理工程2002年8月竣工，并配套建设、改造城市排水管网。污水处理采用具有除磷脱氮功能的鼓风曝气氧化沟工艺，污泥处理采用机械浓缩脱水工艺。

此外，山西省还有潞城和黎城污水处理厂，日处理能力均为2万t。现状污水经过处理后回用量较小。武乡县、襄垣县等县级污水处理厂也在规划中。

2. 规划污水回用量

现状年上游地区污水处理回用量较小，但从规划的大型用水企业规模和数量来分析，未来区域内水资源供需矛盾将日益突出，污水经处理后会加以利用。

考虑到现状污水利用量较少，污水回用将应有一个逐步增加的过程，上游地区的污水回用量按污水处理量的 60%左右考虑，缺水较为严重的浊漳南源地区按处理量的 70%考虑。到 2020 年上游地区污水回用总量达到处理量的 70%。

上游地区污水排放、处理和可利用量见表 4.12 和表 4.13。

表 4.12　　现状污水可利用量　　单位：万 m^3

子流域		行政分区	排放量			集中处理	污水可供
			城镇生活	工业	合计		
清漳河		晋中	181.0	439.2	620.2	430.0	430.0
		长治	0	6.900	6.900	0	0
		小计	181.0	446.0	627.0	430.0	430.0
浊漳河	南源	长治	1970	4387	6357	2667	2667
	西源	长治	226.6	206.2	432.8	303.0	212.0
	北源	晋中	78.00	276.0	354.0	300.0	300.0
		长治	58.80	166.3	225.1	0	0
		小计	137.0	442.0	579.0	300.0	300.0
	干流	长治	276.2	498.6	774.8	500.0	500.0
	浊漳河小计		2610	5534	8144	3679	3679
合计			2791	5980	8771	4109	4109

表 4.13　　现状年及各规划年污水可利用量　　单位：万 m^3

子流域	2010 年	2020 年	2030 年
清漳河	430.0	637.0	795.0
浊漳河南源	2667	3587	4374
浊漳河西源	212.0	296.0	368.0
浊漳河北源	300.0	393.0	472.0
浊漳河干流	500.0	689.0	852.0
合计	4109	5603	6862

4.2.4.5　工程供水能力

上游地区不同年型各类工程供水能力见表 4.14。

表 4.14 中所列供水能力没有包括规划中 5676 万 m^3 的山西省辛安泉提水工程和 3000 万 m^3 的从外流域调水工程。

上游地区不同水平年各类工程供水总量见表 4.15。

表 4.14 **现状年各类工程可供水量** 单位：万 m^3

代表年	流域分区		行政分区	可供水量					
				地表		地下	雨水集蓄	污水回用	合计
				蓄水	引提				
P=50%	清漳河		晋中市	2299	1544	2041	166.0	430.0	6480
			长治市	33.00	509.0	0	106.0	0	648.0
			小计	2332	2053	2041	272.0	430.0	7128
	浊漳河	南源	长治市	7885	2907	14020	400.0	2667	27880
		西源	长治市	5248	1197	1532	6.000	212.0	8195
		北源	晋中市	1356	4223	1026	53.00	300.0	6958
			长治市	3954	970	554	73.00	0	5551
			小计	5310	5193	1580	126.0	300.0	12510
		干流	长治市	646.0	4118	5275	423.0	500.0	10960
		浊漳河小计		19090	13420	22410	955.0	3679	59550
	漳河合计			21420	15470	24450	1227	4109	66680
P=75%	清漳河		晋中市	2084	973.0	2041	166.0	430.0	5694
			长治市	16.00	356.0	0	106.0	0	478.0
			小计	2100	1329	2041	272.0	430.0	6172
	浊漳河	南源	长治市	6682	2034	14020	400.0	2667	25800
		西源	长治市	4522	837.0	1532	6.000	212.0	7109
		北源	晋中市	1143	2556	1026	53.00	300.0	5078
			长治市	3325	679.0	554.0	73.00	0	4631
			小计	4468	3235	1580	126.0	300.0	9709
		干流	长治市	573.0	2882	5275	423.0	500.0	9653
		浊漳河小计		16250	8988	22410	955.0	3679	52280
	漳河合计			18350	10320	24450	1227	4109	58460
P=95%	清漳河		晋中市	1865	616.0	2041	166.0	430.0	5118
			长治市	8.000	249.0	0	106.0	0	363.0
			小计	1873	865.0	2041	272.0	430.0	5481
	浊漳河	南源	长治市	5156	1423	14020	400.0	2667	23670
		西源	长治市	3651	585.0	1532	6.000	212.0	5986
		北源	晋中市	841.0	1689	1026	53.00	300.0	3909
			长治市	2513	475.0	554.0	73.00	0	3615
			小计	3354	2164	1580	126.0	300.0	7524
		干流	长治市	536.0	2017	5275	423.0	500.0	8751
		浊漳河小计		12700	6189	22410	955.0	3679	45930
	漳河合计			14570	7054	24450	1227	4109	51410

表 4.15　　可供水总量汇总　　单位：万 m^3

子流域	2010 年			2020 年			2020 年		
	$P=50\%$	$P=75\%$	$P=95\%$	$P=50\%$	$P=75\%$	$P=95\%$	$P=50\%$	$P=75\%$	$P=95\%$
清漳河	7128	6172	5481	7335	6379	5688	7493	6537	5846
浊漳河南源	27880	25800	23660	28800	26720	24580	29580	27510	25370
浊漳河西源	8195	7109	5986	8279	7193	6070	8351	7265	6142
浊漳河北源	12510	9709	7524	12600	9802	7617	12680	9881	7696
浊漳河干流	10960	9653	8751	11150	9842	8940	11310	10010	9103
合计	66670	58440	51400	68160	59940	52900	69420	61200	54160

4.2.5 水资源可利用总量

水资源可利用总量是指在可预见的时期内，在统筹考虑生活、生产和生态环境用水的基础上，通过经济合理、技术可行的措施，在流域水资源总量中可一次性利用的最大水量。

1. 地表水资源可利用量

地表水资源可利用量是指在可预见的时期内，在统筹考虑河道内生态环境和其他用水的基础上，通过经济合理、技术可行的措施，在流域（或水系）地表水资源量中，可供河道外生活、生产、生态用水的一次性最大水量（不包括回归水的重复利用）。

地表水可利用量是从保护河流生态系统的理念出发，得到人类可以利用的最大水量，也是水资源配置的上限。地表水可利用量等于地表水资源量减去不可以被利用的水量（河道内生态环境需水量）和汛期难以控制、不能被利用的下泄水量。对于水资源紧缺地区，可以采用倒算法计算多年平均地表水资源可利用量，即用多年平均水资源量减去不可以被利用水量和不可能被利用水量中的汛期下泄洪水量的多年平均值，得出多年平均水资源可利用量。

上游地区大中型水库（含规划水库）众多，调蓄潜在能力较大，多年平均地表水可利用量为 7.547 亿 m^3，地表水可利用系数为 0.70。多年平均地表水可利用量计算成果见表 4.16。

表 4.16　　多年平均地表水可利用量　　单位：万 m^3

子流域	地表 水资源量	河道内生态 需水量	汛期难于控制 利用洪水量	地表水资源 可利用量	地表水资源 可利用系数
清漳河	28700	447.0	9957	18300	0.64
浊漳河南源	19500	2503	1104	15893	0.82
浊漳河西源	11800	1322	2548	7930	0.67
浊漳河北源	18600	1032	1486	16080	0.86
浊漳河干流	28830	3939	7618	17270	0.60
合 计	107400	9243	22710	75470	0.70

上游地区不同年型地表水资源可利用量见表4.17。

表4.17　　不同保证率地表水资源可利用量

子流域	地表水资源可利用量/万 m^3		
	$P=50\%$	$P=75\%$	$P=95\%$
清漳河	14430	100500	79880
浊漳河南源	11080	7952	5731
浊漳河西源	7057	5580	4409
浊漳河北源	10940	7389	4146
浊漳河干流	16900	12410	8807
合计	60410	43380	31080

2. 地下水资源可开采量

地下水资源可开采量是指在可预见的时期内，通过经济合理、技术可行的措施，在不致引起生态环境恶化条件下允许从含水层中获取的最大水量。分为3种类型计算，即盆地平原区孔隙水可开采量、岩溶山区岩溶水可利用量、一般山丘区裂隙孔隙水可开采量。

上游地区地下水可开采量为4.411亿 m^3，其中平原区1.263亿 m^3，山丘区0.5661亿 m^3，岩溶山区2.582亿 m^3。各分区地下水可开采量见表4.18。

3. 水资源可利用总量

上游地区多年平均水资源可利用量为9.781亿 m^3，其中，地表水可利用量为7.547亿 m^3，地下水可利用量为4.411亿 m^3，地表水与地下水重复计算量为2.178亿 m^3，见表4.19。不同频率水资源总可利用量见表4.20。

表4.18　　各子流域地下水可开采量

子流域	地级行政区	多年平均年地下水可开采量/万 m^3			
		平原区	山丘区	岩溶山区	合计
清漳河	晋中		1212	2200	3412
	长治		415.0	720.0	1135
	小计		1627	2920	4547
浊漳河南源	长治	9994	1784	4050	15830
浊漳河西源	长治	1319	761.0	149.0	2229
浊漳河北源	晋中		698.0	2000	2698
	长治	351.0	587.0	1710	2648
	小计	351.0	1285	3710	5346
浊漳河干流	长治	963.0	204	14990	16160
合计		12630	5661	25820	44110

表 4.19　多年平均水资源可利用量　单位：万 m^3

子流域	地表水可利用量	地下水可开采量	重复计算量	水资源可利用总量
清漳河	18300	4547	1369	21480
浊漳河南源	15890	15830	5219	26500
浊漳河西源	7930	2229	634.0	9525
浊漳河北源	16080	5346	3884	17540
浊漳河干流	17270	16160	10670	22760
合计	75470	44110	21780	97810

表 4.20　不同频率水资源可利用量　单位：万 m^3

子流域	重复计算量			水资源可利用量		
	$P=50\%$	$P=75\%$	$P=95\%$	$P=50\%$	$P=75\%$	$P=95\%$
清漳河	7855	5469	4347	11130	9128	8188
浊漳河南源	769.7	552.4	398.1	26140	23230	21160
浊漳河西源	2267	1793	1417	7018	6016	5221
浊漳河北源	1010	682.7	383.1	15270	12050	9109
浊漳河干流	7456	5472	3884	25610	23090	21080
合计	19360	13970	10430	85170	73510	64760

4.3　重点区域来水量

4.3.1　重点区域水资源系统分析及概化

4.3.1.1　水资源系统的组成

本次水资源配置的空间范围为浊漳河侯壁水文站以下、清漳河刘家庄水文站以下至漳河干流观台水文站以上，侯刘观区间流域面积 2924km^2。

1. 研究区需水量组成

(1) 沿河村庄（分别位于山西省平顺县、河北省涉县和磁县、河南省林州市和安阳县境内）生活生产需水量。

(2) 红旗渠灌区（位于河南省林州市境内）灌溉和工业需水量。

(3) 跃进渠灌区（位于河南省安阳县境内）灌溉和工业需水量。

(4) 大跃峰渠灌区（位于河北省涉县境内）灌溉和工业需水量。

(5) 小跃峰渠灌区（位于河北省磁县境内）灌溉和工业需水量。

(6) 侯刘观区间河道内生态环境需水量。

(7) 河道及渠道电站发电需水量（发电耗水量小，按零耗水处理）。

2. 研究区水源组成

(1) 浊漳河侯壁断面来水量。

（2）清漳河刘家庄断面来水量。

（3）侯刘观区间自产地表水量。

4.3.1.2 水资源系统的概化

重点区域水资源系统的组成比较复杂，由多水源、多种水利工程和多用户组成。在水量分配之前先对系统进行分区，分区时主要考虑以下两点：一是充分体现漳河流域水资源系统的特点；二是满足水资源统一管理的实际需要。根据侯壁、刘家庄—观台沿河的分水口位置，设置侯壁、三省桥、跃进渠首、刘家庄、大跃峰渠首、小跃峰渠首和观台共 7 个计算节点，用Ⅰ～Ⅶ表示节点。根据水系、沿河行政区划和沿河分水口位置，将系统分为沿河区和灌区两类，共 9 个分区，即红旗渠灌区、跃进渠灌区、大跃峰灌区、小跃峰灌区、侯壁—三省桥、三省桥—跃进渠首、刘家庄—大跃峰渠首、跃进渠首和大跃峰渠首—小跃峰渠首、小跃峰渠首—观台，用数字 1～9 表示分区，见图 4.3。

重点区域共有 3 条河流，其中支流 2 条，分别为清漳河和浊漳河，合漳—观台为漳河干流。浊漳河三省桥以上部分为山西省境内，清漳河刘家庄—合漳为河北省境内，浊漳河三省桥—合漳、漳河干流合漳—观台为河南省和河北省两省的界河，左岸属于河北省，右岸基本属于河南省。

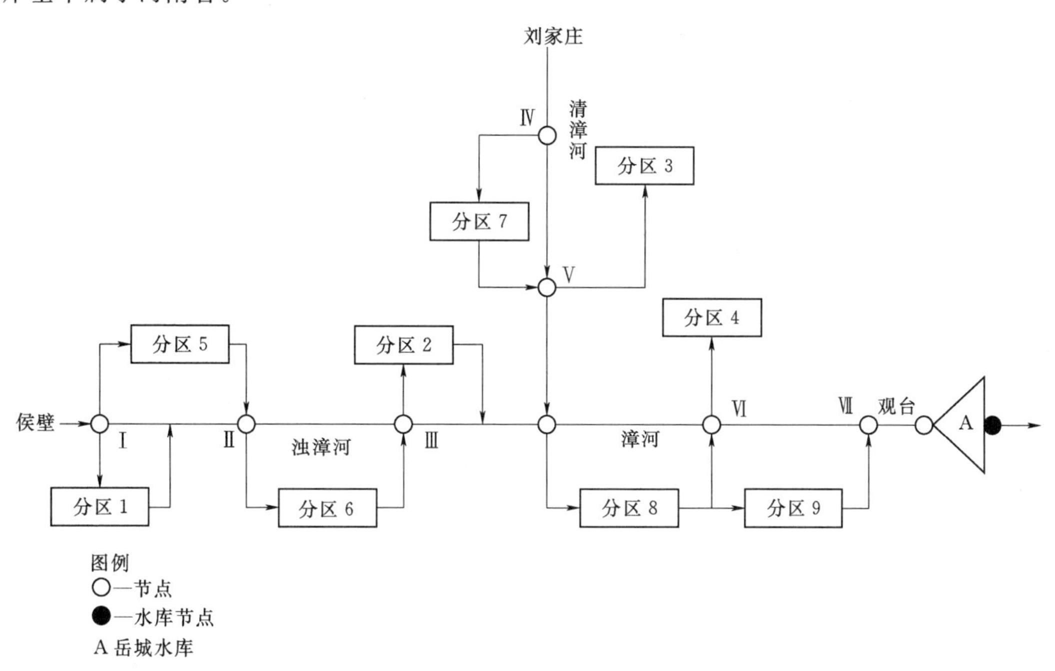

图 4.3 漳河侯壁、刘家庄—观台水资源系统概化图

4.3.2 过境水资源量

重点区域的过境水量分别来自浊漳河和清漳河，其中浊漳河过境水量由侯壁水文站控制，清漳河过境水量由刘家庄水文站控制。

1. 浊漳河过境水量

浊漳河过境水量控制站侯壁水文站，控制面积 11076km^2，1994 年设站，1995 年正式观测，观测年限较短。而侯壁水文站下游设有天桥断水文站，1958 年设站，1959 年后有完整的观测记录，控制面积 11250 km²，两站区间集水面积很小，区间引水渠道有红旗渠、天桥源渠和白芰一道渠。因此，浊漳河过境水量采用天桥断实测径流还原成天然径流，代表侯壁水文站断面的径流量。还原公式如下：

$$Q_{天桥断,天然}=Q_{天桥断,实测}+q_{红旗渠河口引水流量}+q_{白芰一道渠引水流量}+q_{天桥源渠引水流量} \tag{4.3}$$

浊漳河逐年过境水量见表 4.21 和图 4.4。

表 4.21　1956—2013 年浊漳河过境水量　单位：亿 m³

年份	径流量	年份	径流量	年份	径流量	年份	径流量	年份	径流量
1956	25.2	1968	8.25	1980	4.63	1992	2.72	2004	6.56
1957	8.35	1969	5.76	1981	4.57	1993	4.04	2005	4.09
1958	10.4	1970	6.12	1982	5.92	1994	3.35	2006	4.96
1959	7.32	1971	13.1	1983	4.54	1995	2.97	2007	6.50
1960	4.45	1972	5.77	1984	3.54	1996	5.61	2008	4.49
1961	5.86	1973	10.6	1985	5.45	1997	3.23	2009	2.11
1962	11.8	1974	3.04	1986	4.11	1998	2.42	2010	2.69
1963	20.9	1975	6.63	1987	3.01	1999	1.85	2011	3.20
1964	16.5	1976	11.9	1988	7.37	2000	1.73	2012	4.47
1965	6.21	1977	7.18	1989	6.07	2001	3.03	2013	7.83
1966	9.02	1978	3.16	1990	7.89	2002	2.47		
1967	12.2	1979	1.37	1991	3.28	2003	8.76		

注　1. 1956—1997 年采用天桥断与红旗渠（河口）、天桥源渠、白芰一道渠水量之和。
2. 1998—2013 年采用侯壁站实测。

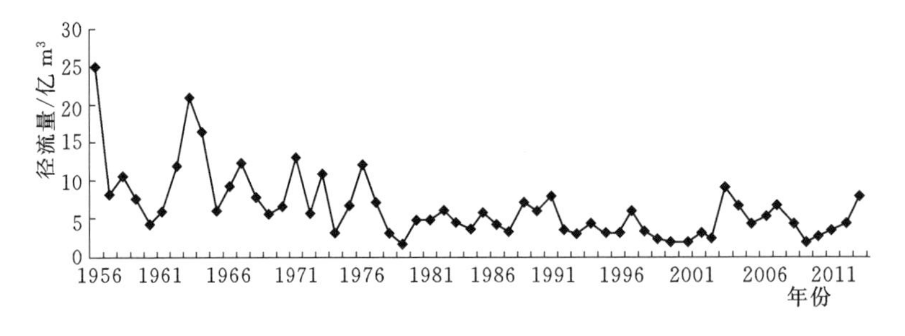

图 4.4　浊漳河侯壁站年径流量变化趋势

根据历年过境水量分析，浊漳河多年平均过境水量为 6.39 亿 m³，1956—1970 年期间平均年过境水量为 10.56 亿 m³，1971—1980 年期间平均年过境水量为 6.74 亿 m³，1981—1990 年期间平均年过境水量为 5.25 亿 m³，1991—2000 年期间平均年过境水量只有 3.12 亿 m³，2001—2010 年期间平均年过境水量为 4.57 亿 m³，接近 1981—1990 年间的平均水平。由图 4.4 可知，自 20 世纪 80 年代以来侯壁断面年径流量明显减少。

根据 1956—1979 年、1980—2013 年和 1956—2013 年系列推求的侯壁站设计年径流量见表 4.22。由表 4.22 可知，根据 1980—2013 年系列分析得到的正常年（$P=50\%$）过

境水量为4.05亿m^3，枯水年（P=75%）为2.92亿m^3。与国务院国发〔1989〕42号文件预测的“2000年在扣除上游消耗水量以后，浊漳河正常年可分水量为5.5亿m^3，枯水年为3.4亿m^3”相比，分别减少26.4%和14.1%。

表4.22　　浊漳河侯壁水文站设计年径流量成果

资料年限	统计参数				设计年径流量							
	均值		C_v	C_s/C_v	P=25%		P=50%		P=75%		P=95%	
	m^3/s	亿m^3			m^3/s	亿m^3	m^3/s	亿m^3	m^3/s	亿m^3	m^3/s	亿m^3
1956—1979	29.2	9.21	0.62	2.75	37.2	11.73	24.4	7.68	16.0	5.06	10.1	3.19
1980—2013	14.0	4.40	0.46	2.28	17.5	5.51	12.8	4.05	9.26	2.92	5.61	1.77
1956—2013	20.3	6.39	0.71	2.89	25.7	8.10	15.8	4.97	10.1	3.17	6.85	2.16

因1980年以后侯壁年径流量基本平稳，反映了现状条件下浊漳河进入本区域的水量情况，故本次采用根据1980年以后侯壁年径流系列推求的设计年径流量进行初始水量分配。

按照总量相近、对水资源利用不利（即灌溉高峰期来水较小）的原则，分别选择2005年、2001年、1999年作为平水年、枯水年、特枯水年典型，进行径流年内分配，得到浊漳河侯壁断面平水年、枯水年、特枯水年的逐月流量过程，见表4.23。

表4.23　　不同年型浊漳河侯壁断面来水过程　　单位：m^3/s

类别	1月	2月	3月	4月	5月	6月	7月	8月	9月	10月	11月	12月	全年
2005年典型	10.5	9.71	9.93	9.02	15.7	13.3	11.3	12.7	13.8	22.9	14.9	11.6	13.0
P=50%设计	10.4	9.59	9.81	8.91	15.5	13.1	11.2	12.5	13.6	22.6	14.7	11.5	12.8
2001年典型	5.10	5.79	4.71	8.33	8.19	13.8	14.5	30.3	6.23	7.90	5.63	4.19	9.56
P=75%设计	4.94	5.61	4.56	8.07	7.93	13.4	14.0	29.4	6.03	7.65	5.45	4.06	9.26
1999年典型	7.55	7.69	5.60	4.96	4.50	5.64	8.16	3.65	6.23	6.81	5.53	4.29	5.88
P=95%设计	7.20	7.34	5.34	4.73	4.29	5.38	7.79	3.48	5.94	6.50	5.28	4.09	5.61

2. 清漳河过境水量

刘家庄水文站位于清漳河干流，控制流域面积3800km^2，该站建于1957年，1967年撤销，1974年1月恢复观测至今。在刘家庄水文站上游6.0km处建有漳北渠和漳西渠，渠首在山西省境内。漳北渠、漳西渠、清漳河河道均设有流量测验断面进行流量观测，河、渠站构成刘家庄水文站。

清漳河逐年过境水量见表4.24，年径流变化趋势见图4.5，刘家庄水文站设计年径流量见表4.25。

表4.24　　1981—2013年清漳河刘家庄过境水量统计　　单位：亿m^3

年份	径流量	年份	径流量	年份	径流量	年份	径流量	年份	径流量
1981	0.75	1988	4.59	1995	1.87	2002	1.31	2009	0.75
1982	2.22	1989	1.61	1996	6.91	2003	1.75	2010	1.66
1983	1.15	1990	2.81	1997	1.31	2004	1.52	2011	2.54
1984	0.87	1991	1.49	1998	1.06	2005	1.43	2012	2.26
1985	2.63	1992	0.81	1999	0.51	2006	1.86	2013	2.75
1986	0.68	1993	1.55	2000	1.31	2007	1.58		
1987	0.71	1994	0.96	2001	0.9	2008	1.02		

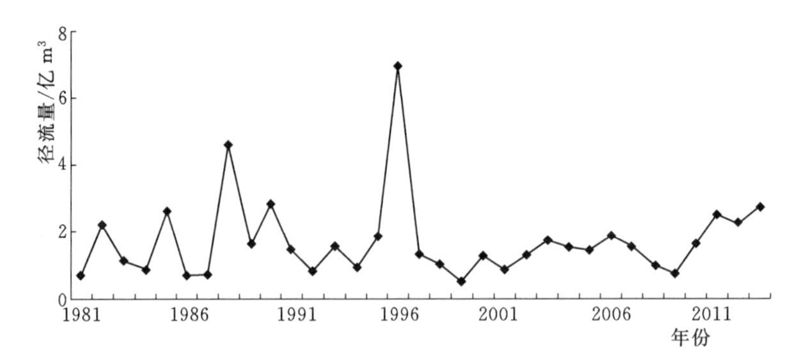

图 4.5　清漳河刘家庄年径流量变化趋势

表 4.25　　**清漳河刘家庄水文站设计年径流量成果**

资料年限	统计参数				设计年径流量							
	均值		C_v	C_s/C_v	P=25%		P=50%		P=75%		P=95%	
	m³/s	亿 m³			m³/s	亿 m³	m³/s	亿 m³	m³/s	亿 m³	m³/s	亿 m³
1981—2013	5.23	1.650	1.01	3.6	5.64	1.780	3.04	0.9600	2.41	0.7600	2.31	0.7300

按照总量相近、对水资源利用不利（即灌溉高峰期来水较小）的原则，分别选择 1994 年、2009 年、1987 年作为平水年、枯水年、特枯水年典型，进行径流年内分配，得到清漳河刘家庄断面不同年型逐月流量过程，见表 4.26。

表 4.26　　**不同年型清漳河刘家庄断面来水过程**　　单位：m³/s

类别	1 月	2 月	3 月	4 月	5 月	6 月	7 月	8 月	9 月	10 月	11 月	12 月	全年
1994 年典型	2.56	2.36	1.99	1.78	1.37	2.47	8.43	2.64	2.68	3.49	3.55	3.02	3.04
P=50%设计	2.56	2.36	1.99	1.78	1.37	2.47	8.43	2.64	2.68	3.49	3.55	3.02	3.04
2009 年典型	2.08	1.88	1.37	1.11	1.05	0.86	1.02	1.33	7.34	4.8	2.67	2.9	2.36
P=75%设计	2.12	1.92	1.40	1.13	1.07	0.88	1.04	1.36	7.50	4.90	2.73	2.96	2.41
1987 年典型	1.94	1.65	1.33	1.26	1.07	1.57	1.51	5.69	4.67	2.2	2.43	1.67	2.25
P=95%设计	1.99	1.69	1.37	1.29	1.10	1.61	1.55	5.84	4.79	2.26	2.49	1.71	2.31

3. 重点区域过境水量

重点区域过境水量为浊漳河侯壁站与清漳河刘家庄站来水量之和。平水年（P=50%）、枯水年（P=75%）、特枯年（P=95%）的过境水量分别为 5.010 亿 m³、3.680 亿 m³、2.500 亿 m³。

4.3.3　区间产水量

考虑到水利部海河水利委员会漳河上游管理局、华北水利水电学院 1998 年对侯匡观区间产水量问题做过详细研究，形成《漳河流域引水调度研究》报告，受基础资料限制，侯匡观区间产水量直接引用《漳河流域引水调度研究》报告的成果。将重点区域（子流域 6）划分为 5 个子区间：侯壁—三省桥，三省桥—跃进渠首，刘家庄—大跃峰渠首，跃进

渠首、大跃峰渠首—小跃峰渠首，小跃峰渠首—观台，分别对应图4.3中的分区5、6、7、8、9。因浊漳河三省桥与天桥断之间相隔很近，故《漳河流域引水调度研究》中侯壁—天桥断、天桥断—跃进渠首子区间的成果可直接用于本书的侯壁—三省桥、三省桥—跃进渠首子区间。各分区在平、枯、特枯水年的非汛期及汛期的产水量计算如下。

1. 侯壁—三省桥子区间（分区5）

（1）平、枯水年：

非汛期：
$$Q_{分区5}=0.54+0.047Q_{侯} \tag{4.4}$$

汛期：
$$Q_{分区5}=0.14+0.074Q_{侯} \tag{4.5}$$

（2）丰水年：

非汛期：
$$Q_{分区5}=0.27+0.14Q_{侯} \tag{4.6}$$

汛期：
$$Q_{分区5}=0.18+0.16Q_{侯} \tag{4.7}$$

式中：$Q_{侯}$ 为侯壁断面流量；$Q_{分区5}$ 为侯壁—三省桥子区间的产流量。

根据研究区的水文气象特点，确定7—10月为汛期，其余月份为非汛期。

2. 三省桥—跃进渠首子区间（分区6）

（1）平、枯水年

非汛期：
$$Q_{分区6}=0.23+0.02Q_{侯} \tag{4.8}$$

汛期：
$$Q_{分区6}=0.057+0.031Q_{侯} \tag{4.9}$$

（2）丰水年

非汛期：
$$Q_{分区6}=0.114+0.06Q_{侯} \tag{4.10}$$

汛期：
$$Q_{分区6}=0.076+0.07Q_{侯} \tag{4.11}$$

式中：$Q_{侯}$ 为侯壁断面流量；$Q_{分区6}$ 为三省桥—跃进渠首子区间的产流量。

3. 刘家庄—大跃峰渠首子区间（分区7）

该区间为：刘家庄—匡门口子区间＋匡门口—大跃峰渠首子区间。

$$刘家庄—匡门口子区间产水量=\frac{匡门口—大跃峰渠首子区间产水量}{匡门口—大跃峰渠首河段长}\times 刘家庄—匡门口河段长$$

匡门口—大跃峰渠首子区间：

（1）平、枯水年：

非汛期：
$$Q_{分区7}=0.34+0.06Q_{匡} \tag{4.12}$$

汛期：
$$Q_{分区7}=0.084+0.09Q_{匡} \tag{4.13}$$

（2）丰水年：

非汛期：
$$Q_{分区7}=0.168+0.18Q_{匡} \tag{4.14}$$

汛期：
$$Q_{分区7}=0.112+0.19Q_{匡} \tag{4.15}$$

式中：$Q_{匡}$ 为匡门口断面流量；$Q_{分区7}$ 为匡门口—大跃峰渠首子区间的产流量。

4. 跃进渠首、大跃峰渠首—小跃峰渠首子区间（分区8）

（1）平、枯水年：

非汛期：
$$Q_{分区8}=0.456+0.027(Q_{侯}+Q_{匡}) \tag{4.16}$$

汛期：
$$Q_{分区8}=0.114+0.042(Q_{侯}+Q_{匡}) \tag{4.17}$$

（2）丰水年：

非汛期：　　$Q_{分区8}=0.228+0.080(Q_{侯}+Q_{匡})$　　(4.18)

汛期：　　$Q_{分区8}=0.152+0.087(Q_{侯}+Q_{匡})$　　(4.19)

式中：$Q_{侯}$ 为侯壁断面流量；$Q_{匡}$ 为匡门口断面流量；$Q_{分区8}$ 为跃进渠首、大跃峰渠首—小跃峰渠首子区间的产流量。

5. 小跃峰渠首—观台子区间（分区 9）

（1）平、枯水年：

非汛期：　　$Q_{分区9}=0.18+0.011(Q_{侯}+Q_{匡})$　　(4.20)

汛期：　　$Q_{分区9}=0.045+0.017(Q_{侯}+Q_{匡})$　　(4.21)

（2）丰水年：

非汛期：　　$Q_{分区9}=0.09+0.0315(Q_{侯}+Q_{匡})$　　(4.22)

汛期：　　$Q_{分区9}=0.06+0.035(Q_{侯}+Q_{匡})$　　(4.23)

式中：$Q_{侯}$ 为侯壁断面流量；$Q_{匡}$ 为匡门口断面流量；$Q_{分区9}$ 为小跃峰—观台间的产流量。

经分析计算，侯刘观区间平水年、枯水年、特枯水年产水量分别为 1.735 亿 m^3、1.441 亿 m^3、1.205 亿 m^3。各子区间平水年、枯水年和特枯年的逐月产流量分别见表 4.27～表 4.29。

表 4.27　　侯壁、刘家庄—观台区间平水年逐月产水量　　单位：万 m^3

月份	分区 5	分区 6	分区 7	分区 8	分区 9	侯刘观区间
1	276.0	118.0	557.0	225.0	91.00	1267
2	240.0	102.0	506.0	198.0	80.00	1125
3	268.0	115.0	512.0	214.0	86.00	1195
4	249.0	106.0	490.0	200.0	80.00	1125
5	340.0	145.0	434.0	246.0	99.00	1264
6	301.0	127.0	368.0	215.0	86.00	1096
7	260.0	107.0	206.0	171.0	70.00	814.0
8	287.0	121.0	817.0	265.0	107.0	1596
9	298.0	124.0	1825	399.0	161.0	2807
10	485.0	204.0	852.0	383.0	155.0	2078
11	319.0	135.0	726.0	270.0	109.0	1558
12	289.0	123.0	672.0	246.0	99.00	1430
全年	3595	1514	7979	3027	1230	17350

表 4.28　　侯壁、刘家庄—观台区间枯水年逐月产水量　　单位：万 m^3

月份	分区 5	分区 6	分区 7	分区 8	分区 9	侯刘观区间
1	206.0	88.00	546.0	185.0	72.00	1098
2	194.0	82.00	460.0	167.0	65.00	968.0
3	201.0	86.00	479.0	171.0	70.00	1007
4	238.0	101.0	430.0	187.0	75.00	1032

续表

月份	分区 5	分区 6	分区 7	分区 8	分区 9	侯刘观区间
5	244.0	104.0	402.0	187.0	75.00	1012
6	303.0	130.0	376.0	218.0	88.00	1115
7	316.0	131.0	260.0	212.0	86.00	1004
8	619.0	260.0	1583	549.0	222.0	3233
9	153.0	62.00	420.0	137.0	54.00	827.0
10	190.0	78.00	493.0	169.0	67.00	996.0
11	207.0	88.00	521.0	181.0	73.00	1070
12	196.0	83.00	581.0	182.0	72.00	1114
全年	3059	1293	6528	2523	1009	14410

表 4.29　　侯壁、刘家庄—观台区间特枯水年逐月产水量　　单位：万 m³

月份	分区 5	分区 6	分区 7	分区 8	分区 9	侯刘观区间
1	236.0	99.00	579.0	204.0	80.00	1197
2	213.0	92.00	489.0	181.0	73.00	1048
3	212.0	91.00	530.0	185.0	72.00	1090
4	197.0	83.00	464.0	168.0	67.00	980.0
5	198.0	86.00	487.0	171.0	70.00	1012
6	205.0	88.00	464.0	174.0	70.00	1001
7	193.0	80.00	268.0	142.0	56.00	739.0
8	107.0	43.00	648.0	142.0	56.00	996.0
9	150.0	62.00	448.0	140.0	57.00	858.0
10	166.0	70.00	453.0	150.0	62.00	900.0
11	205.0	88.00	555.0	184.0	73.00	1104
12	196.0	83.00	579.0	182.0	72.00	1112
全年	2271	978.0	5960	2018	820.0	12050

4.3.4　重点区域来水总量

重点区域来水总量为过境与区间产水量之和。经分析计算，重点区域平水年、枯水年、特枯水年来水总量分别为 6.745 亿 m³、5.121 亿 m³、3.705 亿 m³。

4.4　水资源需求预测

上游地区需水量预测采用两种方案，即“基本节水方案”和“强化节水方案”。在现状节水水平和相应的节水措施基础上，基本保持现有节水投入力度，考虑用水定额和用水量的变化趋势，所确定的需水方案为基本节水方案，简称基本方案；在基本方案基础上，进一步加大节水投入力度，强化需水管理，抑制需水过快增长，进一步提高用水效率和节水水平等各种措施后，所确定的需水方案为强化节水方案，以下简称强化方案。强化方案为在经济合理、技术可行的条件下，采取农业节水灌溉及其结构优化，生活节水器具应用、工业节水生产工艺的应用、污水处理厂建设、公共供水管网改造等节水措施等情况下的需水方案。根据研究区经济发展情况及水资源利用现状，结合近几年国家的宏观经济调控政策，以 2010 年为基准，对 2020 年和 2030 年的区域社会、经济发展趋势对水资源需求进行预测研究。在现状年用水基础上对 2020 年和 2030 年需水预测中，按照基本方案和强化方案两套方案进行预测。

重点区域需水量预测，分别进行了沿河村庄现状年逐月需水量、沿河村庄 2020 年逐月需水量预测、沿河村庄 2030 年逐月需水量预测、不同年型下四大灌区逐月灌溉需水过程以及工业和生态环境需水预测。

4.4.1　上游地区生活需水量预测

4.4.1.1　生活需水量预测方法

生活需水包括城镇居民生活用水和农村居民生活用水两大类。生活需水量预测方法有很多，主要采用两类方法，一种是模型法，即根据历年生活用水量资料，找出变化规律，建立数学模型来预测需水量，包括趋势法、指数平滑法、灰色预测法、线性回归法等；另一种是定额法，即根据预测年人口数量与人均用水量指标，计算生活用水量。定额法比较直观、简便易行，便于考虑各种影响因素的变化以及政策性调整的影响，国内生活需水量主要采用该方法。计算公式为

$$W_i = p_0(1+\varepsilon)^n K_i \tag{4.24}$$

式中：W_i 为某规划水平年生活总用水量，m^3；p_0 为现状年的人口数；ε 为人口综合增长率，与人口自然增长率、年龄组成、国家计划生育政策等因素有关，等于人口自然增长率与机械增长率之和；n 为现状年至预测年的年数；K_i 为某规划水平年拟定的人均用水综合定额，m^3/(人·a)。

4.4.1.2　人口发展预测

上游地区现状年总人口 375.00 万人，其中城镇人口 109.01 万人，农村人口 265.99 万人，平均城镇化率为 29.07%。上游地区现状年人口数量见表 4.30。

表 4.30　　上游地区现状年的人口数量

子流域	归属地区	城镇人口/万人	农村人口/万人	总人口/万人	城镇化率/%
清漳河	晋中市	8.58	22.44	31.03	27.65
	长治市	0.53	7.34	7.88	6.73
	小计	9.11	29.79	38.90	23.42
浊漳河南源	长治市	69.00	135.80	204.80	33.69
浊漳河西源	长治市	7.60	19.20	26.80	28.36
浊漳河北源	晋中市	4.00	9.50	13.50	29.63
	长治市	2.60	13.70	16.30	15.95
	小计	6.60	23.20	29.80	22.15
浊漳河干流	长治市	16.70	58.00	74.70	22.36
合计		109.01	265.99	375.00	29.07

当地2000—2005年人口年均增长率为14‰，2005—2010年年均增长率为8‰。在考虑现状人口实际增长情况下，结合国家的人口政策，2010—2020年人口年均增长率按5‰计算，2020—2030年人口年均增长率按4‰计算。到2020年，上游地区总人口从375.00万人增加到394.18万人，其中，城镇人口从109.01万人增加到177.38万人，城镇化率由29.07%增加到45.21%，浊漳河南源城镇化率增加最快。到2030年，总人口预计增加到410.23万人，城镇人口增加到221.53万人，城镇化率增加到54.84%。上游地区各水平年人口数量预测见表4.31。

表4.31　　上游地区各水平年的人口数量

水平年	子流域名称	城镇人口/万人	农村人口/万人	总人口/万人	城镇化率/%
2010	清漳河	9.11	29.79	38.90	23.42
	浊漳河南源	69.00	135.80	204.80	33.69
	浊漳河西源	7.60	19.20	26.80	28.36
	浊漳河北源	6.60	23.20	29.80	22.15
	浊漳河干流	16.70	58.00	74.70	22.36
	小计	109.01	265.99	375.00	29.07
2020	清漳河	18.40	22.49	40.89	45.00
	浊漳河南源	110.40	104.87	215.27	51.28
	浊漳河西源	12.20	15.97	28.17	43.31
	浊漳河北源	10.60	20.72	31.32	33.84
	浊漳河干流	26.60	51.92	78.52	33.88
	小计	178.20	215.97	394.17	45.21
2030	清漳河	22.98	19.58	42.55	54.01
	浊漳河南源	138.00	86.04	224.04	61.60
	浊漳河西源	15.20	14.12	29.32	51.84
	浊漳河北源	13.20	19.40	32.60	40.49
	浊漳河干流	33.20	48.52	81.72	40.63
	小计	222.58	187.66	410.23	54.26

4.4.1.3 生活需水量预测

根据上游地区近几年生活用水情况，并考虑到水源、供水状况，从加强节水，改善居民用水条件，提高居民生活水平进行生活需水量的预测。

1. 城镇生活需水量预测

现状年城镇居民生活用水定额为100L/(人·d)，则现状年的城镇居民生活用水总量为3979万m^3，见表4.32。

规划水平年需水定额考虑人民收入水平的提高和家庭生活节水器具的应用，基本方案城镇居民需水定额2020年、2030年分别按115L/(人·d)、130L/(人·d)计，强化方案城镇居民需水定额2020年、2030年分别按110L/(人·d)、120L/（人·d）计。则规划年上游地区城镇生活需水量基本方案 2020 年和 2030 年分别为 0.7480 亿 m^3 和 1.056 亿 m^3，强化方案分别为 0.7155 亿 m^3 和 0.9749 亿 m^3，见表 4.32。

表 4.32　　上游地区城镇生活需水量

子流域	2010 年		2020 年			2030 年		
	城镇人口/万人	用水量/万 m^3	城镇人口/万人	基本方案需水量/万 m^3	强化方案需水量/万 m^3	城镇人口/万人	基本方案需水量/万 m^3	强化方案需水量/万 m^3
清漳河	9.11	332.5	18.40	772.3	738.8	22.98	1090	1007
浊漳河南源	69.00	2519	110.40	4634	4433	138.00	6548	6044
浊漳河西源	7.60	277.4	12.20	512.1	489.8	15.20	721.2	665.8
浊漳河北源	6.60	240.9	10.60	444.9	425.6	13.20	626.3	578.2
浊漳河干流	16.70	609.6	26.60	1117	1068	33.20	1575	1454
合计	109.01	3979	178.20	7480	7155	222.58	10560	9749

2. 农村生活需水量预测

随着城市化水平的逐步提高，研究区农村人口增长率有所下降，但随着农村经济的发展以及农民生活水平的提高，人均用水定额将会逐年提高。考虑研究区近几年农村生活用水水平及生活习惯，现状年农村人均生活用水定额为 50L/(人·d)；基本方案 2020 年和 2030 年农村人均日需水定额为 60L/(人·d) 和 70L/(人·d)；强化方案 2020 年和 2030 年农村生活需水定额分别为 56L/(人·d) 和 65L/(人·d)。

基本方案 2020 年和 2030 年农村生活用水量分别为 0.4730 亿 m^3 和 0.4795 亿 m^3，强化方案分别为 0.4415 亿 m^3 和 0.4452 亿 m^3，见表 4.33。

表 4.33　　上游地区农村人口生活用水量

子流域	2010 年		2020 年			2030 年		
	农村人口/万人	用水量/万 m^3	农村人口/万人	基本方案需水量/万 m^3	强化方案需水量/万 m^3	农村人口/万人	基本方案需水量/万 m^3	强化方案需水量/万 m^3
清漳河	29.79	543.7	22.49	492.5	459.7	19.58	500.3	464.5
浊漳河南源	135.80	2478	104.87	2297	2144	86.04	2198	2041
浊漳河西源	19.20	350.4	15.97	349.7	326.4	14.12	360.8	335.0
浊漳河北源	23.20	423.4	20.72	453.8	423.5	19.40	495.7	460.3
浊漳河干流	58.00	1059	51.92	1137	1061	48.52	1240	1151
合计	265.99	4855	215.97	4730	4415	187.66	4795	4452

3. 生活需水量预测

上游地区生活需水总量为城镇与农村生活需水量之和。现状年用水总量为 0.8834 亿 m^3，基本方案 2020 年和 2030 年生活需水总量分别为 1.221 亿 m^3 和 1.536 亿 m^3，强化方案分别为 1.157 亿 m^3 和 1.420 亿 m^3，见表 4.34。

表 4.34　上游地区生活需水总量　单位：万 m^3

子流域	2010 年	2020 年		2030 年	
		基本方案	强化方案	基本方案	强化方案
清漳河	876.2	1265	1199	1590	1472
浊漳河南源	4997	6931	6577	8746	8085
浊漳河西源	627.8	861.8	816.2	1082	1001
浊漳河北源	664.3	898.7	849.1	1122	1039
浊漳河干流	1669	2254	2129	2815	2605
合计	8834	12210	11570	15360	14200

4.4.2 上游地区生产需水量预测

生产需水包括第一产业（种植业、林牧渔业）、第二产业（工业、建筑业）及第三产业生产需水。相应的生产需水预测第一产业、第二产业和第三产业分别进行预测。

4.4.2.1 第一产业需水量预测

第一产业包括种植业（水浇地、水田）和林牧渔业，第一产业需水量主要考虑农田灌溉需水量和农村牲畜需水量。

1. 灌溉需水量预测

种植业用水受气候地理条件的影响，地区和时间上的变化较大；同时，还与作物品种、作物组成、灌溉方式、管理水平、土壤、水源及工程设施等具体条件有关。与工业、生活、环境用水相比，具有面广量大、一次性消耗的特点。

（1）灌溉定额。农作物灌溉定额可分为充分灌溉和非充分灌溉两种类型。对于水资源比较丰富的地区，一般采用充分灌溉定额；而对于水资源比较紧缺的地区，一般应采用非充分灌溉定额。由于上游地区水资源供需矛盾较为突出，农业灌溉采用非充分灌溉。本着区域内农业有效灌溉面积和用水量保持相对稳定的原则，不同保证率采用的净灌溉定额见表 4.35。

表 4.35　农业非充分净灌溉定额

保证率	净灌溉定额/(m^3/亩)	
	水田	水浇地
$P=50\%$	600	75～95
$P=75\%$	660	85～105
$P=95\%$	660	85～105

（2）灌溉水利用系数。2010 年上游地区现状灌溉水利用系数为 0.45，通过大力发展节水农业，到 2020 年，将灌溉水利用系数提高到 0.50；到 2030 年，灌溉水利用系数进一步提高到 0.56。

（3）作物种植面积。上游地区多年平均耕地面积 776.7 万亩，播种面积 684.4 万亩，粮食产量 154.2 万 t，有效灌溉面积为 110.8 万亩。预计 2020 年有效灌溉面积达到 145.1

万亩，2030 年达到 146.9 万亩。各水平年的有效灌溉面积见表 4.36。

表 4.36　各水平年的有效灌溉面积统计　单位：万亩

子流域	2010 年		2020 年		2030 年	
	水田	水浇地	水田	水浇地	水田	水浇地
清漳河	1.0	5.8	1.2	13.8	1.2	13.8
浊漳河南源	0.1	57.0	0.1	71.3	0.1	72.3
浊漳河西源	0	9.3	0	11.7	0	12.0
浊漳河北源	0.2	8.4	0.2	10.5	0.2	10.7
浊漳河干流	0.1	28.9	0.1	36.2	0.1	36.5
合计	110.8		145.1		146.9	

注　水浇地灌溉面积含菜地。

（4）灌溉需水量。通过农业用水指标和作物有效灌溉面积，计算得上游地区各子流域不同水平年不同典型年农业灌溉需水量。现状年 50%、75%和 95%三个典型年灌溉需水量为 2.253 亿 m^3、2.515 亿 m^3 和 2.636 亿 m^3，2020 年分别为 2.631 亿 m^3、2.938 亿 m^3 和 3.081 亿 m^3，2030 年分别为 2.377 亿 m^3、2.653 亿 m^3 和 2.783 亿 m^3，见表 4.37。

表 4.37　灌溉需水量　单位：万 m^3

水平年	子流域	净灌溉需水量			毛灌溉需水量		
		$P=50\%$	$P=75\%$	$P=95\%$	$P=50\%$	$P=75\%$	$P=95\%$
2010	清漳河	1093	1211	1240	2429	2691	2756
	浊漳河南源	4905	5481	5766	10900	12180	12810
	浊漳河西源	790.5	883.5	930.0	1757	1963	2067
	浊漳河北源	834.0	930.0	972.0	1853	2067	2160
	浊漳河干流	2517	2812	2956	5592	6248	6569
	合计	10140	11320	11860	22530	25150	26360
2020	清漳河	1893	2103	2172	3786	4206	4344
	浊漳河南源	6121	6840	7196	12240	13680	14390
	浊漳河西源	994.5	1112	1170	1989	2223	2340
	浊漳河北源	1013	1130	1182	2025	2259	2364
	浊漳河干流	3137	3505	3686	6274	7010	7372
	合计	13160	14690	15410	26310	29380	30810
2030	清漳河	1893	2103	2172	3380	3755	3879
	浊漳河南源	6206	6935	7296	11080	12380	13030
	浊漳河西源	1020	1140	1200	1821	2036	2143
	浊漳河北源	1030	1149	1202	1838	2051	2146
	浊漳河干流	3163	3534	3716	5647	6310	6636
	合计	13310	14860	15590	23770	26530	27830

2. 牲畜需水量预测

上游地区现有大牲畜 39.92 万头，小牲畜 247.42 万头。2020 年和 2030 年牲畜数量按基本维持现状水平考虑。上游地区大牲畜需水定额统一采用 35L/(头・d)，小牲畜采用 15L/(头・d)，牲畜需水量为 0.1865 亿 m^3，见表 4.38。

表 4.38　　研究区牲畜需水量

子流域	牲畜数量/万头			牲畜需水量/万 m^3		
	大牲畜	小牲畜	合计	大牲畜	小牲畜	合计
清漳河	8.41	71.99	80.4	107.4	394.2	501.6
浊漳河南源	7.49	74.80	82.29	95.68	409.5	505.2
浊漳河西源	5.71	19.09	24.8	72.95	104.5	177.4
浊漳河北源	6.38	20.16	26.54	81.50	110.4	191.9
浊漳河干流	11.93	61.38	73.31	152.4	336.1	488.5
合计	39.92	247.42	287.34	509.9	1355	1865

3. 第一产业需水总量

上游地区第一产业需水总量为灌溉需水量与牲畜需水量之和。50%、75%和 95%三个典型年，现状年灌溉需水量分别为 2.440 亿 m^3、2.702 亿 m^3 和 2.823 亿 m^3，2020 年需水量分别为 2.818 亿 m^3、3.124 亿 m^3 和 3.268 亿 m^3，2030 年需水量分别为 2.564 亿 m^3、2.840 亿 m^3 和 2.969 亿 m^3，见表 4.39。

表 4.39　　第一产业需水总量　　单位：万 m^3

水平年	子流域	不同典型年		
		$P=50\%$	$P=75\%$	$P=95\%$
2010	清漳河	2930	3193	3257
	浊漳河南源	11410	12690	13320
	浊漳河西源	1934	2141	2244
	浊漳河北源	2045	2259	2352
	浊漳河干流	6081	6736	7057
	合计	24400	27020	28230
2020	清漳河	4288	4708	4846
	浊漳河南源	12750	14180	14900
	浊漳河西源	2166	2400	2517
	浊漳河北源	2217	2451	2556
	浊漳河干流	6762	7498	7860
	合计	28180	31240	32680
2030	清漳河	3882	4257	4380
	浊漳河南源	11590	12890	13530
	浊漳河西源	1999	2213	2320
	浊漳河北源	2030	2243	2338
	浊漳河干流	6136	6798	7124
	合计	25640	28400	29690

4.4.2.2　第二产业需水量预测

第二产业需水包括工业生产需水和建筑业生产需水。

1. 工业需水量预测

工业用水一般是指工、矿企业在生产过程中，用于制造、加工、冷却、净化、洗涤等方面的用水。工业用水是地区用水的一个重要组成部分，不仅用水比重较大，而且增长速度快，用水集中，现代工业生产需水量大。一个地区工业用水的多少，不仅与工业发展速度有关，而且与工业结构、工业生产水平、节约用水程度、用水管理水平、供水条件等有关。

工业需水量为取用水量与企业内部重复用水量之和。取用水量按高用水工业、火（核）电工业和一般工业三类用户分别进行预测，参考原国家经济贸易委员会编制的工业节水规划方案的有关成果，高用水工业和一般工业需水采用万元增加值用水量法进行预测，火（核）电工业采用循环式冷却用水方式，按单位装机容量（万 kW）取水量法进行需水预测。国家电力公司制定的火力发电行业节水规划目标，即在富煤缺水、以水定电的地区，大部分采用空冷机组，30 万 kW 及以上机组的取水指标控制在 0.2m^3/(s・GW)以下，30 万 kW 以下机组控制在 0.3m^3/(s・GW) 以下。企业内部重复用水量按需水量的 22%计算。研究区现状年工业企业需水状况见表 4.40。

表 4.40　　现状年上游地区各子流域的工业需水量　　单位：万 m^3

子流域	地市级行政区	年取用水量				年需水量
		高用水工业	一般工业	火电	合计	
清漳河	晋中	484.1	322.7	90.20	897.0	1150
	长治	1.600	14.82	0	16.42	21.05
浊漳河南源	长治	1524	4573	3450	9547	12240
浊漳河西源	长治	94.88	537.8	0	632.7	811.2
浊漳河北源	晋中	64.41	314.4	691.5	1070	1372
	长治	44.77	253.8	100.2	398.8	511.3
浊漳河干流	长治	600.0	900.0	100.2	1600	2051
合计		2814	6917	4432	14160	18160

2001—2010 年上游地区工业用水量年均增加 4.9%，以 2010 年工业用水量为基础，对于基本方案分别按年均增长率 2.2%和 1.5%对 2020 年和 2030 年的工业需水量进行预测，强化方案分别按年均增长率 1.7%和 1.2%进行预测。2020 年，基本方案工业蓄水量为 2.258 亿 m^3，强化方案工业需水量为 2.149 亿 m^3；2030 年，基本方案工业需水量为 2.620 亿 m^3，强化方案工业需水量为 2.421 亿 m^3，见表 4.41。

2. 建筑业需水量预测

现状城镇人口人均居住面积 38 m^2，随着人民生活水平的提高，居住条件不断得到改善。考虑住房改善及城镇人口增长住房要求，2020 年和 2030 年城镇人口人均居住面积分别按 45 m^2 和 50 m^2 计算，建筑业规划水平年基本方案和强化方案综合用水定额分别按 1.2m^3/m^2 和 1.0m^3/m^2 计，则不同水平年建筑业需水量见表 4.42。

表 4.41　　上游地区各水平年工业需水总量　　单位：万 m^3

子流域	2010 年	2020 年		2030 年	
		基本方案	强化方案	基本方案	强化方案
清漳河	1171	1456	1386	1690	1562
浊漳河南源	12240	15220	14490	17660	16320
浊漳河西源	811.1	1008	960.1	1170	1082
浊漳河北源	1884	2341	2229	2717	2512
浊漳河干流	2052	2550	2428	2960	2736
合计	18160	22580	21490	26200	24210

表 4.42　　上游地区各水平年建筑业需水量

子流域	城镇人口年均增长/万人		2010 年用水量/万 m^3	2020 年需水量/万 m^3		2030 年需水量/万 m^3	
	2020 年	2030 年		基本方案	强化方案	基本方案	强化方案
清漳河	0.929	0.458	30.40	50.17	41.81	27.48	22.90
浊漳河南源	4.140	2.760	206.7	223.6	186.3	165.6	138.0
浊漳河西源	0.460	0.300	24.32	24.84	20.70	18.00	15.00
浊漳河北源	0.400	0.260	18.24	21.60	18.00	15.60	13.00
浊漳河干流	0.990	0.660	48.64	53.46	44.55	39.60	33.00
合计	6.919	4.438	328.3	373.7	311.4	266.3	221.9

3. 第二产业需水总量

第二产业需水总量为工业需水量与建筑业需水量之和。现状年需水总量为 1.849 亿 m^3，2020 年基本方案和强化方案需水总量分别为 2.595 亿 m^3 和 2.181 亿 m^3，2030 年基本方案和强化方案需水总量分别为 2.647 亿 m^3 和 2.444 亿 m^3，见表 4.43。

表 4.43　　上游地区各水平年第二产业需水总量　　单位：万 m^3

子流域	2010 年	2020 年		2030 年	
		基本方案	强化方案	基本方案	强化方案
清漳河	1201	1506	1428	1717	1585
浊漳河南源	12450	15440	14680	17830	16460
浊漳河西源	835.4	1033	980.8	1188	1097
浊漳河北源	1902	2363	2247	2733	2525
浊漳河干流	2101	2603	2473	3000	2769
合计	18490	22950	21810	26470	24440

4.4.2.3　第三产业需水量预测

第三产业需水包括商业和服务业等需水。按城镇人口计算，2010 年现状 $10m^3/(人·a)$。2020 年和 2030 年基本方案分别按 $13m^3/(人·a)$ 和 $15m^3/(人·a)$ 考虑，强化方案分别按 $12m^3/(人·a)$ 和 $13m^3/(人·a)$ 考虑。现状年需水总量为 0.1090 亿 m^3，2020 年基本方案和强化方案需水总量分别为 0.2317 亿 m^3 和 0.3339 亿 m^3，2030 年基本方案和强化方案需水总量分别为 0.2138 亿 m^3 和 0.2894 亿 m^3，见表 4.44。

表 4.44　上游地区各水平年第三产业需水总量

子流域	城镇人口/万人			2010 年用水量/万 m^3	基本方案需水量/万 m^3		强化方案需水量/万 m^3	
	2010 年	2020 年	2030 年		2020 年	2030 年	2020 年	2030 年
清漳河	9.11	18.40	22.98	91.10	239.2	344.7	220.8	298.7
浊漳河南源	69.00	110.40	138.00	690.0	1435	2070	1325	1794
浊漳河西源	7.60	12.20	15.20	76.00	158.6	228.0	146.4	197.6
浊漳河北源	6.60	10.60	13.20	66.00	137.8	198.0	127.2	171.6
浊漳河干流	16.70	26.60	33.20	167.0	345.8	498.0	319.2	431.6
合计	109.01	178.20	222.58	1090	2317	3339	2138	2894

4.4.3　上游地区生态环境需水量预测

生态环境用水是指为维持生态与环境功能和进行生态与环境建设需要的水量。从生态环境需水量的定义可以看出，生态环境需水量具有相对性，不同的生态环境、不同的生态环境保护策略（如改善策略、维持策略等）下的生态环境需水量是不同的。

河道外用水考虑了城镇生态环境美化用水，包括绿化用水、城镇河湖补水、环境卫生用水等，河道外需水量采用定额法预测；河道内用水指维系和保护河流的最基本生态功能不受破坏所需在河道内保留的水量，在水资源配置时作为节点水量分配的约束条件考虑。上游地区河道外生态需水量，2020 年为 0.1722 亿 m^3，2030 年为 0.1900 亿 m^3，见表 4.45。

4.4.4　上游地区需水总量预测

综合以上需水预测成果，得到上游地区 2020 年和 2030 年的总需水量。2020 年基本方案 50%、75%和 95%三个典型年需水总量分别为 6.739 亿 m^3、7.043 亿 m^3 和 7.187 亿 m^3，强化方案 50%、75%和 95%三个典型年需水总量分别为 6.543 亿 m^3、6.848 亿 m^3 和 6.992 亿 m^3；2030 年基本方案 50%、75%和 95%三个典型年需水总量分别为 7.268 亿 m^3、7.545 亿 m^3 和 7.674 亿 m^3，强化方案 50%、75%和 95%三个典型年需水总量分别为 6.906 亿 m^3、7.182 亿 m^3 和 7.311 亿 m^3，见表 4.46。

4.4.5　重点区域需水量预测

4.4.5.1　沿河村庄需水量预测

浊漳河侯壁水文站以下、清漳河刘家庄水文站以下至漳河干流观台水文站区间的沿河地区，是山西、河北和河南三省交界地区，其中：上游属山西省长治市平顺县，以下界河段左岸为河北省涉县、磁县，右岸为河南省林州市、安阳县，是漳河流域历史水事纠纷的多发区，为水量分配研究的重点地区，需对沿河村庄的社会经济基本情况进行调查，并预测不同水平年沿河村庄的需水量。

表 4.45　上游地区河道外生态需水量

子流域	市级行政区	水平年	规划目标			河道外净需水定额			年净需水量/万 m^3				利用系数	年毛需水量/万 m^3			
			绿化/万亩	河湖补水/万亩	环境卫生/km^2	绿化/(m^3/亩)	河湖补水/(m^3/亩)	环境卫生/(万 m^3/km^2)	绿化	河湖补水	环境卫生	合计		绿化	河湖补水	环境卫生	合计
清漳河	晋中	2010	0.056	0.045	0.451	400.0	500.0	12.00	22.50	22.50	5.400	50.50	0.75	30.00	30.00	7.200	67.30
		2020	0.068	0.054	0.540	400.0	500.0	12.00	27.00	27.00	6.500	60.50	0.80	33.80	33.80	8.100	75.60
		2030	0.083	0.066	0.660	400.0	500.0	12.00	33.00	33.00	7.900	73.90	0.85	38.80	38.80	9.300	87.00
浊漳河南源	长治	2010	1.163	0.930	9.300	400.0	500.0	12.00	465.0	465.0	111.6	1042	0.75	620.0	620.0	148.8	1389
		2020	1.305	1.044	10.44	400.0	500.0	12.00	522.0	522.0	125.3	1169	0.80	652.5	652.5	156.6	1462
		2030	1.515	1.212	12.12	400.0	500.0	12.00	606.0	606.0	145.4	1357	0.85	712.9	712.9	171.1	1597
浊漳河西源	长治	2010	0.066	0.053	0.529	400.0	500.0	12.00	26.50	26.50	6.400	59.30	0.75	35.30	35.30	8.500	79.00
		2020	0.075	0.060	0.600	400.0	500.0	12.00	30.00	30.00	7.200	67.20	0.80	37.50	37.50	9.000	84.00
		2030	0.083	0.066	0.660	400.0	500.0	12.00	33.00	33.00	7.900	73.90	0.85	38.80	38.80	9.300	87.00
浊漳河北源	晋中	2010	0.020	0.016	0.161	400.0	500.0	12.00	8.000	8.000	1.900	18.00	0.75	10.70	10.70	2.600	24.00
		2020	0.023	0.018	0.180	400.0	500.0	12.00	9.000	9.000	2.200	20.20	0.80	11.30	11.30	2.700	25.20
		2030	0.023	0.018	0.180	400.0	500.0	12.00	9.000	9.000	2.200	20.20	0.85	10.60	10.60	2.500	23.70
	长治	2010	0.042	0.034	0.338	400.0	500.0	12.00	16.90	16.90	4.100	37.90	0.75	22.60	22.60	5.400	50.50
		2020	0.023	0.018	0.180	400.0	500.0	12.00	9.000	9.000	2.200	20.20	0.80	11.30	11.30	2.700	25.20
		2030	0.030	0.024	0.240	400.0	500.0	12.00	12.00	12.00	2.900	26.90	0.85	14.10	14.10	3.400	31.60
浊漳河干流	长治	2010	0.043	0.034	0.342	400.0	500.0	12.00	17.10	17.10	4.100	38.30	0.75	22.80	22.80	5.500	51.10
		2020	0.045	0.036	0.360	400.0	500.0	12.00	18.00	18.00	4.300	40.30	0.80	22.50	22.50	5.400	50.40
		2030	0.060	0.048	0.480	400.0	500.0	12.00	24.00	24.00	5.800	53.80	0.85	28.20	28.20	6.800	63.20
合计		2010	1.390	1.112	11.12	400.0	500.0	12.00	556.1	556.1	133.5	1246	0.75	741.4	741.4	177.9	1661
		2020	1.538	1.230	12.30	400.0	500.0	12.00	615.0	615.0	147.6	1378	0.80	768.8	768.8	184.5	1722
		2030	1.793	1.434	14.34	400.0	500.0	12.00	717.0	717.0	172.1	1606	0.85	843.5	843.5	202.4	1900

表 4.46　上游地区不同保证率需水量预测汇总　单位：万 m^3

子流域	水平年	生活		生产					生态	需水总计					
				第一产业			第二、第三产业			基本方案			强化方案		
		基本方案	强化方案	$P=50\%$	$P=75\%$	$P=95\%$	基本方案	强化方案		$P=50\%$	$P=75\%$	$P=95\%$	$P=50\%$	$P=75\%$	$P=95\%$
清漳河	2010	876.2	876.2	2930	3193	3257	1292	1292	67.30	5166	5429	5493	5166	5429	5493
	2020	1265	1199	4288	4708	4846	1745	1649	75.60	7374	7794	7932	7212	7632	7770
	2030	1590	1472	3882	4257	4380	2062	1884	87.00	7621	7996	8119	7325	7700	7823
浊漳河南源	2010	4997	4997	11410	12690	13320	13140	13140	1389	30940	32220	32850	30940	32220	32850
	2020	6931	6577	12750	14180	14900	16880	16010	1462	38020	39450	40170	36800	38230	38950
	2030	8746	8085	11590	12890	13530	19900	18250	1597	41830	43130	43770	39520	40820	41460
浊漳河西源	2010	627.8	627.8	1934	2141	2244	911.4	911.4	79.00	3552	3759	3862	3552	3759	3862
	2020	861.8	816.2	2166	2400	2517	1192	1127	84.00	4304	4538	4655	4193	4427	4544
	2030	1082	1001	1999	2213	2320	1416	1295	87.00	4584	4798	4905	4382	4596	4703
浊漳河北源	2010	664.3	664.3	2045	2259	2352	1968	1968	74.50	4752	4966	5059	4752	4966	5059
	2020	898.7	849.1	2217	2451	2556	2501	2374	50.40	5667	5901	6006	5491	5725	5830
	2030	1122	1039	2030	2243	2338	2931	2697	55.30	6138	6351	6446	5821	6034	6129
浊漳河干流	2010	1669	1669	6081	6736	7057	2268	2268	51.10	10070	10720	11050	10070	10720	11050
	2020	2254	2129	6762	7498	7860	2949	2792	50.40	12020	12750	13110	11730	12470	12830
	2030	2815	2605	6136	6798	7124	3498	3201	63.20	12510	13170	13500	12010	12670	12990
合计	2010	8834	8834	24400	27020	28230	19580	19580	1661	54480	57090	58310	54480	57090	58310
	2020	12210	11570	28180	31240	32680	25270	23950	1722	67390	70430	71870	65430	68480	69920
	2030	15360	14200	25640	28400	29690	29810	27330	1900	72680	75450	76740	69060	71820	73110

1. 沿河村庄现状基本情况

现状年农村居民生活需水定额，山西省参照长治市农村居民 2010 年用水指标 45L/(人·d)，河南省、河北省参照河北省邯郸市 2009 年用水指标 57L/(人·d)。大牲畜用水定额 44L/(头·d)，小牲畜用水定额 17L/(只·d)。2009 年农田综合毛灌溉定额山西省 $276m^3$/亩，其中，菜田为 $400m^3$/亩，其他水浇地为 $230m^3$/亩。河北省为 $548m^3$/亩，其中，水田为 $600m^3$/亩，菜田为 $540m^3$/亩，其他水浇地为 $533m^3$/亩。灌溉定额偏高的主要原因是渠系工程老化，漏失严重。

区域内沿河有行政村 94 个，总人口 19.04 万人，大小牲畜约 6.2 万头，引漳灌溉面积 9.2 万亩，年需水量 11620 万 m^3。按地理位置和引漳河水方式等可将引水河段分为以下 4 段。

(1) 浊漳河侯壁水文站—三省桥。侯壁水文站—三省桥河段长 21.76km，位于山西省平顺县石城镇，共有村庄 8 个，人口 6447 人，大小牲畜 7033 头，水浇地面积 6661 亩，河段内建有小水电站 7 座，总装机容量为 2470kW。该河段年需水量 420.6 万 m^3，该河段主要由红旗渠和战备渠供水。红旗渠在山西省平顺县沿河村庄预留自流放水口 24 处，灌溉面积 754 亩；跨浊漳河建钢管倒虹吸 7 处，用于 550 亩土地灌溉及人畜用水；建有 8 处小型电灌站，灌溉面积 488 亩。

(2) 浊漳河三省桥—合漳村。三省桥—合漳村河段长 20.68km，该河段为河南、河北两省界河，共有沿河村庄 17 个，人口约 2.37 万人，大小牲畜 6327 头，水浇地面积 1.63 万亩。其中，河北省沿河有 7 个村庄，人口 0.96 万人，水浇地面积 7690 亩；河南省沿河有 10 个村庄，总人口约 1.41 万人，水浇地面积 8564 亩。河段内建有 8 座小水电站（两省各 4 座），总装机容量 3466kW。该河段年需水量 1155 万 m^3。左岸沿河村庄用水主要由白芟渠供给，年用水量 438.8 万 m^3。白芟一道、二道引水渠于 1977 年建成通水，合计引水能力为 $17m^3/s$，除供沿河村庄和电站发电用水外，余水退入清漳河大跃峰渠引水口拦河坝上游，以补充清漳河来水不足。右岸沿河村庄用水大部分靠天桥源渠供水，年用水量 451.7 万 m^3。天桥源渠渠首接上游马塔电站尾水渠，最大引水能力为 $2.50m^3/s$，该渠与红旗渠在漳河右岸形成不同高程的两条平行输水渠。天桥源渠供沿河 6 个村庄用水，经红旗渠电站发电后退入露水河。下游古城村的用水引自浊漳河及跃进渠。

(3) 清漳河刘家庄水文站—合漳村。该段全部位于河北省涉县境内，沿河村庄 50 个，人口约 14.06 万人，水浇地 58964 亩，大小牲畜 35050 头，小水电站 28 座，总装机容量 10835kW，电站尾水均退入大跃峰渠引水口上游清漳河内。工业用水主要有天铁、龙电公司、金隅水泥、崇利制钢、天利煤化等企业，年用水量约 6000 万 m^3。本河段年需水量 9517 万 m^3。

(4) 漳河干流合漳—观台水文站。从合漳至观台，河段长 49.91km，左岸为河北省涉县、磁县辖区，右岸主要为河南省林州市和安阳县辖区（其中右岸槐丰村属河北省涉县，东艾口、西艾口属河北省磁县），共有沿河村庄 19 个，其中河北省 11 个，河南省 8 个，总人口约 1.47 万人，大小牲畜约 7183 头，水浇地面积约 8010 亩。河段内有 7 座小水电站，总装机容量 2645kW。本河段年需水量 588.4 万 m^3。左岸直接引漳河水的年用水量为 145.1 万 m^3；其余由大、小跃峰渠供水，年用水量为 146.5 万 m^3。右岸用水主要为直接引漳河水，年用水量 240.7 万 m^3；槐丰村 500 亩耕地由跃进渠供水，年用水量 35.00 万 m^3；东郊口村 300 亩耕地由大跃峰渠供水，年用水量 21.00 万 m^3。

重点区域沿河村庄现状年基本情况统计见表 4.47，现状年逐月需水量见表 4.48。

表 4.47　　沿河村庄现状年基本情况统计

河段	区段	省别	岸别	村庄数/个	基本情况				年需水量/万 m^3		
					人口/人	大牲畜/头	小牲/只	水浇地/亩	农业	工业生活	总计
浊漳河	侯壁—三省桥	晋	左	4	5120	3060	2415	5313	325.6	8.400	334.0
			右	4	1327	796	762	1348	84.41	2.190	86.60
		小计		8	6447	3856	3177	6661	410.0	10.59	420.6
	三省桥—跃进渠首	冀	左	5	8422	983	2691	2530	144.4	17.52	161.9
		豫	右	6	8732	8500	550	4951	405.9	18.17	424.1
		小计		11	17154	9483	3241	7481	550.2	35.69	586.0
清漳河	刘家庄—大跃峰渠首	冀	左	23	42910	5060	9429	21883	1200	89.28	1289
			右	27	52685	7269	13292	37081	2024	109.6	2134
			非农居民		45000					6094	6094
		小计		50	140595	12329	22721	58964	3224	6293	9517
漳河干流	跃进渠、大跃峰—小跃峰	豫	右	7	5817	263	533	4760	261.6	12.10	273.7
		冀	左	9	6701	1736	2032	3057	191.6	13.94	205.5
			右	1	1150	134	368	430	23.93	2.390	26.32
		小计		17	13668	2133	2933	8247	477.1	28.43	505.5
	小跃峰—观台	豫	右	2	2300			2650	145.2	4.790	150.0
		冀	左	4	4870	1073	20	4324	238.7	10.13	248.8
			右	2	5360	1045	35	3248	179.7	11.15	190.9
		小计		8	12530	2118	55	10222	563.6	26.07	589.7
合计		晋	左	4	5120	3060	2415	5313	325.6	8.400	334.0
			右	4	1327	796	362	1348	84.41	2.190	86.60
		冀	左	41	62903	8852	14172	31794	1775	130.9	1906
			右	30	59195	8448	13695	40759	2228	123.1	2351
		豫	右	15	16849	8763	1083	12361	812.7	35.06	847.8
		合计		94	190394	29919	31727	91575	5226	6394	11620

表 4.48　　沿河村庄现状年逐月需水量　　单位：万 m^3

月份	侯壁—三省桥		三省桥—跃进渠		刘家庄—大跃峰		跃进渠、大跃峰—小跃峰			小跃峰—观台		
	晋		冀	豫	冀		豫	冀		豫	冀	
	左岸	右岸	左岸	右岸	左岸	右岸	右岸	左岸	右岸	右岸	左岸	右岸
1	1.330	0.380	1.730	2.680	262.5	264.7	1.070	1.500	0.240	0.400	0.990	1.070

续表

月份	侯壁—三省桥		三省桥—跃进渠		刘家庄—大跃峰		跃进渠、大跃峰—小跃峰			小跃峰—观台		
	晋		冀	豫	冀		豫	冀		豫	冀	
	左岸	右岸	左岸	右岸	左岸	右岸	右岸	左岸	右岸	右岸	左岸	右岸
2	1.330	0.380	1.730	2.680	262.5	264.7	1.070	1.500	0.240	0.400	0.990	1.070
3	64.93	16.78	29.95	81.06	499.7	665.6	53.24	39.02	4.930	29.44	48.38	36.67
4	64.93	16.78	29.95	81.06	499.7	665.6	53.24	39.02	4.930	29.44	48.38	36.67
5	64.93	16.78	29.95	81.06	499.7	665.6	53.24	39.02	4.930	29.44	48.38	36.67
6	64.93	16.78	29.95	81.06	499.7	665.6	53.24	39.02	4.930	29.44	48.38	36.67
7	1.330	0.380	1.730	2.680	262.5	264.7	1.070	1.500	0.240	0.400	0.990	1.070
8	1.330	0.380	1.730	2.680	262.5	264.7	1.070	1.500	0.240	0.400	0.990	1.070
9	1.330	0.380	1.730	2.680	262.5	264.7	1.070	1.500	0.240	0.400	0.990	1.070
10	1.330	0.380	1.730	2.680	262.5	264.7	1.070	1.500	0.240	0.400	0.990	1.070
11	64.93	16.78	29.95	81.06	499.7	665.6	53.24	39.02	4.930	29.44	48.38	36.67
12	1.330	0.380	1.730	2.680	262.5	264.7	1.070	1.500	0.240	0.400	0.990	1.070
合计	334.0	86.60	161.9	424.0	4336	5181	273.7	205.6	26.32	150.0	248.8	190.8

2. 沿河村庄规划2020年需水量预测

需水量预测采用定额法。沿河村庄人口发展速度与上游地区相同，2010—2020年人口年均增长率按5‰计算，但考虑到城镇化率2010—2020年由30%增加到45%，农村人口不断转移到城镇，沿河村庄人口2020年比2010年降低17%。生活用水定额比现状年略有提高。农村居民生活用水定额60L/(人·d)，大牲畜35 L/(头·d)，小牲畜15L/(只·d)。2020水平年工业将有所发展，工业用水定额比现状年略有降低。预测2020水平年工业和生活需水量为0.6346亿m^3，山西省不同水平年农业需水量维持现状年水平。清漳河流域2020年提高灌溉水利用系数，农田综合灌溉毛定额河北省为296m^3/亩，其中水田为600m^3/亩，菜田为350m^3/亩，其他水浇地为260m^3/亩。因此，沿河村庄2020水平年需水量为0.9419亿m^3，逐月需水量过程分别见表4.49。

表4.49　　沿河村庄2020年逐月需水量　　单位：万m^3

月份	侯壁—三省桥		三省桥—跃进渠		刘家庄—大跃峰		跃进渠、大跃峰—小跃峰			小跃峰—观台		
	晋		冀	豫	冀		豫	冀		豫	冀	
	左岸	右岸	左岸	右岸	左岸	右岸	右岸	左岸	右岸	右岸	左岸	右岸
1	1.210	0.320	1.500	2.250	260.9	262.8	0.930	1.290	0.210	0.350	0.850	0.920
2	1.210	0.320	1.500	2.250	260.9	262.8	0.930	1.290	0.210	0.350	0.850	0.920
3	64.81	16.72	21.26	31.56	396.6	486.4	29.11	25.08	3.050	16.04	26.45	20.15
4	64.81	16.72	21.26	31.56	396.6	486.4	29.11	25.08	3.050	16.04	26.45	20.15
5	64.81	16.72	21.26	31.56	396.6	486.4	29.11	25.08	3.050	16.04	26.45	20.15
6	64.81	16.72	21.26	31.56	396.6	486.4	29.11	25.08	3.050	16.04	26.45	20.15

续表

月份	侯壁—三省桥		三省桥—跃进渠		刘家庄—大跃峰		跃进渠、大跃峰—小跃峰			小跃峰—观台		
	晋		冀	豫	冀		豫	冀		豫	冀	
	左岸	右岸	左岸	右岸	左岸	右岸	右岸	左岸	右岸	右岸	左岸	右岸
7	1.210	0.320	1.500	2.250	260.9	262.8	0.930	1.290	0.210	0.350	0.850	0.920
8	1.210	0.320	1.500	2.250	260.9	262.8	0.930	1.290	0.210	0.350	0.850	0.920
9	1.210	0.320	1.500	2.250	260.9	262.8	0.930	1.290	0.210	0.350	0.850	0.920
10	1.210	0.320	1.500	2.250	260.9	262.8	0.930	1.290	0.210	0.350	0.850	0.920
11	64.81	16.72	21.26	31.56	396.6	486.4	29.11	25.08	3.050	16.04	26.45	20.15
12	1.210	0.320	1.500	2.250	260.9	262.8	0.930	1.290	0.21	0.350	0.850	0.920
合计	332.5	85.84	116.8	173.6	3807	4272	152.1	134.5	16.68	82.62	138.2	107.2

3. 沿河村庄 2030 年需水量预测

需水量预测采用定额法。2020—2030 年人口年均增长率按 4‰计算，但考虑到城镇化率，2030 年比 2020 年人口降低 12%。农村居民生活用水定额 70L/(人・d)，大牲畜 35 L/(头・d)，小牲畜 15L/(只・d)。预测 2030 水平年工业和生活需水量为 0.6355 亿 m^3，农业需水量维持规划年 2020 年水平。因此，沿河村庄 2030 水平年需水量为 0.9430 亿 m^3，逐月需水量过程分别见表 4.50。

表 4.50　　沿河村庄 2030 年逐月需水量　　单位：万 m^3

月份	侯壁—三省桥		三省桥—跃进渠		刘家庄—大跃峰		跃进渠、大跃峰—小跃峰			小跃峰—观台		
	晋		冀	豫	冀		豫	冀		豫	冀	
	左岸	右岸	左岸	右岸	左岸	右岸	右岸	左岸	右岸	右岸	左岸	右岸
1	1.230	0.330	1.540	2.290	261.1	263.1	0.960	1.320	0.210	0.360	0.870	0.950
2	1.230	0.330	1.540	2.290	261.1	263.1	0.960	1.320	0.210	0.360	0.870	0.950
3	64.83	16.73	21.29	31.60	396.8	486.7	29.14	25.11	3.050	16.05	26.47	20.18
4	64.83	16.73	21.29	31.60	396.8	486.7	29.14	25.11	3.050	16.05	26.47	20.18
5	64.83	16.73	21.29	31.60	396.8	486.7	29.14	25.11	3.050	16.05	26.47	20.18
6	64.83	16.73	21.29	31.60	396.8	486.7	29.14	25.11	3.050	16.05	26.47	20.18
7	1.230	0.330	1.540	2.290	261.1	263.1	0.960	1.320	0.210	0.360	0.870	0.950
8	1.230	0.330	1.540	2.290	261.1	263.1	0.960	1.320	0.210	0.360	0.870	0.950
9	1.230	0.330	1.540	2.290	261.1	263.1	0.960	1.320	0.210	0.360	0.870	0.950
10	1.230	0.330	1.540	2.290	261.1	263.1	0.960	1.320	0.210	0.360	0.870	0.950
11	64.83	16.73	21.29	31.60	396.8	486.7	29.14	25.11	3.050	16.05	26.47	20.18
12	1.230	0.330	1.540	2.290	261.1	263.1	0.960	1.320	0.210	0.360	0.870	0.950
合计	332.8	85.92	117.2	174.0	3812	4275	152.4	134.8	16.73	82.73	138.5	107.5

4.4.5.2 四大灌区需水量预测

1. 农业灌溉需水量预测

四大灌区均属于丘陵平原灌区，作物种植结构比较稳定，粮食作物以小麦、玉米为主，经济作物以棉花为主。

考虑当地实际情况及当地灌水经验，结合《灌区续建配套与节水改造工程规划报告》分析的作物用水定额和实际灌水要求确定灌水时间和灌水定额，参考海河流域非充分灌溉定额，综合分析平水年、枯水年和特枯年灌溉定额分别为 124.0m^3/亩、198.0m^3/亩和 321.0m^3/亩，渠系有效利用系数统一按 0.65 计，则平水年、枯水年和特枯年的灌溉毛定额分别为 190.0m^3/亩、304.0m^3/亩和 494.0m^3/亩。以平水年为例，按照种植比例和各作物的灌溉制度确定灌溉定额，见表 4.51。

表 4.51　　作物灌水时间和灌水定额（平水年 $P=50\%$）

作物	种植比例	灌水次数	生育阶段	灌水时间		灌水日数/d	灌水定额/(m^3/亩)
				始	末		
小麦	60%	1	冬灌	11月19日	11月30日	12	30
		2	返青	3月15日	4月1日	17	27
		3	抽穗	4月28日	5月15日	18	27
		小计					84
早秋	40%	1	播前	4月10日	4月20日	11	20
		2	拔节	6月2日	6月10日	9	20
		小计					40
合计							124

根据灌溉制度和灌溉定额计算的平水年灌溉需水过程见表 4.52。

表 4.52　　灌溉需水过程（平水年 $P=50\%$）

月份	灌水时间		灌水日数/d	灌水定额/(m^3/亩)	渠系利用系数	毛用水量/(m^3/亩)
	始	末				
3	3月15日	4月1日	17	27	0.65	41
4	4月10日	4月20日	11	20	0.65	31
5	4月28日	5月15日	18	27	0.65	41
6	6月2日	6月10日	9	20	0.65	31
11	11月19日	11月30日	12	30	0.65	46
合计				124		190

四大灌区灌溉面积见表 4.53。按 2010 年实际灌溉面积计算，现状平水年、枯水年和特枯年各灌区的灌溉需水量分别为 0.9620 亿 m^3、1.539 亿 m^3 和 2.501 亿 m^3，见表 4.54～表 4.56。按引漳水灌溉面积预测，2020 规划平水年、枯水年和特枯年各灌区的灌溉需水量分别为 2.284 亿 m^3、3.655 亿 m^3 和 5.935 亿 m^3，见表 4.57～表 4.59。2030 规划平水年、枯水年和特枯年各灌区的灌溉需水量分别为 3.514 亿 m^3、5.622 亿 m^3 和 9.155 亿

m^3，见表 4.60～表 4.62。

表 4.53　　四大灌区灌溉面积　　单位：万亩

项　目	红旗渠	跃进渠	大跃峰渠	小跃峰渠	合计
灌区设计灌溉面积	54.00	30.50	64.44	36.00	184.94
引漳水灌溉面积	47.20	30.50	30.50	12.00	120.20
2010 年实际灌溉面积	25.70	11.70	3.60	9.62	50.62
2020 年预测需水量面积	47.20	30.50	30.50	12.00	120.20
2030 年预测需水量面积	54.00	30.50	64.44	36.00	184.94

表 4.54　　四大灌区现状平水年灌溉需水过程

月份	需水量/(m^3/亩)	灌区需水量/万 m^3				
		红旗渠(25.7 万亩)	跃进渠(11.7 万亩)	大跃峰渠(3.6 万亩)	小跃峰渠(9.62 万亩)	合计(50.62 万亩)
1	0	0	0	0	0	0
2	0	0	0	0	0	0
3	41	1057	481.0	148.0	396.0	2081
4	31	800.0	364.0	112.0	299.0	1576
5	41	1057	481.0	148.0	396.0	2081
6	31	800.0	364.0	112.0	299.0	1576
7	0	0	0	0	0	0
8	0	0	0	0	0	0
9	0	0	0	0	0	0
10	0	0	0	0	0	0
11	46	1171	533.0	164.0	438.0	2307
12	0	0	0	0	0	0
合计	190	4884	2224	684.0	1827	9620

表 4.55　　四大灌区现状枯水年灌溉需水过程

月份	需水量/(m^3/亩)	灌区需水量/万 m^3				
		红旗渠(25.7 万亩)	跃进渠(11.7 万亩)	大跃峰渠(3.6 万亩)	小跃峰渠(9.62 万亩)	合计(50.62 万亩)
1	0	0	0	0	0	0
2	0	0	0	0	0	0
3	66	1691	770.0	237.0	633.0	3330
4	50	1280	583.0	180.0	478.0	2521
5	66	1691	770.0	237.0	633.0	3330
6	50	1280	583.0	180.0	478.0	2521
7	0	0	0	0	0	0

续表

月份	需水量/(m³/亩)	灌区需水量/万 m³				
		红旗渠(25.7万亩)	跃进渠(11.7万亩)	大跃峰渠(3.6万亩)	小跃峰渠(9.62万亩)	合计(50.62万亩)
8	0	0	0	0	0	0
9	0	0	0	0	0	0
10	0	0	0	0	0	0
11	73	1873	853.0	263.0	700.0	3691
12	0	0	0	0	0	0
合计	304	7816	3559	1096	2922	15390

表 4.56　四大灌区现状特枯年灌溉需水过程

月份	需水量/(m³/亩)	灌区需水量/万 m³				
		红旗渠(25.7万亩)	跃进渠(11.7万亩)	大跃峰渠(3.6万亩)	小跃峰渠(9.62万亩)	合计(50.62万亩)
1	0	0	0	0	0	0
2	0	0	0	0	0	0
3	107	2748	1251	384.0	1029	5411
4	81	2080	948.0	292.0	777.0	4097
5	107	2748	1251	384.0	1029	5411
6	81	2080	948.0	292.0	777.0	4097
7	0	0	0	0	0	0
8	0	0	0	0	0	0
9	0	0	0	0	0	0
10	0	0	0	0	0	0
11	119	3044	1387	428.0	1138	5998
12	0	0	0	0	0	0
合计	494	12700	5783	1780	4749	25010

表 4.57　四大灌区规划 2020 平水年灌溉需水过程

月份	需水量/(m³/亩)	灌区需水量/万 m³				
		红旗渠(47.2万亩)	跃进渠(30.5万亩)	大跃峰渠(30.5万亩)	小跃峰渠(12.0万亩)	合计(120.2万亩)
1	0	0	0	0	0	0
2	0	0	0	0	0	0
3	41	1940	1254	1254	493.0	4942
4	31	1469	949.0	949.0	373.0	3740
5	41	1940	1254	1254	493.0	4942

续表

月份	需水量/(m³/亩)	灌区需水量/万 m³				
		红旗渠(47.2万亩)	跃进渠(30.5万亩)	大跃峰渠(30.5万亩)	小跃峰渠(12.0万亩)	合计(120.2万亩)
6	31	1469	949.0	949.0	373.0	3740
7	0	0	0	0	0	0
8	0	0	0	0	0	0
9	0	0	0	0	0	0
10	0	0	0	0	0	0
11	46	2150	1390	1390	547.0	5477
12	0	0	0	0	0	0
合计	190	8968	5797	5797	2280	22840

表4.58　　四大灌区规划2020枯水年灌溉需水过程

月份	需水量/(m³/亩)	灌区需水量/万 m³				
		红旗渠(47.2万亩)	跃进渠(30.5万亩)	大跃峰渠(30.5万亩)	小跃峰渠(12.0万亩)	合计(120.2万亩)
1	0	0	0	0	0	0
2	0	0	0	0	0	0
3	66	3104	2007	2007	789.0	7908
4	50	2350	1518	1518	598.0	5984
5	66	3104	2007	2007	789.0	7908
6	50	2350	1518	1518	598.0	5984
7	0	0	0	0	0	0
8	0	0	0	0	0	0
9	0	0	0	0	0	0
10	0	0	0	0	0	0
11	73	3440	2224	2224	874.0	8762
12	0	0	0	0	0	0
合计	304	14350	9274	9274	3648	36550

表4.59　　四大灌区规划2020特枯年灌溉需水过程

月份	需水量/(m³/亩)	灌区需水量/万 m³				
		红旗渠(47.2万亩)	跃进渠(30.5万亩)	大跃峰渠(30.5万亩)	小跃峰渠(12.0万亩)	合计(120.2万亩)
1	0	0	0	0	0	0
2	0	0	0	0	0	0
3	107	5044	3261	3261	1282	12850

续表

月份	需水量/(m³/亩)	灌区需水量/万 m³				
		红旗渠(47.2万亩)	跃进渠(30.5万亩)	大跃峰渠(30.5万亩)	小跃峰渠(12.0万亩)	合计(120.2万亩)
4	81	3819	2467	2467	971.0	9724
5	107	5044	3261	3261	1282	12850
6	81	3819	2467	2467	971.0	9724
7	0	0	0	0	0	0
8	0	0	0	0	0	0
9	0	0	0	0	0	0
10	0	0	0	0	0	0
11	119	5590	3614	3614	1421	14240
12	0	0	0	0	0	0
合计	495	23320	15070	15070	5928	59390

表4.60　　四大灌区规划2030平水年灌溉需水过程

月份	需水量/(m³/亩)	灌区需水量/万 m³				
		红旗渠(54.0万亩)	跃进渠(30.5万亩)	大跃峰渠(64.4万亩)	小跃峰渠(36.0万亩)	合计(184.9万亩)
1	0	0	0	0	0	0
2	0	0	0	0	0	0
3	41	2214	1251	2640	1476	7583
4	31	1674	946.0	1996	1116	5733
5	41	2214	1251	2640	1476	7583
6	31	1674	946.0	1996	1116	5733
7	0	0	0	0	0	0
8	0	0	0	0	0	0
9	0	0	0	0	0	0
10	0	0	0	0	0	0
11	46	2484	1403	2962	1656	8507
12	0	0	0	0	0	0
合计	190	10260	5795	12240	6840	35140

表4.61　　四大灌区规划2030枯水年灌溉需水过程

月份	需水量/(m³/亩)	灌区需水量/万 m³				
		红旗渠(54.0万亩)	跃进渠(30.5万亩)	大跃峰渠(64.4万亩)	小跃峰渠(36.0万亩)	合计(184.9万亩)
1	0	0	0	0	0	0
2	0	0	0	0	0	0

续表

月份	需水量/(m^3/亩)	灌区需水量/万 m^3				
		红旗渠（54.0 万亩）	跃进渠（30.5 万亩）	大跃峰渠（64.4 万亩）	小跃峰渠（36.0 万亩）	合计（184.9 万亩）
3	66	3564	2013	4250	2376	12210
4	50	2700	1525	3220	1800	9247
5	66	3564	2013	4250	2376	12210
6	50	2700	1525	3220	1800	9247
7	0	0	0	0	0	0
8	0	0	0	0	0	0
9	0	0	0	0	0	0
10	0	0	0	0	0	0
11	73	3942	2227	4701	2628	13500
12	0	0	0	0	0	0
合计	304	16420	9272	19580	10940	56220

表 4.62　四大灌区规划 2030 特枯年灌溉需水过程

月份	需水量/(m^3/亩)	灌区需水量/万 m^3				
		红旗渠（54.0 万亩）	跃进渠（30.5 万亩）	大跃峰渠（64.4 万亩）	小跃峰渠（36.0 万亩）	合计（184.9 万亩）
1	0	0	0	0	0	0
2	0	0	0	0	0	0
3	107	5778	3264	6891	3852	19790
4	81	4374	2471	5216	2916	14980
5	107	5778	3264	6891	3852	19790
6	81	4374	2471	5216	2916	14980
7	0	0	0	0	0	0
8	0	0	0	0	0	0
9	0	0	0	0	0	0
10	0	0	0	0	0	0
11	119	6426	3630	7664	4284	22010
12	0	0	0	0	0	0
合计	495	26730	15100	31880	17820	91550

2. 工业需水量预测

由于缺少四大灌区工业需水量预测所需的社会经济指标和用水定额等资料，各灌区的工业需水量按农业需水量的 1/9 计算。

3. 四大灌区总需水量预测

四大灌区总需水量为农业灌溉需水量和工业需水量之和，见表 4.63。

表 4.63　　四大灌区规划水平年不同年型需水量汇总　　单位：万 m^3

水平年	平水年（$P=50\%$）	枯水年（$P=75\%$）	特枯年（$P=95\%$）
2020	25380	40610	65990
2030	39040	62470	101720

4.4.5.3 生态环境需水预测

河流生态环境需水指维持河流一定形态和一定功能所需要保留的水（流）量，包括河道内生态环境需水及河道外生态环境需水。考虑到漳河流域水资源短缺，重点区域用水户主要是沿河村庄和四大灌区，故重点区域水量分配只考虑河道内生态环境需水量。河道内生态环境需水量须以河流水系主要控制断面为计算节点，对上、下游不同计算节点的计算值进行综合分析后确定。采用 Tennant 法预测河流生态需水量，Tennant 法将全年分成两个计算时段，根据多年平均流量百分比与河道内生态环境状况的对应关系，直接计算维持河道一定功能的生态环境需水量。Tennant 法中，河道内不同流量百分比和与之相应的生态环境状况见表 4.64。

为保证下游岳城水库的入库水量，结合漳河流域供水特点以及水资源管理的实践，生态环境需水流量等级描述选择“好”，即 10 月至翌年 3 月取多年平均流量的 20%，4—9 月取多年平均流量的 40%。根据 1980—2010 年资料统计，侯壁断面的多年平均流量为 13.7m^3/s，刘家庄断面的多年平均流量为 5.12m^3/s，则浊漳河生态需水流量 10 月至翌年 3 月恒定为 2.74 m^3/s，4—9 月恒定为 5.48m^3/s，全年生态需水量为 1.296 亿 m^3；清漳河生态需水流量 10 月至翌年 3 月恒定为 1.02m^3/s，4—9 月恒定为 2.05m^3/s，全年生态需水量为 0.4845 亿 m^3；漳河干流的生态环境需水流量 10 月至翌年 3 月恒定为 3.76m^3/s，4—9 月恒定为 7.52 m^3/s，全年生态需水量为 1.780 亿 m^3。详见表 4.65。

表 4.64　　不同流量百分比对应的河道内生态环境状况

流量等级描述	推荐的基流百分比标准（年平均流量百分数）/%	
	10 月—翌年 3 月	4—9 月
最大流量	200	200
最佳流量	60—100	60—100
极好	40	60
非常好	30	50
好	20	40
中等或差（退化）	10	30
最小	10	10
极差	<10	<10

表 4.65　　逐月生态需水量　　单位：万 m^3

月份	浊漳河	清漳河	合计（漳河干流）
1	734.0	273.0	1007
2	663.0	247.0	910.0

续表

月份	浊漳河	清漳河	合计（漳河干流）
3	734.0	273.0	1007
4	1418	531.0	1949
5	1465	549.0	2014
6	1418	531.0	1949
7	1465	549.0	2014
8	1465	549.0	2014
9	1418	531.0	1949
10	734.0	273.0	1007
11	710.0	264.0	975.0
12	734.0	273.0	1007
合计	12960	4845	17800

第5章　漳河流域水资源优化配置

本章根据《清漳河水资源配置方案》和《浊漳河水量分配方案》，在满足清漳河刘家庄控制断面和浊漳河侯壁控制断面一定下泄水量要求的基础上，对上游地区进行了多水源联合调配研究。根据各地现状水源供给关系对当地各类水源进行分配，在此基础上按照子流域之间的水力联系，分析计算各子流域水资源供、需水量，研究流域水资源供需状况。在系统水资源供需平衡基础上，根据供需状况建立优化配置模型。在水资源供大于求条件下，配置是在满足各部门用水需求前提下尽量减少地下水利用量，而且各子流域地下水利用率尽量平衡，配置目标为地下水综合利用率最小。在供不应求情况下，配置目标包括社会目标、经济目标和环境目标，按照单目标（社会目标）以及三目标逐步宽容约束的方案进行配置。

由于重点区域地处三省交界，行政关系比较复杂，用水矛盾尖锐。本着体现公平、总量控制、追求效率的整体分配原则，坚持尊重历史、面对现实、着眼未来，充分考虑供用水历史、现状和未来发展的供水能力和用水需求、节水型社会建设的要求，确定了重点区域的水资源配置依据、原则和目标，并通过情景设计实现在总量控制下的公平配置目标，及在公平配置基础上实现水资源利用效率的配置目标。

5.1　上游地区水资源优化配置

5.1.1　水资源系统配置原则

水资源系统配置主要遵循以下原则。

1. 优先安排生活用水

根据对国计民生的影响及重要程度，各用水户有不同的供水保证程度要求，其中居民的生活用水安全关系到社会稳定和人民安居乐业，因此生活需水必须予以最大限度保证，然后依次是第三产业、建筑业、河道基流、工业、农业和河道外需水。

2. 保护生态环境

一方面，为了防止生态环境进一步恶化，在分析生态环境用水的基础上，计算满足维系生态平衡对水的基本需求，保证基本生态环境用水需求，防止和减少水资源过度开发对其产生的破坏作用；另一方面，为保持水资源和生态环境的可再生维持功能，需要减少污水排放量，减少高污染、高排放行业的分配水量。

3. 公平发展

水资源属于稀有资源，随着经济发展区域水资源亏缺状况越来越严重，地区间、行业间对水资源的竞争也就越来越激烈。在满足生活用水和生态用水等公益性用水领域基本需求的基础上，按照地区、行业公平原则进行配置，即缺水程度大体相近的准则，防止竞争中对水资源的无序开发利用。对于区域、行业竞争用水中出现的供需中短缺现象，从提高水资源利用效率，鼓励通过开辟节水、污水处理再利用等非常规水源或通过区域间水权交易市场解决。

4. 经济效益

由于水资源短缺，水资源配置的主要目标之一是通过经济手段，提高用水效率和经济效益，对效率高、效益大的部门优先配水，如第二、第三产业的用水优先于第一产业，并在枯水期按照农业需水定额进行配水。

5. 保护地下水

地下水尤其深层地下水更新周期缓慢，在一定程度上是一种不可更新的自然资源。长治盆地是山西省重要的工农业、能源和化工基地，随着社会经济发展，地下水开发利用逐年增加，20 世纪 80 年代以后，松散层孔隙水开采已经不能满足需要，逐渐开发深层地下水，引起了一系列的环境问题。因此，漳河流域上游地区地下水资源配置应尽量减少地下水的开发利用，保护地下水资源。

5.1.2　水资源供需平衡分析

漳河流域划分为 6 个子流域，$k=1, 2, \cdots, 6$，分别代表浊漳南源、浊漳西源、浊漳北源、清漳河、浊漳干流和漳河干流 6 个子流域。每个子流域有 r 个用水部门，$r=1, 2, 3, 4$，分别表示生活用水，第一产业用水，第二、第三产业用水和生态用水。

1. 各子流域当地水源分析

设子流域 k 各类用水部门需水量为 d_{kj}（$j=1, 2, 3, 4$），根据各地水源供给关系对当地水源进行分配，当地水源配置后计算子流域 k 用户 j 的缺水量 qs_{kj}。子流域 k 当地水资源供给关系见图 5.1。

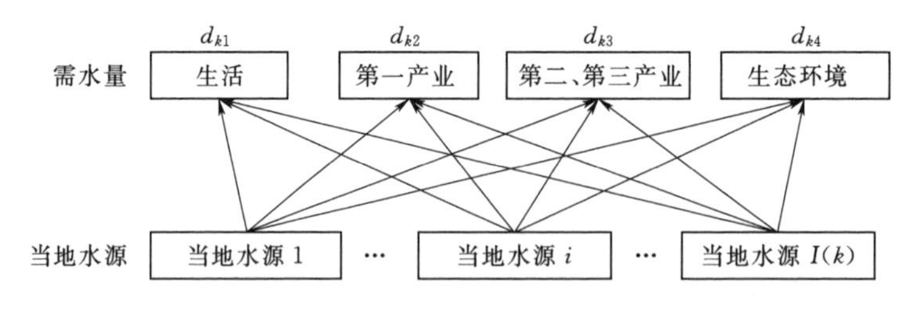

图 5.1　子区 k 当地水源供给关系图

根据图 5.1 可求得子流域 k 当地水源对各用水部门的供水量，以及子流域 k 缺水总量 QS_k（即子流域 k 需要过境水源供给总量），且 $QS_k = \sum_{j=1}^{4} qs_{kj}$，其中 qs_{kj} 为当地水源配置后子流域 k 用户 j 的缺水量。

对于漳河流域，当地水源有集蓄雨水、回用污水和地下水；用水户包括生活、第一产业、第二第三产业和生态环境四类，四类用户有不同的水质要求，遵循回用污水优先供给生态环境，集蓄雨水优先供给第一产业的原则进行配置。

2. 流域过境水源分析

根据流域水资源系统概化图，从上游到下游分析各子流域之间的水力联系，计算各子

流域水资源供、需水量，研究流域水资源供需状况。流域水资源供需状况分析流程见图5.2。

子流域 k（$k=1$，2，3，4）过境水可供水量为

$$Z_k=\min(VG_k,WG_k,DG_k,QS_k) \tag{5.1}$$

子流域 k（$k=5$，6）过境水供水量为

$$Z_k=\min(VG_k,WG_k,DG_k,R_k,QS_k) \tag{5.2}$$

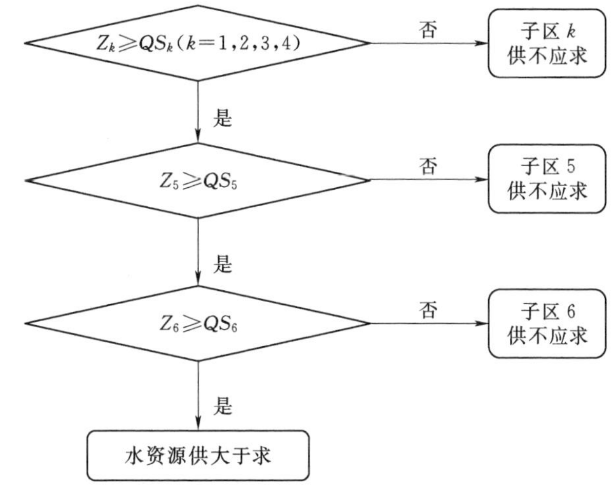

图5.2　水资源供需状况分析流程图

式中：VG_k 为过境水向子流域 k 的工程供水能力；WG_k 为子流域 k 的过境水水资源可利用量；DG_k 为子区 k 过境水许可取水总量；R_k 为子流域 k 过境水量。

根据子流域间水力联系，子流域5过境水量为

$$R_5=\sum_{k=1}^{3}(R_k-Z_k)+I_5 \tag{5.3}$$

子流域6过境水量为

$$R_6=\sum_{k=4}^{5}(R_k-Z_k)+I_6 \tag{5.4}$$

式中：I_k 为子流域 k 区间入流量。

3. 供需平衡结果

在水资源现在供水能力基础上，分析50%、75%、95%三个水平年供水状况；在需水方面，考虑现状年和2020年、2030年的"基本方案"和"强化方案"两套需水状况，进行上游地区水资源供需平衡分析。

2010年供需平衡分析成果见表5.1。由表5.1可知，对于50%水平年，清漳河子流域水资源供大于求；浊漳河南源、西源、北源和干流天然径流量大于过境水需水量，但是考虑到侯壁断面下泄水量要求，整个浊漳河水资源为供不应求状况。对于75%水平年，清漳河子流域水资源供大于求；浊漳河南源天然径流量不满足过境水需水量，且没有下泄水量，为供不应求状况；浊漳河西源、北源和干流天然径流量大于过境水需水量，但是不满足侯壁下泄水量要求，整个浊漳河水资源为供不应求状况。对于95%水平年，供需状况与75%年型相同，但是浊漳河南源缺水状况更为严重，由于侯壁下泄水量要求减小，浊漳河西源、北源和干流三个子流域的缺水状况较75%水平年有所缓解。

2020年基本方案和强化方案供需平衡分析分别见表5.2和表5.3。由表5.2可知，基本方案需水状况下，对于50%水平年，清漳河子流域水资源供大于求；浊漳河南源天然径流量不满足过境水需水量，且没有下泄水量，为供不应求状况；浊漳河西源、北源和干流天然径流量大于过境水需水量，但是不满足侯壁下泄水量要求，整个浊漳河水资源为供

表 5.1　　2010 年供需平衡分析成果　　单位：万 m^3

典型年	子流域	需水总量①	当地水源可供水量②			过境水需水量③	天然径流量④	下泄水量⑤	要求下泄水量⑥	盈亏量⑦	供需状况
			地下	雨水集蓄	污水回用						
P=50%	清漳河	5166	2041	272.0	430.0	2423	19800	17380	12200	5180	供>需
	浊漳河南源	30940	14020	400.0	2667	13850	15200	1350		1350	供<需
	浊漳河西源	3552	1532	6.000	212.0	1802	9680	7878		7878	
	浊漳河北源	4752	1580	126.0	300.0	2746	15000	12250		12250	
	浊漳河干流	10070	5275	423.0	500.0	3872	23190	19320		19320	
	浊漳合计	49310	22410	955.0	3679	22270	63070	40800	43300	−2500	
P=75%	清漳河	5429	2041	272.0	430.0	2686	12500	9814	6300	3514	供>需
	浊漳河南源	32220	14010	400.0	2667	15130	9890	−5240		−5240	供<需
	浊漳河西源	3759	1532	6.000	212.0	2009	6940	4931		4931	供<需
	浊漳河北源	4966	1580	126.0	300.0	2960	9190	6230		6230	
	浊漳河干流	10720	5275	423.0	500.0	4522	15430	10910		10910	
	浊漳合计	51670	22410	955.0	3679	24620	41450	22070	25600	−3530	
P=95%	清漳河	5493	2041	272.0	430.0	2750	9730	6980	4600	2380	供>需
	浊漳河南源	32850	14020	400.0	2667	15760	6980	−8780		−8780	供<需
	浊漳河西源	3862	1532	6.000	212.0	2112	5370	3258		3258	供<需
	浊漳河北源	5059	1580	126.0	300.0	3053	5050	1997		1997	
	浊漳河干流	11050	5275	423.0	500.0	4852	10730	5878		5878	
	浊漳合计	52820	22410	955.0	3679	25780	28130	11130	14500	−3370	

注　1. 过境水需水量③＝需水总量①－当地水源可供水量②。
2. 下泄水量⑤＝天然径流量④－过境水需水量③。
3. 要求下泄水量⑥为根据《清漳河水资源配置方案》和《浊漳河水量分配方案》，要求刘家庄断面和侯壁断面的下泄水量。
4. 盈亏量⑦＝下泄水量⑤－要求下泄水量⑥。

不应求状况。对于75%水平年和95%水平年，供需状况与50%年型相同，但浊漳河南源和整个浊漳河缺水状况更为严重。由表5.3可知，强化方案需水状况下，对于50%水平年，清漳河子流域水资源供大于求；浊漳河南源天然径流量不满足过境水需水量，且没有下泄水量，为供不应求状况；浊漳河西源、北源和干流天然径流量大于过境水需水量，整个浊漳河满足目标下泄水量要求，为供大于求。对于75%水平年，清漳河子流域水资源供大于求；浊漳河南源天然径流量不满足过境水需水量，且没有下泄水量，为供不应求状况；浊漳河西源、北源和干流天然径流量大于过境水需水量，但是不满足侯壁下泄水量要求，整个浊漳河水资源为供不应求状况。对95%水平年，供需状况与75%年型相同，但浊漳河南源和整个浊漳河缺水状况更为严重。

表 5.2　　　　2020 年基本方案供需平衡分析　　　　单位：万 m^3

典型年	子流域	需水总量	当地水源可供水量			过境水需水量	天然径流量	下泄水量	要求下泄水量	盈亏量	供需状况
			地下	雨水集蓄	污水回用						
$P=50\%$	清漳河	7374	2041	272.0	637.0	4424	19800	15380	12200	3180	供>需
	浊漳河南源	38020	14020	400.0	3587	20010	15200	−4810		−4810	供<需
	浊漳河西源	4304	1532	6.000	296.0	2470	9680	7210		7210	供<需
	浊漳河北源	5667	1580	126.0	393.0	3568	15000	11430		11430	
	浊漳河干流	12020	5275	423.0	689.0	5633	23190	17560		17560	
	浊漳合计	60010	22410	955.0	4966	31680	63070	31390	32400	−1010	
$P=75\%$	清漳河	7794	2041	272.0	637.0	4844	12500	7656	6300	1356	供>需
	浊漳河南源	39450	14020	400.0	3587	21440	9890	−11550		−11550	供<需
	浊漳河西源	4538	1532	6.000	296.0	2704	6940	4236		4236	供<需
	浊漳河北源	5901	1580	126.0	393.0	3802	9190	5388		5388	
	浊漳河干流	12750	5275	423.0	689.0	6363	15430	9067		9067	
	浊漳合计	62640	22410	955.0	4966	34310	41450	7140	21500	−14360	
$P=95\%$	清漳河	7932	2041	272.0	637.0	4982	9730	4748	4600	148.0	供>需
	浊漳河南源	40170	14020	400.0	3587	22160	6980	−15180		−15180	供<需
	浊漳河西源	4655	1532	6.000	296.0	2821	5370	2549		2549	供<需
	浊漳河北源	6006	1580	126.0	393.0	3907	5050	1143		1143	
	浊漳河干流	13110	5275	423.0	689.0	6723	10730	4007		4007	
	浊漳合计	63940	22410	955.0	4966	35610	28130	−7480	11000	−18480	

表 5.3　　　　2020 年强化方案供需平衡分析　　　　单位：万 m^3

典型年	子流域	需水总量	当地水源可供水量			过境水需水量	天然径流量	下泄水量	要求下泄水量	盈亏量	供需状况
			地下	雨水集蓄	污水回用						
$P=50\%$	清漳河	7212	2041	272.0	637.0	4262	19800	15540	12200	3340	供>需
	浊漳河南源	36800	14020	400.0	3587	18790	15200	−3590		−3590	供<需
	浊漳河西源	4193	1532	6.000	296.0	2359	9680	7321		7321	供>需
	浊漳河北源	5491	1580	126.0	393.0	3392	15000	11610		11610	
	浊漳河干流	11730	5275	423.0	689.0	5343	23190	17850		17850	
	浊漳合计	58210	22410	955.0	4966	29880	63070	33190	32400	790.0	
$P=75\%$	清漳河	7632	2041	272.0	637.0	4682	12500	7818	6300	1518	供>需
	浊漳河南源	38230	14020	400.0	3587	20220	9890	−10330		−10330	供<需
	浊漳河西源	4427	1532	6.000	296.0	2593	6940	4347		4347	供<需
	浊漳河北源	5725	1580	126.0	393.0	3626	9190	5564		5564	
	浊漳河干流	12470	5275	423.0	689.0	6083	15430	9347		9347	
	浊漳合计	60850	22410	955.0	4966	32520	41450	8930	21500	−12570	

续表

典型年	子流域	需水总量	当地水源可供水量			过境水需水量	天然径流量	下泄水量	要求下泄水量	盈亏量	供需状况
			地下	雨水集蓄	污水回用						
P=95%	清漳河	7770	2041	272.0	637.0	4820	9730	4910	4600	310.0	供>需
	浊漳河南源	38950	14020	400.0	3587	20940	6980	−13960		−13960	供<需
	浊漳河西源	4544	1532	6.000	296.0	2710	5370	2660		2660	供<需
	浊漳河北源	5830	1580	126.0	393.0	3731	5050	1319		1319	
	浊漳河干流	12830	5275	423.0	689.0	6443	10730	4287		4287	
	浊漳合计	62150	22410	955.0	4966	33820	28130	−5690	11000	−16690	

2030 年基本方案和强化方案供需平衡分析分别见表 5.4 和表 5.5。由表 5.4 可知，基本方案需水状况下，对于 50%水平年，清漳河子流域水资源供大于求；浊漳河南源天然径流量不满足过境水需水量，且没有下泄水量，为供不应求状况；浊漳河西源、北源和干流天然径流量大于过境水需水量，但是不满足侯壁下泄水量要求，整个浊漳河水资源为供不应求状况。对于 75%水平年和 95%水平年，供需状况与 50%年型相同，但浊漳河南源和整个浊漳河缺水状况更为严重。由表 5.5 可知，强化方案需水状况与基本方案需水情况相同，但缺水量有所下降。

表 5.4　　2030 年基本方案供需平衡分析　　单位：万 m^3

典型年	子流域	需水总量	当地水源可供水量			过境水需水量	天然径流量	下泄水量	要求下泄水量	盈亏量	供需状况
			地下	雨水集蓄	污水回用						
P=50%	清漳河	7621	2041	272.0	795.0	4513	19800	15287	12200	3090	供>需
	浊漳河南源	41830	14020	400.0	4374	23040	15200	−7831		−7840	供<需
	浊漳河西源	4584	1532	6.000	368.0	2678	9680	7002		7002	供<需
	浊漳河北源	6138	1580	126.0	472.0	3960	15000	11040		11040	
	浊漳河干流	12510	5275	423.0	852.0	5960	23190	17228		17230	
	浊漳合计	65060	22410	955.0	6067	35630	63070	27438	31200	−3760	
P=75%	清漳河	7996	2041	272.0	795.0	4888	12500	7612	6300	1312	供>需
	浊漳河南源	43130	14020	400.0	4374	24340	9890	−14443		−14450	供<需
	浊漳河西源	4798	1532	6.000	368.0	2892	6940	4048		4048	供<需
	浊漳河北源	6351	1580	126.0	472.0	4173	9190	5017		5017	
	浊漳河干流	13170	5275	423.0	852.0	6620	15430	8807		8810	
	浊漳合计	67450	22410	955.0	6067	38020	41450	3429	20700	−17270	
P=95%	清漳河	8119	2041	272.0	795.0	5011	9730	4718	4600	119.0	供>需
	浊漳河南源	43770	14020	400.0	4374	24980	6980	−17999		−18000	供<需
	浊漳河西源	4905	1532	6.000	368.0	2999	5370	2371		2371	供<需
	浊漳河北源	6446	1580	126.0	472.0	4268	5050	782		782.0	
	浊漳河干流	13500	5275	423.0	852.0	6950	10730	3777		3780	
	浊漳合计	68620	22410	955.0	6067	39190	28130	−11069	10600	−21660	

表 5.5　　　　2030 年强化方案供需平衡分析　　　　单位：万 m^3

典型年	子流域	需水总量	当地水源可供水量			过境水需水量	天然径流量	下泄水量	要求下泄水量	盈亏量	供需状况
			地下	雨水集蓄	污水回用						
P=50%	清漳河	7325	2041	272.0	795.0	4217	19800	15580	12200	3380	供＞需
	浊漳河南源	39520	14020	400.0	4374	20730	15200	−5530		−5530	供＜需
	浊漳河西源	4382	1532	6.000	368.0	2476	9680	7204		7204	供＜需
	浊漳河北源	5821	1580	126.0	472.0	3643	15000	11360		11360	
	浊漳河干流	12010	5275	423.0	852.0	5460	23190	17730		17730	
	浊漳合计	61730	22410	955.0	6067	32300	63070	30770	31200	−430.0	
P=75%	清漳河	7700	2041	272.0	795.0	4592	12500	7908	6300	1608	供＞需
	浊漳河南源	40820	14020	400.0	4374	22030	9890	−12140		−12140	供＜需
	浊漳河西源	4596	1532	6.000	368.0	2690	6940	4250		4250	供＜需
	浊漳河北源	6034	1580	126.0	472.0	3856	9190	5334		5334	
	浊漳河干流	12670	5275	423.0	852.0	6120	15430	9310		9310	
	浊漳合计	64120	22410	955.0	6067	34690	41450	6760	20700	−13940	
P=95%	清漳河	7823	2041	272.0	795.0	4715	9730	5015	4600	415.0	供＞需
	浊漳河南源	41460	14020	400.0	4374	22670	6980	−15690		−15690	供＜需
	浊漳河西源	4703	1532	6.000	368.0	2797	5370	2573		2573	供＜需
	浊漳河北源	6129	1580	126.0	472.0	3951	5050	1099		1099	
	浊漳河干流	12990	5275	423.0	852.0	6440	10730	4290		4290	
	浊漳合计	65280	22410	955.0	6067	35850	28130	−7720	10600	−18320	

清漳河子流域 50%、75%和 95%三个年型下，基本方案和强化方案满足下泄水量要求，水资源供需状况为供大于求。

浊漳河子流域 50%年型下，只有 2020 年强化方案满足下泄水量要求，水资源供需状况为供大于求，其他水平年基本方案和强化方案及 75%和 95%年型下不能满足下泄水量要求，水资源供需状况为供不应求，且供需矛盾逐年加剧。

5.1.3 多水源联合调配模型

水资源优化配置的模型一般可分为两大类：第一类为优化模型，这类模型能找出问题的最优解，但是对于复杂的水资源系统，优化模型的描述不可能恰如其分，在一定程度上存在建模、求解难度大的问题，而且目前水资源系统问题的研究不再一味地追求“解”的最优性，而逐渐重视方案的满意程度；第二类为模拟模型，该模型是基于系统仿真原理的模拟方法，根据水资源系统可能出现的各种运行工况（即调控规则），选择关键调控参数，建立模型，在计算机上通过大量的模拟试验，从中找出决策者满意的水资源调配方案。这种模型计算简单，不存在维数灾，但计算工作量大，要通过许多次的模拟试验才能获得满意解，适用于求解复杂条件下的水资源配置问题。

对于上游地区水资源系统而言，是涉及多个子流域、上下游的多用户复杂系统，对于某一水平年（平水年 $P=50\%$、枯水年 $P=75\%$、特枯年 $P=95\%$），在系统水资源模拟基础上，根据水量平衡初步分析结果，建立优化配置模型，解决水资源最优调配问题，获得满足实际需要的配置方案。

5.1.3.1　供大于求情况下水资源优化配置

1. 数学模型

在水资源供大于求条件下，水资源配置的主要目标是在满足区域内各部门用水需求前提下尽量减少地下水利用量，且各子流域地下水利用率尽量平衡。水资源配置目标为地下水综合利用率最小，目标函数为

$$\min G=\sum_{k=1}^{K}w_k g_k=\sum_{k=1}^{K}w_k\left(\frac{Dq_k}{Dv_k}\right)^v \tag{5.5}$$

式中：G 为流域地下水综合利用率；g_k 为子流域 k 地下水利用率；w_k 为子流域 k 的权重系数，根据子流域的重要性以及现状地下水开采情况确定；Dq_k 为子流域 k 地下水利用量；Dv_k 为子流域 k 地下水可开采量。

2. 求解方法

（1）对各子流域当地水源（不包括地下水）进行配置。根据子流域实际工程条件，对各子流域的当地水源（不包括地下水）进行配置，见图5.1。可求得各子流域各用水部门的当地水源（各类回用水、当地地表径流等）供水量。

（2）求解子流域 k（$k=1$，2，…，K）目标值与关联变量的关系。将子流域 k 的过境水量 R_k 离散化为 N 个点，得到 r_{kn}（$n=1$，2，…，N）。

计算子流域 k 地下水利用量 Dq_{kn}（$n=1$，2，…，N）：

$$Dq_{kn}=\begin{cases}\min\left\{\sum_{j=1}^{4}d_{kj}-(H_k+J_k+r_{kn}),Dv_k\right\} & \left(\sum_{j=1}^{4}d_{kj}>H_k+J_k+r_{kn}\right)\\ 0 & \left(\sum_{j=1}^{4}d_{kj}\leqslant H_k+J_k+r_{kn}\right)\end{cases} \tag{5.6}$$

式中：d_{kj} 为子流域 k 部门 j 需水量；H_k 各类回归水利用量；J_k 为子流域 k 当地地表径流利用量。

计算子流域 k 的目标函数 g_{kn}：

$$g_{kn}=\frac{Dq_{kn}}{Dv_k}\qquad(n=1,2,\cdots,N) \tag{5.7}$$

对子流域 k 而言，得到目标值 g_{kn} 与关联变量 r_{kn} 的 N 组数据。假定它们为 l 次多项式关系，应用回归技术对参数（$a_{k,0}$，$a_{k,1}$，$a_{k,2}$，…，$a_{k,l}$）进行估计，可求得如下的多项式回归方程：

$$g_k=a_{k,0}+a_{k,1}r_k+a_{k,2}r_k^2+\cdots+a_{k,l}r_k^l \tag{5.8}$$

（3）根据 g_k-r_k 关系，利用动态规划算法求解各子流域过境水量利用量。

1）阶段变量：以子流域 k（$k=1$，2，…，K）作为阶段变量。

2）状态变量：以可用于分配给子流域至子流域 K 的过境水量作为状态变量，用 Q_k 表示，$k=1$，2，…，K。

3）决策变量：以过境水量对子流域 k 供水量作为决策变量，用 V_k 表示，$k=1$，2，

…，K。

4）系统方程即状态转移方程：

$$Q_{k+1}=Q_k-V_k \tag{5.9}$$

5）供水量约束：

$$\begin{cases}0\leqslant Q_k\leqslant G_k\\0\leqslant V_k\leqslant Q_k\\V_k\leqslant DQ_k\\V_k\leqslant VG_k\end{cases}\quad(k=1,2,\cdots,K) \tag{5.10}$$

式中：G_k、VG_k、DQ_k 分别为子流域 k 过境水总量、引水能力和许可取水总量。

6）初始条件：

$$Q_1=\min(G_k,VG_k) \tag{5.11}$$

7）递推方程：采用顺序决策方法计算，递推方程为

$$g_k^*(Q_k)=\begin{cases}\min\{g_k(V_k)+g_{k+1}^*(Q_k-V_k)\} & (k=1,2,\cdots,K-1)\\\min\{g_K(V_K)\} & (k=K)\end{cases} \tag{5.12}$$

式中：$g_{k+1}^*(Q_k-V_k)$ 为当前状态为 Q_k、决策为 V_k 时，其余留阶段（$k+1\sim K$ 阶段）的最优效益；最优决策变量 V_k（$k=1$，2，…，K）即为过境水源向各子区的最优供水量，同时亦得到相应的子区 k 地下水配置方案 qd_{kj}。

5.1.3.2 供不应求情况下的水资源优化配置

1. 目标函数

在区域水资源有限的情况下，水资源配置的目标是区域综合缺水率最小，一方面保证各子流域水资源分配的公平性，另一方面促进各子流域用水户节约用水。根据用户水质要求和水利工程条件，首先对各子流域当地水源进行分配，在此基础上，进行过境水分配。配置目标函数如下。

（1）目标Ⅰ：社会目标。社会目标是一个很难度量的目标，在可持续发展理论中也没有给出一个确切的度量方法，针对漳河流域水资源面临的主要问题，将综合缺水量最小作为社会目标，即

$$\begin{aligned}\min f_1&=\sum_{k=1}^{K}\sum_{j=1}^{4}(d_k^j-x_k^j)\\&=\sum_{k=1}^{K}(d_k^i-x_k^i+d_k^a-x_k^a+d_k^d-x_k^d+d_k^e-x_k^e)\end{aligned} \tag{5.13}$$

式中：d_k^j 为子流域 k 用户 j 的需水量，其中 d_k^i、d_k^a、d_k^d、d_k^e 分别为第二和第三产业、第一产业、生活、河道外生态环境需水量。

（2）目标Ⅱ：经济目标。经济的发展是区域可持续发展的核心，描述区域经济发展的首要指标是国内生产总值（GDP），因此水资源分配的一个最重要的目标是供水经济效益最大，表示为

$$\max f_2=\sum_{k=1}^{K}\sum_{j=1}^{4}(b_k^jx_k^j)=\sum_{k=1}^{K}(b_k^ix_k^i+b_k^ax_k^a+b_k^dx_k^d+b_k^ex_k^e) \tag{5.14}$$

式中：x_k^j 为子流域 k 用户 j 的配置水量；b_k^j 为子流域 k 用户 j 的供水综合效益系数，其

中，b_k^i、b_k^a、b_k^d 和 b_k^e 分别为第二和第三产业、第一产业、生活和生态环境用水效益系数。

第二和第三产业用水效益系数 b_k^i 取第二和第三产业用水定额倒数，第一产业用水效益系数按灌溉后农业增产效益乘以水利分摊系数确定，生活用水和生态用水效益一般难以量化，但与人民群众生活息息相关，效益系数应赋予较大值。第二和第三产业、第一产业、生活和生态环境用水效益系数分别取 $b_k^i=500$ 元/m³，$b_k^a=0.5$ 元/m³，$b_k^d=2.5$ 元/m³，$b_k^e=2.5$ 元/m³。

（3）目标Ⅲ：环境目标。在区域经济发展的同时，必须要重视环境的保护和改善，污水排放量不仅与生产有关，而且还与生活有关，污水排放量将直接影响区域生态环境和居民的生活环境。因此，将污水排放量最小作为环境目标，表示为

$$\min f_3 = \sum_{k=1}^{K}\sum_{j=1}^{4}(p_k^j x_k^j) = \sum_{k=1}^{K}(p_k^i x_k^i + p_k^d x_k^d) \tag{5.15}$$

式中：p_k^j 为子流域 k 用户 j 的污水综合排放系数；p_k^i、p_k^d 分别为子流域 k 第二和第三产业、生活污水排放系数，取 $p_k^i=0.8$，$p_k^d=0.43$。

2. 约束条件

（1）过境水供水量约束：

$$\begin{cases} \sum_{j=1}^{4} x_k^j \leqslant EG_k \\ \sum_{j=1}^{4} x_k^j \leqslant WG_k \\ \sum_{j=1}^{4} x_k^j \leqslant DG_k \end{cases} \tag{5.16}$$

式中：EG_k 为过境水向子流域 k 的工程供水能力；WG_k 为子流域 k 的过境水水资源可利用量；DG_k 为子区 k 过境水许可取水总量。

（2）水量平衡约束：

$$R_5 = \sum_{k=1}^{3}\left(R_k - \sum_{j=1}^{4} x_k^j\right) + I_5 \tag{5.17}$$

$$R_6 = R_4 - \sum_{j=1}^{4} x_4^j + G_5 - \sum_{j=1}^{4} x_5^j + I_6 \tag{5.18}$$

式中：R_k 为子流域 k 过境水量；I_k 为子流域 k 区间入流量。

（3）河道内生态环境需水量约束：

$$R_k + I_k \geqslant H_k \tag{5.19}$$

式中：H_k 为子流域 k 河道内生态环境需水量。

（4）用户需水量约束：

$$D_{dk}^j \leqslant x_k^j + Y_k^j \leqslant D_{uk}^j \tag{5.20}$$

式中：Y_k^j 为子流域 k 用户 j 当地水源供水量之和，包括各类回用水、当地径流和地下水；D_{uk}^j 为子流域 k 用户 j 的需水量，即为各典型年各规划年的需水量；D_{dk}^j 为子流域 k 用户 j 的最小需水量，在枯水年份为了降低供水量、提高各类用水效率，对各类用水进行适当调控，并保证各类用户最基本用水保证率（即最小需水量计算系数），按 D_{uk}^j 的一定比例计

算，见表5.6。

表5.6 最小需水量系数

用水户	不同水平年的用水保证率/%	
	平水年、枯水年（$P=50\%$，$P=75\%$）	特枯年（$P=95\%$）
生活需水	90	85
第二、第三产业需水	80	70
第一产业需水	70	60
生态环境需水	50	50

（5）政策约束。根据《清漳河水资源配置方案》和《浊漳河水量分配方案》，清漳河刘家庄控制断面和浊漳河侯壁控制断面要求一定的下泄水量，即

$$R_5 \geqslant r_5 \tag{5.21}$$

$$R_6 \geqslant r_6 \tag{5.22}$$

式中：r_5、r_6 分别为刘家庄断面和侯壁断面下泄水量要求，不同水平年下泄水量要求见表5.7。

表5.7 清漳河、浊漳河下泄水量要求

控制断面		不同水平年的下泄水量/亿 m^3		
		$P=50\%$	$P=75\%$	$P=95\%$
清漳河刘家庄		1.220	0.630	0.460
浊漳河侯壁	现状年	4.330	2.560	1.450
	2020年	3.240	2.150	1.100
	2030年	3.120	2.070	1.060

（6）非负约束：

$$x_k^j \geqslant 0 \tag{5.23}$$

3. 求解方法

多目标模型的求解方法大体可分为评价函数法和交互规划法两大类。

评价函数法的基本思想是构造一个把多个目标转化为一个数值目标的复合函数（即评价函数），求评价函数的最优解。该方法的主要局限性为：评价函数一般较粗糙，难以精确地描述其要预先给出的目标。评价函数法需要一开始就给出全部评价信息，很多情况下评价信息只能在实际计算过程中逐步给出。

交互规划法国际上从20世纪70年代提出，用于求解多目标最优化问题。所谓交互式多目标决策方法是指：决策者逐步宣布其偏好并与分析者多次对话，分析阶段和决策阶段相结合反复交替进行求解，以获得满意解的一种多目标决策方法。与评价函数法相比，交互式多目标决策方法之所以受到人们的广泛关注，原因主要有：①该类方法避免了评价函数难以确定的弊病，即该方法不需要预先知道决策者的偏好结构；②由于决策者参与整个决策过程，会使决策者对所面临的问题有更深入的了解，决策者可以在分析者对话的过程中，逐步修正其偏好，最后求得的解最能满足决策者的要求。

本书采用交互式多目标决策中的逐步宽容约束法来进行多目标的求解。逐步宽容约束法最早是由R. Benayoun于1971年提出的，求解过程包括分析和决策两个阶段。在分析阶段，分析者按理想点法对模型求解，把得到的解所对应的一组参考目标值和问题的一组理想目标值一起提供给决策者参考；在决策阶段，决策者在比较由分析阶段求得一组参考目标值和理想目标值的基础上，对已满意的目标给出使其目标值作出让步的宽容量，以换取使不满意目标得到改善，再把这些信息提供给分析者继续求解。如此反复进行，逐步以满意目标的宽容让步换取不满意目标的改善，最后求得决策者对各目标均满意的解。

5.1.4　水资源优化配置方案

水资源配置方案拟定的目的是在可行条件下提出水资源合理配置方案集，从而得到解决问题的具体措施和综合方案。在水资源及其开发利用调查评价成果的基础上，分析未来水资源开发利用的可能潜力以及最小的生态环境需水要求，以合理抑制各类需求、有效增加供水、积极保护生态环境等措施的组合为分析方案，根据公平、高效和可持续的原则对各种分析方案的结果及其影响进行分析比较，提出水资源合理配置的推荐方案。

对于供大于求的情况，采用地下水综合利用率最小为配置目标；对于供不应求的情况，以社会、经济和环境为目标，按照单目标（社会目标）以及三目标（社会目标、经济目标和环境目标）逐步宽容约束的方案进行配置。得出30套上游地区不同水平年（现状2010年、近期2020年、远期2030年）水资源优化配置方案（附录1）。

5.2　重点区域水资源优化配置

5.2.1　配置依据、原则、目标及情景设计

5.2.1.1　配置依据

由于重点区域（子流域6）地处三省交界，行政关系比较复杂，用水矛盾尖锐。历史上关于重点区域的水量分配问题进行过多次研究，形成了一些研究成果并以制度化的形式确定下来，包括：①1989年国务院国发〔1989〕42号文件批准的《漳河水量分配方案》；②1997年水利部批复的《漳河流域侯壁、匡门口至观台河段治理规划》。

此外，配置依据还包括海河流域及有关省级行政区政府国民经济“十二五”发展规划、相关省的用水定额标准；水资源公报、国民经济统计年鉴和其他相关法规及地方性法规。

5.2.1.2　配置原则

整体配置以体现公平、总量控制、追求效率为分配原则。以人为本，共同发展，充分考虑流域与行政区域自然资源、经济发展潜力和水资源条件。

坚持尊重历史、面对现实、着眼未来的原则。充分考虑供用水历史和现状、未来发展的供水能力和用水需求、节水型社会建设的要求，解决跨界区域用水冲突。

沿河分区及河道生态环境用水实行以需定供的分配原则。四大灌区尊重水资源开发利

用历史，实行供需结合、体现用水效率的分配原则。

在供水次序上，首先满足当地居民生活用水，其次是现有农业和工业用水，然后是新增的工业用水。水力发电要服从以上供水要求，保证河道有一定的基流。所以水资源分配优先级从高到低依次为：沿河分区用水、河道生态环境用水、四大灌区用水。

5.2.1.3　配置目标

水资源配置模型通常有下列几种目标函数：经济效益最大、水损失量最小、生态环境用水量最大、供水优先等。根据重点区域跨越不同行政区域、水资源短缺导致区域内用水矛盾尖锐的实际状况，单纯选取经济效益最大、水损失量最小或者生态环境用水量最大作为配置目标都不合适。根据配置原则，水资源配置的目标之一是根据各个分区水量分配公平性原则，选择分区之间相对缺水量差别最小作为最基本的运行目标，即抽取任意独个分区与其他分区在各个灌溉时段之间的相对缺水量之差绝对值的平均值最小。

此外，2011年《中共中央国务院关于加快水利改革发展的决定》，全面深刻阐述了新形势下水利的战略地位，将水利提升到关系经济、生态、国家安全的战略高度，明确要求实行最严格水资源管理制度。2012年国务院发布了《关于实行最严格水资源管理制度的意见》，对实行该制度作出了全面部署和具体安排。这两个文件是指导当前和今后一个时期我国落实最严格水资源管理制度十分重要的纲领性文件，为落实最严格水资源管理制度提出了新要求。在这种大的政策环境背景下，水资源配置模型中将实现最严格水资源管理制度的三条红线（在本书中主要为总量控制红线和效率红线）也作为重点区域的水资源配置的目标。

因此，水资源配置目标可以表述为：在总量控制下的公平配置目标，及在公平配置基础上实现水资源利用效率的配置目标。

5.2.1.4　水资源配置情景设计

水资源配置是在保障流域或区域生态和环境安全的前提下，满足人类基本生活和生产的基础上，将有限的水资源的数量和质量根据需水对象的要求在流域或区域内进行时间和空间的一个分配过程。水资源配置的核心任务是提出不同供水、需水情景组合下各个分区的分配水量。

未来的水资源系统具有不确定性，表现为河川径流的不确定和工农业等需水过程的不确定。对于不确定问题的研究，通常是寻找影响系统不确定的因素，运用数理统计方法解决。但由于影响水资源系统的因素比较复杂，而且相互之间又有较强的关联性，要准确描述水资源系统的不确定性难度较大。为便于操作，从水资源的供需角度出发，设置了几种表达未来水资源系统的情景，通过对这些特定情景的水量分配，服务于水资源管理。根据在总量控制下的公平配置目标以及在公平配置基础上实现水资源利用效率的配置目标，将水资源配置情景划分为基本配置情景和扩展配置情景，相应的水资源配置模型分为基本模型和扩展模型。

重点区域的用水矛盾主要集中在灌溉季节。

本书将水资源配置情景设置为基本情景（B）、节水激励政策情景（ES）和水权交易政策情景（EE）。

（1）在社会经济发展水平方面，选择2010年作为现状水平年，2020年作为中期规划水平年，2030 年作为远期规划水平年。

（2）在来水保证率方面，选择平水年、枯水年和特枯年 3 种来水条件，分别对应来水频率 50%、75%和 95%。

（3）在节水水平方面，选择现状节水和新增节水 10%两种水平。

在三种情景中，平水年的配置方案以月为配置时段；枯水年和特枯年，给出灌溉期的水资源配置方案。

重点区域的水资源配置情景见表 5.8～表 5.10。

表 5.8　　基本模型水资源调配情景

序号	情景编号	现状/规划水平年	来水条件	需水状况
1	B-1	2010	平水年	现状节水
2	B-2	2010	枯水年	现状节水
3	B-3	2010	特枯年	现状节水
4	B-4	2010	平水年	节水增加 10%
5	B-5	2010	枯水年	节水增加 10%
6	B-6	2010	特枯年	节水增加 10%
7	B-7	2020	平水年	现状节水
8	B-8	2020	枯水年	现状节水
9	B-9	2020	特枯年	现状节水
10	B-10	2020	平水年	节水增加 10%
11	B-11	2020	枯水年	节水增加 10%
12	B-12	2020	特枯年	节水增加 10%
13	B-13	2030	平水年	现状节水
14	B-14	2030	枯水年	现状节水
15	B-15	2030	特枯年	现状节水
16	B-16	2030	平水年	节水增加 10%
17	B-17	2030	枯水年	节水增加 10%
18	B-18	2030	特枯年	节水增加 10%

表 5.9　　节水激励模型水资源调配情景

序号	情景编号	现状/规划水平年	来水条件	需水状况
1	ES-1	2010	平水年	现状节水
2	ES-2	2010	枯水年	现状节水
3	ES—3	2010	特枯年	现状节水
4	ES-4	2010	平水年	节水增加 10%
5	ES-5	2010	枯水年	节水增加 10%
6	ES-6	2010	特枯年	节水增加 10%
7	ES-7	2020	平水年	现状节水

续表

序号	情景编号	现状/规划水平年	来水条件	需水状况
8	ES-8	2020	枯水年	现状节水
9	ES-9	2020	特枯年	现状节水
10	ES-10	2020	平水年	节水增加10%
11	ES-11	2020	枯水年	节水增加10%
12	ES-12	2020	特枯年	节水增加10%
13	ES-13	2030	平水年	现状节水
14	ES-14	2030	枯水年	现状节水
15	ES-15	2030	特枯年	现状节水
16	ES-16	2030	平水年	节水增加10%
17	ES-17	2030	枯水年	节水增加10%
18	ES-18	2030	特枯年	节水增加10%

表5.10　水权交易模型水资源调配情景表

序号	情景编号	现状/规划水平年	来水条件	需水状况
1	EE-1	2010	平水年	现状节水
2	EE-2	2010	枯水年	现状节水
3	EE-3	2010	特枯年	现状节水
4	EE-4	2010	平水年	节水增加10%
5	EE-5	2010	枯水年	节水增加10%
6	EE-6	2010	特枯年	节水增加10%
7	EE-7	2020	平水年	现状节水
8	EE-8	2020	枯水年	现状节水
9	EE-9	2020	特枯年	现状节水
10	EE-10	2020	平水年	节水增加10%
11	EE-11	2020	枯水年	节水增加10%
12	EE-12	2020	特枯年	节水增加10%
13	EE-13	2030	平水年	现状节水
14	EE-14	2030	枯水年	现状节水
15	EE-15	2030	特枯年	现状节水
16	EE-16	2030	平水年	节水增加10%
17	EE-17	2030	枯水年	节水增加10%
18	EE-18	2030	特枯年	节水增加10%

5.2.2 水资源配置模型

5.2.2.1 基本模型：水资源公平配置

1. 目标函数

水量分配根据各个分区水量分配公平性原则，选择分区之间相对缺水量差别最小作为

最基本的运行目标，即抽取任意独个分区与其他分区在各个灌溉时段之间的相对缺水量之差绝对值的平均值最小，其函数的形式为

$$\min \frac{1}{T}\sum_{t=1}^{T}\left[\frac{1}{KDS(t)}\sum_{k=1}^{K-1}\sum_{k'=k+1}^{K}\left|\frac{S^k(t)}{D^k(t)}-\frac{S^{k'}(t)}{D^{k'}(t)}\right|\right]DS(t)=\sum_{k=1}^{K}\frac{S^k(t)}{D^k(t)} \tag{5.24}$$

式中：$S^k(t)$ 为 k 区第 t 时段内的分配水量；$D^k(t)$ 为 k 区第 t 时段内需求水量；$S^{k'}(t)$ 为 k' 区第 t 时段内的分配水量；$D^{k'}(t)$ 为 k' 区第 t 时段内的需求水量；K 为重点区域水资源系统总分区数；T 为重点区域水资源系统总时段数。

模型的目标函数中并没有考虑沿河村庄和四大灌区之间分水权限的差异问题，而是通过约束条件提高沿河各分区分水的优先权。

2. 约束条件

实施水资源合理配置，要尊重分配历史，统筹兼顾各个分区的发展机会，充分挖掘水资源利用效率，尽可能实现高水高用，防止效益搬家。因此，重点区域的水资源配置包括分水节点水量平衡约束、优先配水约束、需水量约束等。

（1）节点水量平衡方程。重点区域水资源分配是沿河进行配置，无任何可调节的水利工程，分水节点的输入和输出在各个时刻处于平衡状态，即输入节点的量与输出节点量相等。分水节点（对应图 4.3）水量平衡方程如下。

1）节点Ⅰ：

$$ZL(t)=S^1(t)+XW(t,1) \tag{5.25}$$

式中：$ZL(t)$ 为第 t 时段内浊漳河侯壁断面的河道来水量；$S^1(t)$ 为 1 分区第 t 时段内的分配水量；$XW(t,1)$ 为第 t 时段侯壁断面向下游的排泄水量。

2）节点Ⅱ：

$$XW(t,1)+QW^5(t)=(1-\gamma)S^5(t)+XW(t,2) \tag{5.26}$$

式中：$QW^5(t)$ 为第 t 时段内浊漳河侯壁—三省桥的河道区间来水量；$S^5(t)$ 为 5 分区第 t 时段内的分配水量；$XW(t,2)$ 为第 t 时段三省桥断面向下游的排泄水量；γ 为沿河村庄用水回归系数；$XW(t,1)$ 含义同前。

3）节点Ⅲ：

$$XW(t,2)+QW^6(t)=S_1^3(t)+(1-\gamma)S^6(t)+S^2(t)+XW(t,3) \tag{5.27}$$

式中：$QW^6(t)$ 为第 t 时段内浊漳河三省桥—跃进渠渠首的河道区间来水量；$S^6(t)$ 为 6 分区第 t 时段内的分配水量；$S^2(t)$ 为 2 分区第 t 时段内的分配水量；$S_1^3(t)$ 为 3 分区第 t 时段内白芰渠的引水量；$XW(t,3)$ 为第 t 时段跃进渠渠首断面向下游的排泄水量；$XW(t,2)$、γ 含义同前。

4）节点Ⅳ：

$$QL(t)=XW(t,4) \tag{5.28}$$

式中：$QL(t)$ 为第 t 时段内清漳河刘家庄断面的河道来水量；$XW(t,4)$ 为第 t 时段刘家庄断面向下游的排泄水量。

5）节点Ⅴ：

$$XW(t,4)+QW^7(t)+S_1^3(t)=(1-\gamma)S^7(t)+S^3(t)+XW(t,5) \tag{5.29}$$

式中：$QW^7(t)$ 为第 t 时段内清漳河刘家庄—大跃峰渠渠首的河道区间来水量；$S^3(t)$ 为

3分区第t时段内的分配水量；$S^7(t)$为7分区第t时段内的分配水量；$XW(t,5)$为第t时段大跃峰渠首断面向下游的排泄水量；$XW(t,4)$、$S_1^3(t)$、γ含义同前。

6）节点Ⅵ：

$$XW(t,3)+XW(t,5)+QW^8(t)=(1-\gamma)S^8(t)+S^4(t)+XW(t,6) \tag{5.30}$$

式中：$QW^8(t)$为第t时段内跃进渠首、大跃峰渠首—小跃峰的河道区间来水量；$S^4(t)$为4分区第t时段内的分配水量；$S^8(t)$为8分区第t时段内的分配水量；$XW(t,6)$为第t时段小跃峰渠首断面向下游的排泄水量；$XW(t,3)$、$XW(t,5)$、γ含义同前。

7）节点Ⅶ：

$$XW(t,6)+QW^9(t)=(1-\gamma)S^9(t)+XW(t,7) \tag{5.31}$$

式中：$QW^9(t)$为第t时段内漳河小跃峰渠首—观台的河道区间来水量；$S^9(t)$为9分区第t时段内的分配水量；$XW(t,7)$为第t时段内研究区向下游岳城水库的下泄水量；$XW(t,6)$、γ含义同前。

（2）分水规则约束：

$$S^k(t)=D^k(t) \quad (k=5,6,7,8,9) \tag{5.32}$$

$$S^k(t)=\lambda^k(t)\left[ZL(t)+QL(t)+\sum_{i=5}^{9}QW^i(t)-\sum_{k=5}^{9}(1-\gamma)S^k(t)-ST(t)\right](k=1,2,3,4) \tag{5.33}$$

$$\lambda^k(t,\min)\leqslant\lambda^k(t)\leqslant\lambda^k(t,\max) \tag{5.34}$$

式中：$\lambda^k(t)$为k分区第t时段内的水量分配系数；$\lambda^k(t,\min)$、$\lambda^k(t,\max)$分别为k分区第t时段的最小、最大水量分配系数；$ST(t)$为第t时段内的河道生态环境用水量；其他符号含义同前。

（3）需水量约束：

$$0\leqslant S^k(t)\leqslant D^k(t) \tag{5.35}$$

3. 模型参数分析

（1）$\lambda^k(t)$分析。根据2001—2007年资料，分析四大灌区在总水量中的最大和最小分配系数，见表5.11。

表5.11　四大灌区水资源分配系数特征值

灌区名称	分配系数	1月	2月	3月	4月	5月	6月	7月	8月	9月	10月	11月	12月
红旗渠	最小	0.16	0.18	0.14	0.10	0.02	0.20	0.12	0.22	0.14	0.15	0.19	0.15
	最大	0.30	0.28	0.35	0.40	0.45	0.56	0.46	0.42	0.36	0.35	0.70	0.42
	平均	0.24	0.24	0.25	0.29	0.26	0.35	0.28	0.32	0.24	0.23	0.24	0.24
跃进渠	最小	0	0	0	0	0	0	0	0	0	0	0	0
	最大	0.09	0.14	0.25	0.32	0.20	0.26	0.20	0.24	0.19	0.14	0.14	0.12
	平均	0.04	0.05	0.07	0.11	0.09	0.14	0.10	0.07	0.06	0.04	0.05	0.05
大跃峰渠	最小	0.48	0.48	0.30	0.17	0.27	0.20	0.39	0.31	0.36	0.45	0.48	0.48
	最大	0.74	0.72	0.60	0.37	0.47	0.54	0.61	0.63	0.73	0.76	0.70	0.69
	平均	0.61	0.56	0.44	0.33	0.36	0.35	0.47	0.51	0.54	0.60	0.62	0.55

续表

灌区名称	分配系数	1月	2月	3月	4月	5月	6月	7月	8月	9月	10月	11月	12月
小跃峰渠	最小	0	0	0.14	0.12	0.05	0.04	0	0	0	0	0	0.05
	最大	0.27	0.30	0.34	0.40	0.49	0.30	0.29	0.36	0.40	0.37	0.34	0.29
	平均	0.11	0.16	0.24	0.27	0.28	0.15	0.15	0.11	0.16	0.13	0.10	0.15

（2）γ分析。一般情况，在城市生活、工业和农业灌溉水资源利用中，城市生活和工业引用水量使用后均会有一定的水量排出；农业灌溉用水量也会产生一定的回归水量。选择资料较好的1998年、1999年和2000年，对浊漳河侯壁—三省桥区间、清漳河刘家庄—大跃峰、侯刘观区间进行区域水量平衡分析，分析不同行业利用地表水的回归系数。根据各分区的当地流量、用水量和实测径流量，分析回归水量和不同行业回归系数，沿河分区回归系数较大。经分析，沿河各分区生活和工业用水系数为0.5，农业用水系数为0.1；四大灌区地表径流回归河道不足0.1。因此，综合分析，沿河分区用水地表径流回归系数取$\gamma=0.12$。

5.2.2.2　扩展模型：效率思想下的水资源调配模型

重点区域的用水户可以分为两类：沿河村庄和四大灌区。在基本模型中，沿河村庄的用水是首先被满足的，实行以需定供的原则。而且，沿河村庄的用水户都是农户，比较分散，制度安排的效果不易显现。因此，扩展模型主要是针对四大灌区。

1. 扩展模型的配置目标

各灌区社会效益、经济效益的总效益最大化，同时政府通过节水制度安排和水权交易制度安排提高用水效率。

对于某一具体流域而言，水资源数量都是一定的，其承载的人口数量、经济规模、环境容量都是有限的。水资源冲突萌芽、发生、发展的过程中，政府作为社会秩序的维护者必然会采取一定的有效政策来解决冲突，政策的传导作用会使冲突中的用水主体改变自己的状态，从而影响冲突的发展过程。

政府的政策安排（IA），就是政府通过一个设计（g）将那些对个体和社会存续有意义的达成共识的行为规范（共享意义）过程化。

政府本身亦作为政策的需求方，理性的政策设计函数为

$$\max P=P(IA)=P[g(\lambda_1\varepsilon_1 Int_1+\lambda_2\varepsilon_2 Int_2+\cdots+\lambda_n\varepsilon_n Int_n+j)] \tag{5.36}$$

$$Sup=\sum_{i=1}^{n}\lambda_i\varepsilon_i Sup_i+Sup_{ext}(j) \tag{5.37}$$

式中：n为由于个体利益和意义体系的多元化，水资源冲突系统中代表各方利益的阶层个数；Int_i为每个阶层的利益诉求；系数λ_i为政府对各阶层利益诉求的满足程度，满足条件$\lambda_i\in[0,1]$，$\sum_{i=1}^{n}\lambda_i=1$；$\varepsilon_i$为信息传递系数，政府通过信息传递系数得知每个阶层的诉求，$\varepsilon_i\in[0,1]$；j为调整项，用于弥补那些信息传递系数过小的阶层利益诉求，是强互惠政府认为理应表达的公众共享意义。由于强互惠者的合法性必须得到来自用水主体和社会的认可，当政府违背社会所共识的行为规范时，其合法性的地位将会受到动摇，假设

政府所得到的支持必须要高于一个临界值 Sup_0，而 Sup_i 代表阶层 i 的利益完全得到满足时对政府的支持度，但由于 ε、λ 的存在，政府很难完全得到 Sup_i，当 ε、λ 任何一项为 0 时，政府就完全得不到阶层 i 的支持，因此从整体上看，政府得到的合法性支持为 $Sup = \sum_{i=1}^{n} \lambda_i \varepsilon_i Sup_i + Sup_{ext}(j)$，且 $Sup \geqslant Sup_0$。

政府政策设计的目标之一就是尽量满足各个阶层的共享意义的通常表达，即通过专门的强互惠锻炼使得 $\varepsilon_i \rightarrow 1$，$j \rightarrow 0$。所以，最理想的强互惠政府的政策设计可以最充分地表达所有阶层的利益诉求和共享意义，即该政策为 IA，对应的参数组为

$$\{\lambda_1 \varepsilon_1 Int_1, \lambda_2 \varepsilon_2 Int_2, \cdots, \lambda_n \varepsilon_n Int_n, j\} \qquad (\varepsilon_i = 1, j = 0)$$

政府在设计水资源冲突协调政策的目标包括两个方面：首先满足各灌区的利益诉求——期望用水利益最大化，实现水资源的优化合理分配，缓解灌区之间的矛盾，维护地区稳定；在满足灌区的利益诉求的前提下，促进地区经济发展，通过相应政策刺激灌区的节水行为，实现灌区的总效益最大化和全社会福利最大化。作为“经济人”的灌区，利益诉求是希望通过政策刺激实现自身用水效益最大化。

所以这个过程可以表示为

$$IA = g(Int_1, Int_2, Int_3, Int_4, j) = \max(\lambda_1 Int_1 + \lambda_2 Int_2 + \lambda_3 Int_3 + \lambda_4 Int_4) \tag{5.38}$$

$$\text{s. t.} \quad Int_1 \geqslant 0, Int_2 \geqslant 0, Int_3 \geqslant 0, Int_4 \geqslant 0 \tag{5.39}$$

式（5.38）为政府的利益诉求，λ_i 为灌区 i 的比例系数（$\lambda_i \in [0, 1]$，且 $\sum \lambda_i = 1$）；式（5.39）为约束条件，表示灌区 i 期望用水收益不能为负。

政府的最终目标是水资源与经济、社会和谐可持续发展，具体指包括社会效益、经济效益的总效益最大化。

（1）经济效益子目标 $f_i(x_i)$。直接采用各灌区创造的经济效益表示，函数表达式为

$$f_i(x_i) = (e_i - v_i) x_i \gamma_i \tag{5.40}$$

式中：e_i、v_i 分别为向灌区 i 供水的效益系数和成本系数；x_i 为向灌区 i 的供水量；γ_i 为灌区 i 的权重系数。

（2）社会效益子目标 g_i（x_i）。社会效益目标的量化比经济效益目标量化难操作，实际处理中通常用具体的指标来表示，政策设计的最终目的是解决水资源短缺问题，减少冲突的产生，从水量上反映就是缺水量达到最小，缺水量的程度直接影响到社会的发展和地区的稳定。可采用各灌区总缺水量最小来反映社会的效益，其函数表达式为

$$g_i(x_i) = D_i - x_i \tag{5.41}$$

式中：D_i 为灌区 i 的需水量；x_i 为灌区 i 的供水量（即分配量）。

（3）目标的集成。灌区 i 的总效益函数表示为

$$U_i(x_i) = \sigma_i f_i(x_i) + (1 - \sigma_i) g_i(x_i) \tag{5.42}$$

式中：σ_i 为经济效益在总效益中的权重；$1 - \sigma_i$ 为社会效益的权重。

（4）政策的效应作用受到很多因素的影响，从系统的每个环节进行分析，约束条件如下：

1）协调度约束。协调度是反映区域可持续发展的协调状态水平的指标，是对经济、社会发展水平和状态相互协调程度的度量。协调度越高，说明区域发展协调程度越高，处

于均衡发展水平；协调度越小，说明区域发展不协调，需要进行及时调整，用公式表示为

$$\mu=\sqrt{\mu_1(\phi_1)\mu_2(\phi_2)}\geqslant\mu^* \tag{5.43}$$

式中：ϕ_1 为区域的水资源利用与经济发展的比值；ϕ_2 为区域的水资源冲突事件改善程度与经济发展的比值；μ、μ^* 分别为区域协调度及其最低值；$\mu_1(\phi_1)$、$\mu_2(\phi_2)$ 分别为水资源利用与区域经济发展的协调度、水资源冲突事件与经济发展的协调度。

$$\mu_1(\phi_1)=\begin{cases}1 & (\phi_1\geqslant\phi_1^*)\\ \exp[-4(\phi_1-\phi_1^*)^2] & (\phi_1<\phi_1^*)\end{cases} \tag{5.44}$$

$$\mu_2(\phi_2)=\exp[-4(\phi_2-\phi_2{}^*)^2] \tag{5.45}$$

式中：ϕ_1^*、ϕ_2^* 分别为区域的水资源利用与经济发展的最佳比值及区域的水资源冲突改善程度与经济发展的最佳比值。

2）供水约束：

$$x_i\leqslant D_i \qquad (i=1,2) \tag{5.46}$$

3）变量非负约束：

$$x_i\geqslant 0 \tag{5.47}$$

假设最理想的政府政策可以最充分地表达各灌区的利益诉求，取 $\varepsilon_i=1$，$j=0$，λ_i 的取值假设由灌区的人口比例决定，即 $\lambda_i=\dfrac{P_i}{P_t}$，$P_i$、$P_t$ 分别为灌区 i 的人口数量和流域的总人数。

假设各灌区有相同的收益函数、成本函数，收益函数为单一的投入产出函数，只投入水资源这一种可变生产要素，收益函数表示为：$Q(w)=rw$，其中 $r>0$ 代表单位水资源收益；w 为实际使用的水量。

2. 节水激励模型

在我国水资源的开发利用过程中，先后经历了“开源为主，提倡节水”“开源与节流并重”“开源、节流与治污并重”几次战略的调整，把节水放到解决我国水资源缺乏的突出位置。节水是人水复合系统中的一个环节，通过节水来促进水资源优化配置，提供用水效益，节水甚至比开辟新水源更重要，通常是更经济的，这对解决缺水和加强节水能力建设起着关键性的作用，是贯彻落实“节水优先”原则的体现，是走节约资源型内涵式发展道路的体现。节水不仅是解决我国水资源匮乏、提高水资源开发利用效率、增强社会经济持续发展的潜力的客观需要，更是革新人们的用水观念和行为，选择低消耗、高产出、资源环境与社会经济和谐发展道路的生活生产方式的必然结果。

以往用水主体进行节水都是被动式的，节水激励作为一种机制，使用水主体开始主动节水，节水激励是利用价值规律，通过奖励节余水费的方式促使用水主体节约利用水资源，减少用水主体间的水资源冲突。当用水主体实际用水量少于目标用水量时，政府对用水主体的节余水量进行奖励，单位奖励额度为单位水价。则节水激励政策下灌区 i 的收益为

$$Int_i=r_iw_i-p_xw_i+p_x(x_i^*-w_i)-C_i \tag{5.48}$$

$$C_i=w_i\left(a+\frac{1}{2}bw_i\right)+Ap_x{}^{\alpha}K^{\beta} \tag{5.49}$$

式中：x_i^* 为目标用水量，假设根据历年的用水量和来水的可靠性决定；w_i 为灌区 i 的实际用水量；p_x 为灌区用水水价；C_i 为取水及节水成本；$a+\frac{1}{2}bw_i$ 代表单位供水成本，a 为取水的固定成本，b 为取水的变动成本系数；$Ap_x^{\alpha}K^{\beta}$ 代表节水的成本，α 为单位节水激励对节水成本的影响系数，K 为单位节水激励之外其他对节水成本有影响的因素，β 为其影响程度的系数，α，$\beta\in[0,1]$。

所以节水激励下的模型表达式为

$$\left.\begin{array}{l}\max\sum\limits_{i=1}^{4}\left\{\lambda_i\left\{[r_iw_i-p_xw_i+p_x(x_i^*-w_i)]-\right.\right.\\ \qquad\left.\left.\left[w_i\left(a_i+\frac{1}{2}b_iw_i\right)+A_ip_x{}^{\alpha_i}K^{\beta_i}\right]\right\}\right\}\\ \max[\sigma_1(e_1-v_1)x_1\gamma_1+(1-\sigma_1)(D_1-x_1)]\\ \max[\sigma_2(e_2-v_2)x_2\gamma_2+(1-\sigma_2)(D_2-x_2)]\\ \max[\sigma_3(e_3-v_4)x_3\gamma_3+(1-\sigma_3)(D_3-x_3)]\\ \max[\sigma_4(e_4-v_4)x_4\gamma_4+(1-\sigma_4)(D_4-x_4)]\end{array}\right\}\tag{5.50}$$

$$\text{s. t.}\quad\begin{cases}\mu=\sqrt{\mu_1(\phi_1)\mu_2(\phi_2)}\geqslant\mu^*\\ x_i\leqslant D_i\\ x_i\geqslant0\end{cases}\qquad(i=1,2,3,4)$$

式中：μ 为协调度参数。

3. 水权交易模型

水权交易是指通过市场机制来配置水权，并根据供求关系来调节水权需求的一种交易行为，以实现水权的合理化使用，实现水权的优化配置。从经济学的意义上讲，光靠行政手段进行水权初始分配不可能达到资源的最优配置，只有利用经济手段通过交易进行水资源的再分配，才能实现社会福利的最大化。水市场是水权交易活动与交易关系的总和，交易活动包括有正规交易场所的交易（场内交易）和非正式场所的交易（场外交易）两种水权交易活动；而交易关系包括交易主体、交易客体、交易方式或交易规则等方面。本书所研究的水权交易主要是初始水权分配完成后，用水主体可以根据手中的余缺水量进行交易，即狭义上的水权交易。

自由的水权交易政策可以实现水资源的优化配置，引导有剩余水资源的主体转移其到缺水主体手中，对水资源较为充足地区的低效率、过量用水产生利益约束，用水主体采用节水技术，把节约的水有偿地转让给水资源紧缺地区，同时转让者也可以把转让水权获得的收入用于先进节水技术的采用上或生活的改善上，提高了双方的用水效率，得到更大的利润。同时促进了地区间的水资源交易和重组，有效地改变了流域缺水与浪费并存的现象，平衡了用水，保证了水资源在生态、生产和生活领域的合理配置。通过水权交易，提高了单位用水效益，改变用水主体的用水观念和用水方式等。

当前，我国的水市场还只是一个准市场，既不同于“行政配置”，又不同于“完全市场”，它由“政治民主协商政策”和“利益补偿机制”等辅助机制来保障，以协调地方利益分配，同时兼顾优化流域水资源配置和缩小地区差距、保障农民利益为目标的一种机制。

自由的水权交易必然导致严重的负外部性，这是由市场机制先天的缺陷及水资源的特殊性决定的。政府作为流域水资源的所有者——天生的强互惠者，有权利激励高效的水权交易及惩罚水权交易中的卸责行为，从而纠正水权市场可能出现的“失灵”，保障流域水权交易的健康运作。强互惠政府则可以通过规范双方的交易行为来刺激用水主体的节水行为，增加水市场上的交易量，从而缓解缺水地区的用水冲突和过激行为。

各个灌区因初始分配水量不同、用水效率有所差别等原因，分为丰水灌区 i 和缺水灌区 j 两类。在这种情况下：

$$Int_i=r_i(x_i-x')-p_x x_i+p'x'-C'_i \tag{5.51}$$

$$Int_j=r_j(x_j+x')-p_x x_j-p'x'-C'_j \tag{5.52}$$

式中：x_i、x_j 分别为政府向丰水灌区和缺水灌区的供水量；x'为水权交易中的水量；p'为水权交易的价格；C'为水权交易成本，本书取 $C'=\rho x'^2$，$\rho\in[0，1]$ 代表交易过程中付出的成本系数。

将 $C'=\rho x'^2$ 代入式（5.51）和式（5.52），得

$$Int_i=r_i(x_i-x')-p_x x_i+p'x'-\rho_i x'^2 \tag{5.53}$$

$$Int_j=r_j(x_j+x')-p_x x_j-p'x'-\rho_j x'^2 \tag{5.54}$$

由三个目标函数及各种约束条件组合在一起就构成了跨界水资源冲突协调政策设计的总模型，表达式为

$$\left.\begin{aligned}&\max\{\lambda_i[r_i(x_i-x')-p_x x_i+p'x'-\rho_i x'^2]+\\&\quad\lambda_j[r_j(x_j+x')-p_x x_j-p'x'-\rho_j x'^2]\}\\&\max[\sigma_1(e_1-v_1)x_1\gamma_1+(1-\sigma_1)(D_1-x_1)]\\&\max[\sigma_2(e_2-v_2)x_2\gamma_2+(1-\sigma_2)(D_2-x_2)]\\&\max[\sigma_3(e_3-v_3)x_3\gamma_3+(1-\sigma_3)(D_3-x_3)]\\&\max[\sigma_4(e_4-v_4)x_4\gamma_4+(1-\sigma_4)(D_4-x_4)]\end{aligned}\right\} \tag{5.55}$$

$$\text{s.t.}\quad\begin{cases}\mu=\sqrt{\mu(\phi_1)\mu(\phi_2)}\geqslant\mu^*\\x_i\leqslant D_i\\x_i\geqslant 0\end{cases}\qquad(i=1,2,3,4)$$

4．节水激励模型与水权交易模型参数

（1）目标函数权重 ε_i、灌区权重 λ_i 和经济效益在总效益中的权重 σ_i。分别对节水激励下和水权交易下的系统模型的 5 个目标函数赋予权重 ε_1、ε_2、ε_3、ε_4、ε_5，权重表示每个目标对整个系统而言的重要性程度。采用二元对比法来确定目标的权重系数：$\varepsilon_1=0.6$，$\varepsilon_2=0.1$，$\varepsilon_3=0.1$，$\varepsilon_4=0.1$，$\varepsilon_5=0.1$；灌区间权重 $\lambda_1=\lambda_2=\lambda_3=\lambda_4=0.25$；经济效益在总效益中的权重 $\sigma_1=\sigma_2=\sigma_3=\sigma_4=0.5$。

（2）效益系数 e_i、成本系数 v_i 和节水激励额度 p_x。效益系数一般都难以定量化，根据水资源的用途不同及优先次序来确定，保证优先满足生活用水的前提下兼顾农业灌溉用水和生态用水。成本系数应综合考虑居民生活用水、农业用水的价格。节水激励额度与当地水价相关。效益系数都取 300 元/m^3，成本系数全部取 3 元/m^3，奖励额度全部取 3.5 元/m^3。

(3) 实际用水量 w_i。由于社会经济的发展和城乡居民生活条件的改善，实际用水量呈现增长的趋势。但由于节水激励和水权交易政策的影响，实际用水量有所改变，将政策的影响系数记为 θ，所以实际用水量 w_i 的表达式为

$$w_i=\theta x_i-d \tag{5.56}$$

式中：d 为供水过程中的损失量，包括用水效率低的损失和各种情况的损耗。暂不考虑因蒸发等因素造成的水量损失。

(4) 单位水资源收益 r_i 和目标用水量 x_i^*。单位水资源收益为每立方米水带来的收益值，可通过 GDP 和实际用水量得出，取

$$r_i=\frac{\mathrm{GDP}_i}{x_i} \tag{5.57}$$

目标用水量 x_i^* 根据历年的用水量和来水的可靠性决定，可取历年用水量的平均值和规划年供水的丰富程度之积，用公式表示为

$$x_i^*=\frac{x_i}{x_0}\overline{x} \tag{5.58}$$

式中：x_0 为基准年的分水量；$\overline{x}$为用水户 i 历年用水量的平均值。

(5) 取水及节水成本 C_i 中的系数。取水成本中，a 为取水的固定成本，b 为取水的变动成本系数；$Ap_x^{\alpha}K^{\beta}$ 为节水的成本，α 为单位节水激励对节水成本的影响程度；K 为单位节水激励之外其他对节水成本有影响的因素。

(6) 水权交易量 x'及交易价格 p'。水权交易的水量一般通过节水得到的水量，主要由政府来分配。交易价格通过各相关利益主体协商所得，为便于协商交易价格，应遵守一些原则。

1) 分类定价原则。根据调水的用途不同，分为农业灌溉交易价格与非农业灌溉交易价格，本书只考虑农业灌溉交易。

2) 高于统管河段供水水价的原则。稀缺价高，体现了调水水价的性质和资源配置的特点，交易价格应以该区域现阶段执行的水价为参照价格，根据稀缺性适当调高该区域现行水价。

5.2.3 水资源优化配置方案

1. 基本模型下沿河区域水量配置方案

沿河区域的用水需求应优先充分满足，即对沿河的 5、6、7、8、9 分区，配水量等于其需水量。其需水量分为现状年现状节水条件、现状年新增节水 10%、规划年（近期）维持现状节水条件、规划年（近期）新增节水 10%、规划年（远期）维持现状节水条件、规划年（远期）新增节水 10%等 6 种情况。沿河区域水量按此 6 种情况的基本模型进行配置（附录 2）。

2. 四大灌区水量配置方案

由于沿河区域的用水需求应优先充分满足，即对沿河的 5、6、7、8、9 分区，配水量等于其需水量，因此四大灌区的可分配水量是满足了沿河区域的用水需求（包括河道生态用水）以后的剩余水量，可分配水量分为平水年来水与现状年需水、平水年来水与规划年

2020 年需水、平水年来水与规划年 2030 年需水、枯水年来水与现状年需水、枯水年来水和规划年 2020 年需水、枯水年来水和规划年 2030 年需水、特枯年来水和现状年需水、特枯年来水和规划年 2020 年需水、特枯年来水和规划年 2030 年需水等 9 种情况按现状节水和新增节水 10%分别进行计算，见表 5.12。

表 5.12　四大灌区可分配水量　　单位：万 m^3

现状/规划水平年	典型年	节水状况	侯壁来水	刘家庄来水	区间产水	沿河净用水	河道生态用水	可分配水量
2010	P=50%	现状节水	40420	9582	17360	10220	17800	39340
		新增节水 10%	40420	9582	17360	9202	17800	40360
	P=75%	现状节水	29320	7615	14480	10220	17800	23400
		新增节水 10%	29320	7615	14480	9202	17800	24410
	P=95%	现状节水	17710	7285	12040	10220	15600	11220
		新增节水 10%	17710	7285	12040	9202	16020	11810
2020	P=50%	现状节水	40420	9582	17360	8290	17800	41270
		新增节水 10%	40420	9582	17360	7461	17800	42100
	P=75%	现状节水	29320	7615	14480	8290	17800	25330
		新增节水 10%	29320	7615	14480	7461	17800	26150
	P=95%	现状节水	17710	7285	12040	8290	16740	12010
		新增节水 10%	17710	7285	12040	7461	17040	12530
2030	P=50%	现状节水	40420	9582	17360	8298	17800	41260
		新增节水 10%	40420	9582	17360	7469	17800	42090
	P=75%	现状节水	29320	7615	14480	8298	17800	25320
		新增节水 10%	29320	7615	14480	7469	17800	26150
	P=95%	现状节水	17710	7285	12040	8298	16740	12000
		新增节水 10%	17710	7285	12040	7469	17030	12540

根据不同情景下四大灌区的可分配水量计算结果，基本模型下四大灌区水量配置按照模型式（5.24）～式（5.35）计算 18 种情景的水量分配方案（附录 3），节水激励模型下四大灌区水量配置按照模型式（5.50）计算政府节水激励政策下的 18 种情景的水量分配方案（附录 4），水权交易模型下四大灌区水量配置按照模型式（5.55）计算政府水权交易政策下的 18 种情景的水量分配方案（附录 5）。

第6章 结论与展望

6.1 主要研究结论

漳河流域降水量年际变化总体呈微弱减少趋势，空间分布不均。通过全流域83个雨量站近60年降水资料分析，年降水量序列总体呈微弱减少趋势，变化倾向率在9.0～11.5mm/10a之间；年际变化较大，极值比在2.5～3.0之间；20世纪60—70年代降水量呈下降趋势，80—90年代为低值区，进入21世纪又呈上升趋势；降水量空间分布不均，区域性降水集中现象明显。

漳河及其主要支流实测年径流序列呈显著减少趋势，在20世纪70年代后期发生明显突变，并存在周期性变化，变化周期为5～7年和15年左右。分析漳河观台站、浊漳河石梁站、浊漳河石栈道站、清漳河匡门口站、清漳河蔡家庄站5个代表站实测年径流量变化趋势及特征，各代表站实测年径流量均呈显著性减少趋势。各代表站径流量年际变化比流域降水量更大，极值比在19～66之间。各代表站20世纪80年代以前高于多年平均值，80年代以后均低于多年平均值。无论是受人类活动影响较大的漳河流域，还是上游受人类活动影响较小的河源典型小流域，降水、径流和气温的年内分配过程基本一致。降水主要集中在7月、8月，7月最大；径流8月最大，较降水峰值滞后1个月；气温5—8月较高，7月最高。

漳河流域各代表站20世纪80年代前后降雨径流关系均发生显著变化。对应相同降水后期产生的径流明显偏少，尤其以漳河观台站和浊漳河石梁站更为明显，但清漳河匡门口站、蔡家庄站和浊漳河石栈道站当降水超过一定量级时，人类活动对降雨径流关系影响较小。

通过对漳河径流变化归因分析，人类活动是漳河流域径流量锐减的主要原因。VIC模型对漳河流域各水文站径流量均有较好的模拟效果，率定期和检验前Nsc均在70%以上，相对误差控制在2%以内，VIC模型能够满足漳河流域径流变化归因的精度要求；分析结果表明，漳河径流变化主要影响因素为人类活动，就漳河观台站以上而言，1980年以来，人类活动的影响占径流总减少量的85%左右，气候变化的影响约占15%。人类活动和气候变化对河川径流的影响在空间分布上存在差异，人类活动对浊漳河的影响大于对清漳河的影响，而漳河流域下段（匡门口、石梁—观台站区间）受人类活动的影响最为明显。

综合分析了漳河流域的水资源现状，结合社会、经济发展趋势，分别对上游地区及重点区域的水资源需求进行预测研究。上游地区多年平均水资源可利用量为9.781亿m^3；重点区域平水年、枯水年和特枯年3个典型年来水量分别为6.745亿m^3、5.121亿m^3和

3.705 亿 m^3；上游地区根据需求预测分析，2020 年基本方案平水年、枯水年和特枯年 3 个典型年需水总量分别为 6.739 亿 m^3、7.043 亿 m^3 和 7.187 亿 m^3，强化方案 3 个典型年需水总量分别为 6.543 亿 m^3、6.848 亿万 m^3 和 6.992 亿 m^3；2030 年基本方案 3 个典型年需水总量分别为 7.268 亿 m^3、7.545 亿 m^3 和 7.674 亿 m^3，强化方案 3 个典型年需水总量分别为 6.906 亿 m^3、7.182 亿 m^3 和 7.311 亿 m^3；重点区域根据需求预测分析，沿河村庄 2020 年需水总量为 0.9419 亿 m^3，2030 年需水总量为 0.9430 亿 m^3；2020 年四大灌区平水年、枯水年和特枯年 3 个典型年分别为 2.538 亿 m^3、4.061 亿 m^3 和 6.599 亿 m^3，2030 年四大灌区平水年、枯水年和特枯年 3 个典型年分别为 3.904 亿 m^3、6.247 亿 m^3 和 10.17 亿 m^3；生态需水量 1.780 亿 m^3。

根据水资源供需平衡分析，分别建立了上游地区和重点区域水资源优化配置方案。上游地区水资源优化配置以优先安排生活用水、保护生态环境、促进公平发展、提高经济效益和保护地下水资源为原则，建立多水源联合调度模型。对于供大于求的情况，采用地下水综合利用率最小为配置目标；对于供不应求情况，以社会、经济和环境为目标，按照单目标（社会目标）以及三目标逐步宽容约束的方案进行配置，形成 3 个水平年、2 种方案、3 种年型的上游地区水资源优化配置方案 30 套；重点区域水资源配置以体现公平、总量控制、追求效率为原则，在保障流域或区域生态和环境安全的前提下，满足人类基本生活和生产的基础上，提出不同供水、需水情景组合下各个分区的分配水量，建立沿河区域和四大灌区在基本模型、节水激励模型、水权交易模型下不同情景下的共 60 套水资源调配方案，配置模型和调配方案可为漳河流域水量调度提供科学技术支撑。

6.2 未来研究重点

近年来，国家有关法律法规和方针政策对水资源的管理逐步加强，2011 年中央一号文件《中共中央 国务院关于加快水利改革发展的决定》中指出要确立水资源开发利用控制红线，抓紧制定主要江河水量分配方案，建立取用水总量控制指标体系。2012 年《国务院关于实行最严格水资源管理制度的意见》提出以水资源配置、节约和保护为重点，强化用水需求和用水过程管理，通过健全制度、落实责任、提高能力、强化监管，严格控制用水总量，全面提高用水效率。

降雨径流演变规律及水资源优化配置研究，是正确认识某一区域水资源变化成因的关键，科学评估未来的水资源变化情势，为水资源的可持续利用、水权分配和河流生态修复提供科技支撑。

漳河流域降雨径流演变规律研究揭示了与降雨径流有关的一些基本科学问题，创新了一些技术手段，并分析了有关结论。但是在降雨径流演变规律研究领域仍然有一些问题悬而未决，需要作进一步深入的研究。

漳河流域水资源供需情况及配置问题涉及社会、经济、环境、资源等诸多方面，以及水文、生态、工程、市场等多领域，且与区域水资源量、区域水利工程状况、需水量预测模型等密切相关，是一个多阶段、多层次、多目标、多决策主体的问题。对于这样一个高度复杂的问题，也有待于进一步深入研究。

(1) 不同气候变化因子和不同人类活动类型对降雨径流的演变规律影响的研究。气候变化和人类活动影响着水文循环的各个环节，影响着降雨径流规律。深入开展不同气候变化因子和不同人类活动类型对降雨径流的演变规律影响的研究，为科学评估降雨径流演变规律提供更加坚实的基础。

(2) 枯水期来水量预测研究。目前水量分配是流域管理机构一项重要工作，如何对上游来水量作出精确预测，尤其是枯水期、小流量时的来水量预测，是水资源分配工作的关键所在。

(3) 区域生态环境需水量的定量化研究。如何定性、定量地研究四水转换过程与生态环境需水之间的关系，是一个需要解决的重要问题。针对特定区域的实际情况，定量研究陆地生态系统生态环境质量与区域生态环境用水量的关系，这对于区域生态环境保护和建设具有重要指导意义。

(4) 水质、水量合理配置方法的研究。目前水资源配置中，大多研究只考虑水量配置，而忽视水质配置。事实上，水质作为水资源的一项重要指标，在供水方面与水量有相互依存的关系，如果所需供水资源达不到供水目标所必需的水质要求，水资源的供水功能也就降低或消失。因此，需开展水质、水量合理配置方法的研究，支撑最严格水资源管理制度的实施。

(5) 不确定性在水资源配置问题中的应用的研究。本书研究的水资源配置问题，是在可供水量和需水量都确定的情况下进行的，但社会、经济、环境未来的发展以及水资源可供给量都存在众多的不确定性因素。因此，在水资源配置中结合不确定性分析（或风险分析、可靠性分析），将会提高水资源优化配置的实用价值。

(6) 灌区水资源供需系统风险决策与控制的研究。对于水资源供需系统而言，特别是对以资源型缺水地区，为了减轻和降低干旱损失，使有限的水资源最大限度地发挥社会、经济和环境效益，开展水资源供需系统进行干旱风险研究，对于制定防灾减灾政策、指导防旱抗旱工作具有较高的实用价值。

附录1 上游地区水资源配置方案

附表 1.1　　2010 年 50%年型单目标配置方案　　单位：万 m^3

子流域	用户	需水量					实际供水量	缺水量
		地表水	地下水	雨水集蓄	污水回用	合计		
清漳河	生活	876.0	0	0	0	876.0	876.0	0
	第一产业	2296	0	272.0	363.0	2931	2931	0
	第二、第三产业	1293	0	0	0	1293	1293	0
	生态	0	0	0	67.00	67.00	67.00	0
	小计	4465	0	272.0	430.0	5167	5167	0
浊漳河南源	生活	2179	2478	0	0	4997	4658	339.0
	第一产业	2448	6924	400.0	1278	11410	11050	355.0
	第二、第三产业	7968	4616	0	0	13140	12580	553.0
	生态	0	0	0	1389	1389	1389	0
	小计	12600	14020	400.0	2667	30940	29680	1247
浊漳河西源	生活	222.0	350.0	0	0	628.0	572.0	55.00
	第一产业	505.0	1182	6.000	133.0	1934	1825	109.0
	第二、第三产业	763.0	0	0	0	911.0	763.0	149.0
	生态	0	0	0	79.00	79.00	79.00	0
	小计	1489	1532	6.000	212.0	3552	3239	313.0
浊漳河北源	生活	195.0	423.0	0	0	664.0	619.0	46.00
	第一产业	449.0	1157	126.0	226.0	2045	1957	88.00
	第二、第三产业	1750	0	0	0	1968	1750	218.0
	生态	0	0	0	75.00	75.00	75.00	0
	小计	2395	1580	126.0	300.0	4752	4401	351.0
浊漳河干流	生活	464.0	1059	0	0	1668	1523	145.0
	第一产业	809.0	4217	423.0	449.0	6081	5898	183.0
	第二、第三产业	2016	0	0	0	2267	2016	251.0
	生态	0	0	0	51	51	51	0
	小计	3290	5275	423.0	500.0	10070	9488	579.0
合　计		24240	22410	1227	4109	54480	51980	2491

附表 1.2 **2010 年 50%年型多目标配置方案** 单位：万 m^3

子流域	用户	需水量					实际供水量	缺水量
		地表水	地下水	雨水集蓄	污水回用	合计		
清漳河	生活	876.0	0	0	0	876.0	876.0	0
	第一产业	2296	0	272.0	363.0	2931	2931	0
	第二、第三产业	1293	0	0	0	1293	1293	0
	生态	0	0	0	67.00	67.00	67.00	0
	小计	4465	0	272.0	430.0	5167	5167	0
浊漳河南源	生活	2519	2478	0	0	4997	4997	0
	第一产业	1711	6924	400.0	1278	11410	10310	1092
	第二、第三产业	8521	4616	0	0	13140	13140	0
	生态	0	0	0	1389	1389	1389	0
	小计	12750	14020	400.0	2667	30940	29840	1092
浊漳河西源	生活	277.0	350.0	0	0	628.0	628.0	0
	第一产业	499.0	1182	6.000	133.0	1934	1820	115.0
	第二、第三产业	911.0	0	0	0	911.0	911.0	0
	生态	0	0	0	79.00	79.00	79.00	0
	小计	1688	1532	6.000	212.0	3552	3438	115.0
浊漳河北源	生活	241.0	423.0	0	0	664.0	664.0	0
	第一产业	118.0	1157	126.0	226.0	2045	1627	419.0
	第二、第三产业	1968	0	0	0	1968	1968	0
	生态	0	0	0	75.00	75.00	75.00	0
	小计	2327	1580	126.0	300.0	4752	4333	419.0
浊漳河干流	生活	610.0	1059	0	0	1668	1668	0
	第一产业	127.0	4217	423.0	449.0	6081	5215	866.0
	第二、第三产业	2267	0	0	0	2267	2267	0
	生态	0	0	0	51.00	51.00	51.00	0
	小计	3004	5275	423.0	500.0	10070	9202	866.0
合　计		24230	22410	1227	4109	54480	51980	2491

附表1.3 **2010年75%年型单目标配置方案** 单位：万 m^3

子流域	用户	需水量					实际供水量	缺水量
		地表水	地下水	雨水集蓄	污水回用	合计		
清漳河	生活	876.0	0	0	0	876.0	876.0	0
	第一产业	2558	0	272.0	363.0	3193	3193	0
	第二、第三产业	1293	0	0	0	1293	1293	0
	生态	0	0	0	67.00	67.00	67.00	0
	小计	4727	0	272.0	430.0	5429	5429	0
浊漳河南源	生活	1838	2478	0	0	4997	4317	680.0
	第一产业	2742	6924	400.0	1278	12690	11340	1342
	第二、第三产业	5310	4616	0	0	13140	9926	3210
	生态	0	0	0	1389	1389	1389	0
	小计	9890	14020	400.0	2667	32220	26970	5232
浊漳河西源	生活	77.00	350.0	0	0	628.0	427.0	201.0
	第一产业	368.0	1182	6.000	133.0	2141	1689	452.0
	第二、第三产业	421.0	0	0	0	911.0	421.0	491.0
	生态	0	0	0	79.00	79.00	79.00	0
	小计	866.0	1532	6.000	212.0	3759	2616	1143
浊漳河北源	生活	56.00	423.0	0	0	664.0	479.0	185.0
	第一产业	339.0	1157	126.0	226.0	2259	1847	412.0
	第二、第三产业	1201	0	0	0	1968	1201	767.0
	生态	0	0	0	75.00	75.00	75.00	0
	小计	1595	1580	126.0	300.0	4965	3601	1364
浊漳河干流	生活	604.0	1059	0	0	1668	1662	6.000
	第一产业	880.0	4217	423.0	449.0	6736	5969	767.0
	第二、第三产业	2016	0	0	0	2267	2016	252.0
	生态	0	0	0	51.00	51.00	51.00	0
	小计	3500	5275	423.0	500.0	10720	9698	1025
合　计		20580	22410	1227	4109	57100	48320	8764

附表 1.4　　**2010 年 75%年型多目标配置方案**　　单位：万 m^3

子流域	用户	需水量					实际供水量	缺水量
		地表水	地下水	雨水集蓄	污水回用	合计		
清漳河	生活	876.0	0	0	0	876.0	876.0	0
	第一产业	2558	0	272.0	363.0	3193	3193	0
	第二、第三产业	1293	0	0	0	1293	1293	0
	生态	0	0	0	67.00	67.00	67.00	0
	小计	4727	0	272.0	430.0	5429	5429	0
浊漳河南源	生活	1369	2478	0	0	4997	3848	1149
	第一产业	0	6924	400.0	1278	12690	8602	4083
	第二、第三产业	8521	4616	0	0	13140	13140	0
	生态	0	0	0	1389	1389	1389	0
	小计	9890	14020	400.0	2667	32220	26980	5232
浊漳河西源	生活	277.0	350.0	0	0	628.0	628.0	0
	第一产业	0	1182	6.000	133.0	2141	1321	820.0
	第二、第三产业	911.0	0	0	0	911.0	911.0	0
	生态		0	0	79.00	79.00	79.00	0
	小计	1189	1532	6.000	212.0	3759	2939	820.0
浊漳河北源	生活	241.0	423.0	0	0	664.0	664.0	0
	第一产业	0	1157	126.0	226.0	2259	1508	751.0
	第二、第三产业	1968	0	0	0	1968	1968	0
	生态	0	0	0	75.00	75.00	75.00	0
	小计	2209	1580	126.0	300.0	4965	4215	751.0
浊漳河干流	生活	296.0	1059	0	0	1668	1355	313.0
	第一产业	0	4217	423.0	449.0	6736	5088	1648
	第二、第三产业	2267	0	0	0	2267	2267	0
	生态	0	0	0	51.00	51.00	51.00	0
	小计	2564	5275	423.0	500.0	10720	8762	1961
合　计		20580	22410	1227	4109	57090	48320	8764

附表1.5　　2010年95%年型单目标配置方案　　单位：万 m^3

子流域	用户	需水量					实际供水量	缺水量
		地表水	地下水	雨水集蓄	污水回用	合计		
清漳河	生活	876.0	0	0	0	876.0	876.0	0
	第一产业	2622	0	272.0	363.0	3257	3257	0
	第二、第三产业	1293	0	0	0	1293	1293	0
	生态	0	0	0	67.00	67.00	67.00	0
	小计	4791	0	272.0	430.0	5493	5493	0
浊漳河南源	生活	1017	2478	0	0	4997	3495	1502
	第一产业	2068	6924	400.0	1278	13320	10670	2649
	第二、第三产业	3896	4616	0	0	13140	8511	4625
	生态	0	0	0	1389	1389	1389	0
	小计	6980	14020	400.0	2667	32850	24065	8776
浊漳河西源	生活	169.0	350.0	0	0	628.0	519.0	109.0
	第一产业	570.0	1182	6.000	133.0	2244	1891	353.0
	第二、第三产业	563.0	0	0	0	911.0	563.0	349.0
	生态	0	0	0	79.00	79.00	79.00	0
	小计	1302	1532	6.000	212.0	3862	3052	811.0
浊漳河北源	生活	156.0	423.0			664.0	579.0	85.00
	第一产业	509.0	1157	126.0	226.0	2352	2017	335.0
	第二、第三产业	1396				1968	1396	572.0
	生态	0			75.00	75.00	75.00	0
	小计	2060	1580	126.0	300.0	5059	4066	993.0
浊漳河干流	生活	233.0	1059	0	0	1668	1291	377.0
	第一产业	1366	4217	423.0	449.0	7057	6454	603.0
	第二、第三产业	1687		0	0	2267	1687	581.0
	生态	0		0	51.00	51.00	51.00	0
	小计	3286	5275	423.0	500.0	11040	9484	1560
合　计		18420	22410	1227	4109	58300	46160	12140

附表 1.6　　2010 年 95%年型多目标配置方案　　单位：万 m^3

子流域	用户	需水量					实际供水量	缺水量
		地表水	地下水	雨水集蓄	污水回用	合计		
清漳河	生活	876.0	0	0	0	876.0	876.0	0
	第一产业	2622	0	272.0	363.0	3257	3257	0
	第二、第三产业	1293	0	0	0	1293	1293	0
	生态	0	0	0	67.00	67.00	67.00	0
	小计	4791	0	272.0	430.0	5493	5493	0
浊漳河南源	生活	0	2478	0	0	4997	2478	2519
	第一产业	0	6924	400.0	1278	13320	8602	4717
	第二、第三产业	6980	4616	0	0	13140	11600	1541
	生态	0	0	0	1389	1389	1389	0
	小计	6980	14020	400.0	2667	32850	24070	8776
浊漳河西源	生活	277.0	350.0	0	0	628.0	628.0	0
	第一产业	124.0	1182	6.000	133.0	2244	1445	799.0
	第二、第三产业	911.0		0	0	911.0	911.0	0
	生态	0		0	79.00	79.00	79.00	0
	小计	1313	1532	6.000	212.0	3862	3063	799.0
浊漳河北源	生活	241.0	423.0			664.0	664.0	0
	第一产业	124.0	1157	126.0	226.0	2352	1632	720.0
	第二、第三产业	1968				1968	1968	0
	生态	0			75.00	75.00	75.00	0
	小计	2333	1580	126.0	300.0	5059	4339	720.0
浊漳河干流	生活	610.0	1059	0	0	1668	1668	0
	第一产业	124.0	4217	423.0	449.0	7057	5213	1845
	第二、第三产业	2267		0	0	2267	2267	0
	生态	0		0	51.00	51.00	51.00	0
	小计	3001	5275	423.0	500.0	11040	9199	1845
合　计		18420	22410	1227	4109	58300	46160	12140

附表 1.7　　2020 年基本方案 50%年型单目标配置方案　　单位：万 m^3

子流域	用户	需水量					实际供水量	缺水量
		地表水	地下水	雨水集蓄	污水回用	合计		
清漳河	生活	1265	0	0	0	1265	1265	0
	第一产业	3454	0	272.0	561.0	4288	4288	0
	第二、第三产业	1745	0	0	0	1745	1745	0
	生态	0	0	0	76.00	76.00	76.00	0
	小计	6671	0	272.0	637.0	7373	7373	0
浊漳河南源	生活	3580	2297	0	0	6931	5877	1054
	第一产业	3188	7033	400.0	2125	12750	12750	0
	第二、第三产业	8370	4689	0	0	16870	13060	3815
	生态	0	0	0	1462	1462	1462	0
	小计	15140	14020	400.0	3587	38010	33150	4869
浊漳河西源	生活	512.0	350.0	0	0	862.0	862.0	0
	第一产业	1394	555.0	6.000	212.0	2167	2167	0
	第二、第三产业	1192	0	0	0	1192	1192	0
	生态	0	0	0	84.00	84.00	84.00	0
	小计	3098	904.0	6.000	296.0	4304	4304	0
浊漳河北源	生活	445.0	454.0	0	0	899.0	899.0	0
	第一产业	1269	479.0	126.0	343.0	2217	2217	0
	第二、第三产业	2501	0	0	0	2501	2501	0
	生态	0	0	0	50.00	50.00	50.00	0
	小计	4215	933.0	126.0	393.0	5667	5667	0
浊漳河干流	生活	1117	1137	0	0	2254	2254	0
	第一产业	3724	1977	423. 0	639.0	6763	6763	0
	第二、第三产业	2950	0	0	0	2950	2950	0
	生态	0	0	0	50.00	50.00	50.00	0
	小计	7790	3114	423.0	689.0	12020	12020	0
合　计		36910	18970	1227	5602	67370	62510	4869

附表 1.8　　2020 年基本方案 50%年型多目标配置方案　　单位：万 m^3

子流域	用户	需水量					实际供水量	缺水量
		地表水	地下水	雨水集蓄	污水回用	合计		
清漳河	生活	1265	0	0	0	1265	1265	0
	第一产业	3454	0	272.0	561.0	4288	4288	0
	第二、第三产业	1745	0	0	0	1745	1745	0
	生态	0	0	0	76.00	76.00	76.00	0
	小计	6464	0	272.0	637.0	7373	7373	0
浊漳河南源	生活	3014	2297	0	0	6931	5311	1620
	第一产业	0	7033	400.0	2125	12750	9558	3188
	第二、第三产业	12190	4689	0	0	16870	16870	0
	生态	0	0	0	1462	1462	1462	0
	小计	15200	14020	400.0	3587	38010	33200	4808
浊漳河西源	生活	512.0	350.0	0	0	862.0	862.0	0
	第一产业	1394	555.0	6.000	212.0	2167	2167	0
	第二、第三产业	1192	0	0	0	1192	1192	0
	生态	0	0	0	84.00	84.00	84.00	0
	小计	3098	904.0	6.000	296.0	4304	4304	0
浊漳河北源	生活	445.0	454.0	0	0	899.0	899.0	0
	第一产业	1269	479.0	126.0	343.0	2217	2217	0
	第二、第三产业	2501	0	0	0	2501	2501	0
	生态	0	0	0	50.00	50.00	50.00	0
	小计	4215	933.0	126.0	393.0	5667	5667	0
浊漳河干流	生活	1117	1137	0	0	2254	2254	0
	第一产业	3724	1977	423.0	639.0	6763	6763	0
	第二、第三产业	2950	0	0	0	2950	2950	0
	生态	0	0	0	50.00	50.00	50.00	0
	小计	7790	3114	423.0	689.0	12020	12020	0
合　计		36770	18970	1227	5602	67370	62560	4808

附表 1.9　　2020 年基本方案 75%年型单目标配置方案　　单位：万 m³

子流域	用户	需水量					实际供水量	缺水量
		地表水	地下水	雨水集蓄	污水回用	合计		
清漳河	生活	772.0	493.0	0	0	1265	1265	0
	第一产业	3475	399.0	272.0	561.0	4708	4708	0
	第二、第三产业	1745	0	0	0	1745	1745	0
	生态	0	0	0	76.00	76.00	76.00	0
	小计	5993	891.0	272.0	637.0	7793	7793	0
浊漳河南源	生活	1941	2297	0	0	6931	4238	2693
	第一产业	2377	7033	400.0	2125	14180	11940	2249
	第二、第三产业	5572	4689	0	0	16870	10260	6614
	生态	0	0	0	1462	1462	1462	0
	小计	9890	14020	400.0	3587	39440	27900	11560
浊漳河西源	生活	393.0	350.0	0	0	862.0	742.0	119.0
	第一产业	818.0	1182	6	212.0	2401	2218	182.0
	第二、第三产业	899.0	0	0	0	1192	899.0	293.0
	生态	0	0	0	84.00	84.00	84.00	0
	小计	2110	1532	6.000	296.0	4538	3944	595.0
浊漳河北源	生活	334.0	454.0	0	0	899.0	787.0	111.0
	第一产业	715.0	1126	126.0	343.0	2451	2310	141.0
	第二、第三产业	1943	0	0	0	2501	1943	558.0
	生态	0	0	0	50	50	50	0
	小计	2991	1580	126.0	393.0	5901	5090	811.0
浊漳河干流	生活	753.0	1137	0	0	2254	1890	364.0
	第一产业	1893	4138	423.0	639.0	7499	7092	406.0
	第二、第三产业	2315	0	0	0	2950	2315	635.0
	生态	0	0	0	50	50	50	0
	小计	4960	5275	423.0	689.0	12750	11350	1405
合　计		25940	23300	1227	5602	70420	56080	14370

附表 1.10　　2020 年基本方案 75%年型多目标配置方案　　单位：万 m^3

子流域	用户	需水量					实际供水量	缺水量
		地表水	地下水	雨水集蓄	污水回用	合计		
清漳河	生活	772.0	493.0	0	0	1265	1265	0
	第一产业	3475	399.0	272.0	561.0	4708	4708	0
	第二、第三产业	1745	0	0	0	1745	1745	0
	生态	0	0	0	76.00	76.00	76.00	0
	小计	5993	891.0	272.0	637.0	7793	7793	0
浊漳河南源	生活	0	2297	0	0	6931	2297	4634
	第一产业	0	7033	400.0	2125	14180	9558	4626
	第二、第三产业	9890	4689	0	0	16870	14580	2296
	生态	0	0	0	1462	1462	1462	0
	小计	9890	14020	400.0	3587	39440	27900	11560
浊漳河西源	生活	512.0	350.0			862.0	862.0	0
	第一产业	447.0	1182	6.000	212.0	2401	1847	553.0
	第二、第三产业	1192	0			1192	1192	0
	生态		0		84.00	84.00	84.00	0
	小计	2151	1532	6.000	296.0	4538	3985	553.0
浊漳河北源	生活	445.0	454.0			899.0	899.0	0
	第一产业	452.0	1126	126.0	343.0	2451	2047	404.0
	第二、第三产业	2501	0			2501	2501	0
	生态		0		50.00	50.00	50.00	0
	小计	3398	1580	126.0	393.0	5901	5497	404.0
浊漳河干流	生活	1117	1137			2254	2254	0
	第一产业	447.0	4138	423.0	639.0	7499	5646	1852
	第二、第三产业	2950	0			2950	2950	0
	生态		0		50.00	50.00	50.00	0
	小计	4513	5275	423.0	689.0	12750	10900	1853
合　计		25940	23300	1227	5602	70420	56070	14370

附表 1.11　　2020 年基本方案 95%年型单目标配置方案　　单位：万 m³

子流域	用户	需水量					实际供水量	缺水量
		地表水	地下水	雨水集蓄	污水回用	合计		
清漳河	生活	760.0	493.0			1265	1253	12.00
	第一产业	2464	1548	272.0	561.0	4846	4846	0
	第二、第三产业	1729	0			1745	1729	16.00
	生态	0	0		76.00	76.00	76.00	0
	小计	4953	2041	272.0	637.0	7931	7903	28.00
浊漳河南源	生活	1282	2297			6931	3578	3353
	第一产业	1651	7033	400.0	2125	14900	11210	3688
	第二、第三产业	4047	4689			16870	8736	8138
	生态	0	0		1462	1462	1462	0
	小计	6980	14020	400.0	3587	40160	24990	15180
浊漳河西源	生活	355.0	350.0			862.0	705.0	157.0
	第一产业	826.0	1182	6.000	212.0	2518	2226	292.0
	第二、第三产业	819.0	0			1192	819.0	373.0
	生态	0	0		84.00	84.00	84.00	0
	小计	1999	1532	6.000	296.0	4655	3833	822.0
浊漳河北源	生活	313.0	454.0			899.0	767.0	132.0
	第一产业	694.0	1126	126.0	343.0	2556	2289	267.0
	第二、第三产业	1851	0			2501	1851	649.0
	生态	0	0		50	50	50	0
	小计	2859	1580	126.0	393.0	6006	4958	1048
浊漳河干流	生活	682.0	1137			2254	1819	434.0
	第一产业	2254	4138	423.0	639.0	7861	7453	407.0
	第二、第三产业	2353	0			2950	2353	597.0
	生态	0	0		50.00	50.00	50.00	0
	小计	5289	5275	423.0	689.0	13110	11680	1438
合　计		22080	24450	1227	5602	71860	53360	18520

附表 1.12　　2020 年基本方案 95%年型多目标配置方案　　单位：万 m^3

子流域	用户	需水量					实际供水量	缺水量
		地表水	地下水	雨水集蓄	污水回用	合计		
清漳河	生活	772.0	493.0			1265	1265	0
	第一产业	2464	1549	272.0	561.0	4846	4846	0
	第二、第三产业	1745	0			1745	1745	0
	生态	0	0		76.00	76.00	76.00	0
	小计	4981	2041	272.0	637.0	7931	7931	0
浊漳河南源	生活	0	2297			6931	2297	4634
	第一产业	0	7033	400.0	2125	14900	9558	5339
	第二、第三产业	6980	4689			16870	11670	5206
	生态	0	0		1462	1462	1462	0
	小计	6980	14020	400.0	3587	40160	24990	15180
浊漳河西源	生活	512.0	350.0			862.0	862.0	0
	第一产业	479.0	1182	6.000	212.0	2518	1879	639.0
	第二、第三产业	1192	0			1192	1192	0
	生态	0	0		84.00	84.00	84.00	0
	小计	2182	1532	6.000	296.0	4655	4016	639.0
浊漳河北源	生活	445.0	454.0			899.0	899.0	0
	第一产业	481.0	1126	126.0	343.0	2556	2076	480.0
	第二、第三产业	2501	0			2501	2501	0
	生态	0	0		50.00	50.00	50.00	0
	小计	3427	1580	126.0	393.0	6006	5526	480.0
浊漳河干流	生活	1117	1137			2254	2254	0
	第一产业	472.0	4138	423.0	639.0	7861	5672	2189
	第二、第三产业	2950	0			2950	2950	0
	生态	0	0		50.00	50.00	50.00	0
	小计	4538	5275	423.0	689.0	13110	10930	2189
合　计		22110	24450	1227	5602	71860	53390	18490

附表 1.13　　2020 年强化方案 50%年型单目标配置方案　　单位：万 m^3

子流域	用户	需水量					实际供水量	缺水量
		地表水	地下水	雨水集蓄	污水回用	合计		
清漳河	生活	1199	0	0	0	1199	1199	0
	第一产业	3454	0	272.0	561.0	4288	4288	0
	第二、第三产业	1649	0	0	0	1649	1649	0
	生态	0	0	0	76.00	76.00	76.00	0
	小计	6301	0	272.0	637.0	7210	7210	0
浊漳河南源	生活	3628	2144	0	0	6576	5772	805.0
	第一产业	3096	7125	400.0	2125	12750	12750	0
	第二、第三产业	8223	4749	0	0	16000	12970	3026
	生态	0		0	1462	1462	1462	0
	小计	14950	14020	400.0	3587	36790	32950	3831
浊漳河西源	生活	490.0	326.0	0	0	816.0	816.0	0
	第一产业	1474	474.0	6.000	212.0	2167	2167	0
	第二、第三产业	1127	0	0	0	1127	1127	0
	生态	0	0	0	84.00	84.00	84.00	0
	小计	3091	801.0	6.000	296.0	4194	4194	0
浊漳河北源	生活	426.0	424.0	0	0	849.0	849.0	0
	第一产业	1346	402.0	126.0	343.0	2217	2217	0
	第二、第三产业	2375	0	0	0	2375	2375	0
	生态	0	0	0	50.00	50.00	50.00	0
	小计	4146	826.0	126.0	393.0	5491	5491	0
浊漳河干流	生活	1068	1061	0	0	2129	2129	0
	第一产业	4005	1695	423.0	639.0	6763	6763	0
	第二、第三产业	2792	0	0	0	2792	2792	0
	生态	0	0	0	50.00	50.00	50.00	0
	小计	7865	2757	423.0	689.0	11730	11730	0
合　计		36350	18400	1227	5602	65420	61580	3831

附表 1.14　　2020 年强化方案 50%年型多目标配置方案　　单位：万 m^3

子流域	用户	需水量					实际供水量	缺水量
		地表水	地下水	雨水集蓄	污水回用	合计		
清漳河	生活	1199	0	0	0	1199	1199	0
	第一产业	3454	0	272.0	561.0	4288	4288	0
	第二、第三产业	1649	0	0	0	1649	1649	0
	生态	0	0	0	76.00	76.00	76.00	0
	小计	6301	0	272.0	637.0	7210	7210	0
浊漳河南源	生活	3951	2144	0	0	6576	6095	481.0
	第一产业	0	7125	400.0	2125	12750	9650	3096
	第二、第三产业	11250	4749	0	0	16000	16000	0
	生态			0	1462	1462	1462	0
	小计	15200	14020	400.0	3587	36790	33210	3577
浊漳河西源	生活	490.0	326.0	0	0	816.0	816.0	0
	第一产业	1474	474.0	6.000	212.0	2167	2167	0
	第二、第三产业	1127	0	0	0	1127	1127	0
	生态	0	0	0	84.00	84.00	84.00	0
	小计	3091	801.0	6.000	296.0	4194	4194	0
浊漳河北源	生活	426.0	424.0	0	0	849.0	849.0	0
	第一产业	1346	402.0	126.0	343.0	2217	2217	0
	第二、第三产业	2375	0	0	0	2375	2375	0
	生态	0	0	0	50.00	50.00	50.00	0
	小计	4146	826.0	126.0	393.0	5491	5491	0
浊漳河干流	生活	1068	1061	0	0	2129	2129	0
	第一产业	4005	1695	423.0	639.0	6763	6763	0
	第二、第三产业	2792	0	0	0	2792	2792	0
	生态	0	0	0	50.00	50.00	50.00	0
	小计	7865	2757	423.0	689.0	11730	11730	0
合　计		36610	18400	1227	5602	65460	61840	3577

附表 1.15　　2020 年强化方案 75%年型单目标配置方案　　单位：万 m^3

子流域	用户	需水量					实际供水量	缺水量
		地表水	地下水	雨水集蓄	污水回用	合计		
清漳河	生活	739.0	460.0	0	0	1199	1199	0
	第一产业	3606	269.0	272.0	561.0	4708	4708	0
	第二、第三产业	1649	0	0	0	1649	1649	0
	生态	0	0	0	76.00	76.00	76.00	0
	小计	5993	728.0	272.0	637.0	7630	7630	0
浊漳河南源	生活	2018	2144	0	0	6576	4161	2415
	第一产业	2517	7125	400.0	2125	14180	12170	2017
	第二、第三产业	5356	4749	0	0	16000	10110	5893
	生态	0		0	1462	1462	1462	0
	小计	9890	14020	400.0	3587	38220	27900	10330
浊漳河西源	生活	399.0	326.0	0	0	816.0	725.0	91.00
	第一产业	842.0	1206	6.000	212.0	2401	2265	135.0
	第二、第三产业	894.0		0	0	1127	894.0	233.0
	生态	0		0	84.00	84.00	84.00	0
	小计	2134	1532	6.000	296.0	4428	3968	460.0
浊漳河北源	生活	340.0	424.0	0	0	849.0	763.0	86.00
	第一产业	728.0	1157	126.0	343.0	2451	2353	98.00
	第二、第三产业	1921		0	0	2375	1921	454.0
	生态	0		0	50.00	50.00	50.00	0
	小计	2988	1580	126.0	393.0	5725	5087	638.0
浊漳河干流	生活	762.0	1061	0	0	2129	1823	306.0
	第一产业	1913	4214	423.0	639.0	7499	7188	310.0
	第二、第三产业	2264		0	0	2792	2264	528.0
	生态	0		0	50.00	50.00	50.00	0
	小计	4939	5275	423.0	689.0	12470	11330	1144
合　计		25940	23140	1227	5602	68470	55920	12570

附表 1.16　　2020年强化方案75%年型多目标配置方案　　单位：万 m³

子流域	用户	需水量					实际供水量	缺水量
		地表水	地下水	雨水集蓄	污水回用	合计		
清漳河	生活	739.0	460.0	0	0	1199	1199	0
	第一产业	3606	269.0	272.0	561.0	4708	4708	0
	第二、第三产业	1649	0	0	0	1649	1649	0
	生态	0	0	0	76.00	76.00	76.00	0
	小计	5993	728.0	272.0	637.0	7630	7630	0
浊漳河南源	生活	0	2144	0	0	6576	2144	4432
	第一产业	0	7125	400.0	2125	14180	9650	4534
	第二、第三产业	9890	4749	0	0	16000	14640	1359
	生态	0		0	1462	1462	1462	0
	小计	9890	14020	400.0	3587	38220	27900	10330
浊漳河西源	生活	490.0	326.0	0	0	816.0	816.0	0
	第一产业	602.0	1206	6.000	212.0	2401	2026	375.0
	第二、第三产业	1127	0	0	0	1127	1127	0
	生态	0	0	0	84.00	84.00	84.00	0
	小计	2219	1532	6.000	296.0	4428	4053	375.0
浊漳河北源	生活	426.0	424.0	0	0	849.0	849.0	0
	第一产业	592.0	1157	126.0	343.0	2451	2217	234.0
	第二、第三产业	2375	0	0	0	2375	2375	0
	生态	0	0	0	50.00	50.00	50.00	0
	小计	3393	1580	126.0	393.0	5725	5492	234.0
浊漳河干流	生活	1068	1061	0	0	2129	2129	0
	第一产业	590.0	4214	423.0	639.0	7499	5865	1634
	第二、第三产业	2792	0	0	0	2792	2792	0
	生态	0	0	0	50.00	50.00	50.00	0
	小计	4450	5275	423.0	689.0	12470	10840	1634
合　计		25940	23140	1227	5602	68470	55920	12570

附表 1.17　　2020年强化方案95%年型单目标配置方案　　单位：万 m^3

子流域	用户	需水量					实际供水量	缺水量
		地表水	地下水	雨水集蓄	污水回用	合计		
清漳河	生活	739.0	460.0	0	0	1199	1199	0
	第一产业	2536	1477	272.0	561.0	4846	4846	0
	第二、第三产业	1649	0	0	0	1649	1649	0
	生态	0	0	0	76.00	76.00	76.00	0
	小计	4923	1936	272.0	637.0	7768	7768	0
浊漳河南源	生活	1353	2144	0	0	6576	3497	3079
	第一产业	1944	7125	400.0	2125	14900	11590	3303
	第二、第三产业	3683	4749	0	0	16000	8432	7566
	生态	0		0	1462	1462	1462	0
	小计	6980	14020	400.0	3587	38940	24980	13950
浊漳河西源	生活	363.0	326.0	0	0	816.0	689.0	127.0
	第一产业	854.0	1206	6.000	212.0	2518	2278	240.0
	第二、第三产业	816.0	0	0	0	1127	816.0	311.0
	生态	0	0	0	84.00	84.00	84.00	0
	小计	2033	1532	6.000	296.0	4545	3867	678.0
浊漳河北源	生活	319.0	424.0	0	0	849.0	743.0	106.0
	第一产业	712.0	1157	126.0	343.0	2556	2337	219.0
	第二、第三产业	1833		0	0	2375	1833	542.0
	生态	0		0	50.00	50.00	50.00	0
	小计	2864	1580	126.0	393.0	5830	4963	867.0
浊漳河干流	生活	689.0	1061	0	0	2129	1750	379.0
	第一产业	2272	4214	423.0	639.0	7861	7547	313.0
	第二、第三产业	2290		0	0	2792	2290	502.0
	生态	0		0	50.00	50.00	50.00	0
	小计	5250	5275	423.0	689.0	12830	11640	1195
合　计		22050	24340	1227	5602	69910	53230	16690

附表 1.18　　2020年强化方案95%年型多目标配置方案　　单位：万 m^3

子流域	用户	需水量					实际供水量	缺水量
		地表水	地下水	雨水集蓄	污水回用	合计		
清漳河	生活	739.0	460.0	0	0	1199	1199	0
	第一产业	2536	1477	272.0	561.0	4846	4846	0
	第二、第三产业	1649	0	0	0	1649	1649	0
	生态	0	0	0	76.00	76.00	76.00	0
	小计	4923	1936	272.0	637.0	7768	7768	0
浊漳河南源	生活	0	2144	0	0	6576	2144	4432
	第一产业	0	7125	400.0	2125	14900	9650	5247
	第二、第三产业	6980	4749	0	0	16000	11730	4269
	生态	0		0	1462	1462	1462	0
	小计	6980	14020	400.0	3587	38940	24990	13950
浊漳河西源	生活	490.0	326.0	0	0	816.0	816.0	0
	第一产业	631.0	1206	6.000	212.0	2518	2055	463.0
	第二、第三产业	1127		0	0	1127	1127	0
	生态	0		0	84.00	84.00	84.00	0
	小计	2248	1532	6.000	296.0	4545	4082	463.0
浊漳河北源	生活	426.0	424.0	0	0	849.0	849.0	0
	第一产业	621.0	1157	126.0	343.0	2556	2246	310.0
	第二、第三产业	2375		0	0	2375	2375	0
	生态	0		0	50.00	50.00	50.00	0
	小计	3421	1580	126.0	393.0	5830	5520	310.0
浊漳河干流	生活	1068	1061	0	0	2129	2129	0
	第一产业	618.0	4214	423.0	639.0	7861	5893	1968
	第二、第三产业	2792		0	0	2792	2792	0
	生态	0		0	50.00	50.00	50.00	0
	小计	4478	5275	423.0	689.0	12830	10870	1968
合　计		22050	24340	1227	5602	69910	53230	16690

附表1.19　**2030年基本方案50%年型单目标配置方案**　单位：万 m^3

子流域	用户	需水量					实际供水量	缺水量
		地表水	地下水	雨水集蓄	污水回用	合计		
清漳河	生活	1591	0	0	0	1591	1591	0
	第一产业	2902	0	272.0	708.0	3882	3882	0
	第二、第三产业	2062	0	0	0	2062	2062	0
	生态	0	0	0	87	87	87	0
	小计	6554	0	272.0	795.0	7621	7621	0
浊漳河南源	生活	4121	2198	0	0	8746	6319	2428
	第一产业	1318	7092	400.0	2777	11590	11590	0
	第二、第三产业	8913	4728	0	0	19890	13640	6253
	生态	0		0	1597	1597	1597	0
	小计	14350	14020	400.0	4374	41820	33150	8680
浊漳河西源	生活	721.0	361.0	0	0	1082	1082	0
	第一产业	1160	552.0	6.000	281.0	1999	1999	0
	第二、第三产业	1416	0	0	0	1416	1416	0
	生态	0	0	0	87.00	87.00	87.00	0
	小计	3297	913.0	6.000	368.0	4584	4584	0
浊漳河北源	生活	626.0	496.0	0	0	1122	1122	0
	第一产业	1042	446.0	126.0	417.0	2030	2030	0
	第二、第三产业	2931	0	0	0	2931	2931	0
	生态	0	0	0	55.00	55.00	55.00	0
	小计	4599	942.0	126.0	472.0	6139	6139	0
浊漳河干流	生活	1575	1240	0	0	2815	2815	0
	第一产业	3020	1904	423.0	789.0	6136	6136	0
	第二、第三产业	3497	0	0	0	3497	3497	0
	生态	0	0	0	63.00	63.00	63.00	0
	小计	8093	3143	423.0	852.0	12510	12510	0
合　计		36890	19020	1227	6861	72670	64000	8680

附表 1.20　　2030 年基本方案 50%年型多目标配置方案　　单位：万 m^3

子流域	用户	需水量					实际供水量	缺水量
		地表水	地下水	雨水集蓄	污水回用	合计		
清漳河	生活	1591	0	0	0	1591	1591	0
	第一产业	2902	0	272.0	708.0	3882	3882	0
	第二、第三产业	2062	0	0	0	2062	2062	0
	生态	0	0	0	87.00	87.00	87.00	0
	小计	6554	0	272.0	795.0	7621	7621	0
浊漳河南源	生活	34.00	2198	0	0	8746	2232	6514
	第一产业	0	7092	400.0	2777	11590	10270	1318
	第二、第三产业	15170	4728	0	0	19890	19890	0
	生态	0	0	0	1597	1597	1597	0
	小计	15200	14020	400.0	4374	41820	33990	7832
浊漳河西源	生活	721.0	361.0	0	0	1082	1082	0
	第一产业	1160	552.0	6.000	281.0	1999	1999	0
	第二、第三产业	1416	0	0	0	1416	1416	0
	生态	0	0	0	87.00	87.00	87.00	0
	小计	3297	913.0	6.000	368.0	4584	4584	0
浊漳河北源	生活	626.0	496.0	0	0	1122	1122	0
	第一产业	1042	446.0	126.0	417.0	2030	2030	0
	第二、第三产业	2931	0	0	0	2931	2931	0
	生态	0	0	0	55.00	55.00	55.00	0
	小计	4599	942.0	126.0	472.0	6139	6139	0
浊漳河干流	生活	1575	1240	0	0	2815	2815	0
	第一产业	3020	1904	423.0	789.0	6136	6136	0
	第二、第三产业	3497	0	0	0	3497	3497	0
	生态	0	0	0	63.00	63.00	63.00	0
	小计	8093	3143	423.0	852.0	12510	12510	0
合　计		37750	19020	1227	6861	72670	64840	7832

附表 1.21　　2030 年基本方案 75%年型单目标配置方案　　单位：万 m^3

子流域	用户	需水量					实际供水量	缺水量
		地表水	地下水	雨水集蓄	污水回用	合计		
清漳河	生活	1090	500.0	0	0	1591	1591	0
	第一产业	2683	594.0	272.0	708.0	4257	4257	0
	第二、第三产业	2062	0	0	0	2062	2062	0
	生态	0	0	0	87.00	87.00	87.00	0
	小计	5835	1094	272.0	795.0	7996	7996	0
浊漳河南源	生活	2319	2198	0	0	8746	4517	4229
	第一产业	1331	7092	400.0	2777	12890	11600	1288
	第二、第三产业	6240	4728	0	0	19890	10970	8926
	生态	0	0	0	1597	1597	1597	0
	小计	9890	14020	400.0	4374	43120	28680	14440
浊漳河西源	生活	543.0	361.0	0	0	1082	903.0	179.0
	第一产业	678.0	1171	6.000	281.0	2213	2137	77.00
	第二、第三产业	1046	0	0	0	1416	1046	370.0
	生态	0	0	0	87.00	87.00	87.00	0
	小计	2267	1532	6.000	368.0	4798	4173	625.0
浊漳河北源	生活	465.0	496.0	0	0	1122	961.0	161.0
	第一产业	583.0	1084	126.0	417.0	2243	2210	33.00
	第二、第三产业	2283	0	0	0	2931	2283	648.0
	生态	0	0	0	55.00	55.00	55.00	0
	小计	3331	1580	126.0	472.0	6351	5509	842.0
浊漳河干流	生活	1079	1240	0	0	2815	2319	496.0
	第一产业	1349	4035	423.0	789.0	6798	6596	202.0
	第二、第三产业	2835		0	0	3497	2835	663.0
	生态	0		0	63.00	63.00	63.00	0
	小计	5263	5275	423.0	852.0	13170	11810	1361
合　计		26590	23500	1227	6861	75440	58170	17270

附表 1.22　　2030 年基本方案 75%年型多目标配置方案　　单位：万 m³

子流域	用户	需水量					实际供水量	缺水量
		地表水	地下水	雨水集蓄	污水回用	合计		
清漳河	生活	1090	500.0	0	0	1591	1591	0
	第一产业	2683	594.0	272.0	708.0	4257	4257	0
	第二、第三产业	2062	0	0	0	2062	2062	0
	生态	0	0	0	87.00	87.00	87.00	0
	小计	5835	1094	272.0	795.0	7996	7996	0
浊漳河南源	生活	0	2198	0	0	8746	2198	6548
	第一产业	0	7092	400.0	2777	12890	10270	2619
	第二、第三产业	9890	4728	0	0	19890	14620	5276
	生态	0	0	0	1597	1597	1597	0
	小计	9890	14020	400.0	4374	43120	28690	14440
浊漳河西源	生活	721.0	361.0	0	0	1082	1082	0
	第一产业	31.00	1171	6.000	281.0	2213	1489	724.0
	第二、第三产业	1416	0	0	0	1416	1416	0
	生态	0	0	0	87.00	87.00	87.00	0
	小计	2169	1532	6.000	368.0	4798	4075	724.0
浊漳河北源	生活	626.0	496.0	0	0	1122	1122	0
	第一产业	31.00	1084	126.0	417.0	2243	1658	585.0
	第二、第三产业	2931	0	0	0	2931	2931	0
	生态	0	0	0	55.00	55.00	55.00	0
	小计	3588	1580	126.0	472.0	6351	5766	585.0
浊漳河干流	生活	1575	1240	0	0	2815	2815	0
	第一产业	31.00	4035	423.0	789.0	6798	5278	1520
	第二、第三产业	3497	0	0	0	3497	3497	0
	生态	0	0	0	63.00	63.00	63.00	0
	小计	5104	5275	423.0	852.0	13170	11650	1520
合　计		26590	23500	1227	6861	75440	58180	17270

附表 1.23　　2030 年基本方案 95%年型单目标配置方案　　单位：万 m³

子流域	用户	需水量					实际供水量	缺水量
		地表水	地下水	雨水集蓄	污水回用	合计		
清漳河	生活	1067	500.0	0	0	1591	1568	23.00
	第一产业	1860	1541	272.0	708.0	4380	4380	0
	第二、第三产业	1958	0	0	0	2062	1958	104.0
	生态		0	0	87.00	87.00	87.00	0
	小计	4885	2041	272.0	795.0	8120	7993	127.0
浊漳河南源	生活	1454	2198	0	0	8746	3653	5094
	第一产业	1341	7092	400.0	2777	13530	11610	1924
	第二、第三产业	4185	4728	0	0	19890	8913	10980
	生态	0	0	0	1597	1597	1597	0
	小计	6980	14020	400.0	4374	43760	25770	18000
浊漳河西源	生活	467.0	361.0	0	0	1082	828.0	254.0
	第一产业	663.0	1171	6.000	281.0	2320	2122	199.0
	第二、第三产业	942.0	0	0	0	1416	942.0	475.0
	生态	0	0	0	87.00	87.00	87.00	0
	小计	2072	1532	6.000	368.0	4906	3978	928.0
浊漳河北源	生活	399.0	496.0	0	0	1122	895.0	227.0
	第一产业	551.0	1084	126.0	417.0	2338	2178	160.0
	第二、第三产业	2137	0	0	0	2931	2137	794.0
	生态	0	0	0	55.00	55.00	55.00	0
	小计	3088	1580	126.0	472.0	6447	5266	1181
浊漳河干流	生活	1001	1240	0	0	2815	2241	574.0
	第一产业	1582	4035	423.0	789.0	7124	6829	295.0
	第二、第三产业	2804		0	0	3497	2804	693.0
	生态	0		0	63.00	63.00	63.00	0
	小计	5388	5275	423.0	852.0	13500	11940	1562
合　计		22410	24450	1227	6861	76730	54950	21800

附表 1.24　　**2030年基本方案95%年型多目标配置方案**　　单位：万 m^3

子流域	用户	需水量					实际供水量	缺水量
		地表水	地下水	雨水集蓄	污水回用	合计		
清漳河	生活	1090	500.0	0	0	1591	1591	0
	第一产业	1860	1541	272.0	708.0	4380	4380	0
	第二、第三产业	2062	0	0	0	2062	2062	0
	生态		0	0	87.00	87.00	87.00	0
	小计	5012	2041	272.0	795.0	8120	8120	0
浊漳河南源	生活	0	2198	0	0	8746	2198	6548
	第一产业	0	7092	400.0	2777	13530	10270	3265
	第二、第三产业	6980	4728	0	0	19890	11710	8186
	生态	0		0	1597	1597	1597	0
	小计	6980	14020	400.0	4374	43760	25780	18000
浊漳河西源	生活	721.0	361.0	0	0	1082	1082	0
	第一产业	0	1171	6.000	281.0	2320	1458	862.0
	第二、第三产业	1416		0	0	1416	1416	0
	生态	0		0	87.00	87.00	87.00	0
	小计	2137	1532	6.000	368.0	4906	4043	862.0
浊漳河北源	生活	626.0	496.0	0	0	1122	1122	0
	第一产业	0	1084	126.0	417.0	2338	1627	711.0
	第二、第三产业	2931		0	0	2931	2931	0
	生态	0		0	55.00	55.00	55.00	0
	小计	3557	1580	126.0	472.0	6447	5735	711.0
浊漳河干流	生活	1355	1240	0	0	2815	2595	220.0
	第一产业	0	4035	423.0	789.0	7124	5247	1877
	第二、第三产业	3497		0	0	3497	3497	0
	生态	0		0	63.00	63.00	63.00	0
	小计	4852	5275	423.0	852.0	13500	11400	2097
合　计		22540	24450	1227	6861	76730	55080	21670

附表1.25　**2030年强化方案50%年型单目标配置方案**　单位：万 m^3

子流域	用户	需水量					实际供水量	缺水量
		地表水	地下水	雨水集蓄	污水回用	合计		
清漳河	生活	1471	0	0	0	1471	1471	0
	第一产业	2902	0	272.0	708.0	3882	3882	0
	第二、第三产业	1883	0	0	0	1883	1883	0
	生态	0	0	0	87.00	87.00	87.00	0
	小计	6256	0	272.0	795.0	7323	7323	0
浊漳河南源	生活	4206	2041	0	0	8086	6248	1838
	第一产业	1223	7186	400.0	2777	11590	11590	0
	第二、第三产业	8636	4791	0	0	18260	13430	4828
	生态	0	0	0	1597	1597	1597	0
	小计	14070	14020	400.0	4374	39530	32860	6667
浊漳河西源	生活	666.0	335.0	0	0	1001	1001	0
	第一产业	1322	390.0	6.000	281.0	1999	1999	0
	第二、第三产业	1294	0	0	0	1294	1294	0
	生态	0	0	0	87.00	87.00	87.00	0
	小计	3282	725.0	6.000	368.0	4381	4381	0
浊漳河北源	生活	578.0	460.0	0	0	1038	1038	0
	第一产业	1200	288.0	126.0	417.0	2030	2030	0
	第二、第三产业	2696	0	0	0	2696	2696	0
	生态	0	0	0	55.00	55.00	55.00	0
	小计	4475	748.0	126.0	472.0	5820	5820	0
浊漳河干流	生活	1454	1151	0	0	2605	2605	0
	第一产业	3578	1346	423.0	789.0	6136	6136	0
	第二、第三产业	3201	0	0	0	3201	3201	0
	生态	0	0	0	63.00	63.00	63.00	0
	小计	8233	2497	423.0	852.0	12010	12010	0
合　计		36320	17990	1227	6861	69060	62400	6667

附表 1.26　　**2030年强化方案50%年型多目标配置方案**　　单位：万 m³

子流域	用户	需水量					实际供水量	缺水量
		地表水	地下水	雨水集蓄	污水回用	合计		
清漳河	生活	1471	0	0	0	1471	1471	0
	第一产业	2902	0	272.0	708.0	3882	3882	0
	第二、第三产业	1883	0	0	0	1883	1883	0
	生态	0	0	0	87.00	87.00	87.00	0
	小计	6256	0	272.0	795.0	7323	7323	0
浊漳河南源	生活	1736	2041	0	0	8086	3777	4308
	第一产业	0	7186	400.0	2777	11590	10360	1223
	第二、第三产业	13460	4791	0	0	18260	18260	0
	生态	0	0	0	1597	1597	1597	0
	小计	15200	14020	400.0	4374	39530	33990	5532
浊漳河西源	生活	666.0	335.0	0	0	1001	1001	0
	第一产业	1322	390.0	6.000	281.0	1999	1999	0
	第二、第三产业	1294	0	0	0	1294	1294	0
	生态	0	0	0	87.00	87.00	87.00	0
	小计	3282	725.0	6.000	368.0	4381	4381	0
浊漳河北源	生活	578	460.0	0	0	1038	1038	0
	第一产业	1200	288.0	126.0	417.0	2030	2030	0
	第二、第三产业	2696	0	0	0	2696	2696	0
	生态	0	0	0	55.00	55.00	55.00	0
	小计	4475	748.0	126.0	472.0	5820	5820	0
浊漳河干流	生活	1454	1151	0	0	2605	2605	0
	第一产业	3578	1346	423.0	789.0	6136	6136	0
	第二、第三产业	3201	0	0	0	3201	3201	0
	生态	0	0	0	63.00	63.00	63.00	0
	小计	8233	2497	423.0	852.0	12010	12010	0
合　计		37450	17990	1227	6861	69060	63530	5532

附表 1.27　　2030 年强化方案 75%年型单目标配置方案　　单位：万 m^3

子流域	用户	需水量					实际供水量	缺水量
		地表水	地下水	雨水集蓄	污水回用	合计		
清漳河	生活	1007	465.0	0	0	1471	1471	0
	第一产业	2945	332.0	272.0	708.0	4257	4257	0
	第二、第三产业	1883	0	0	0	1883	1883	0
	生态	0	0	0	87.00	87.00	87.00	0
	小计	5835	796.0	272.0	795.0	7698	7698	0
浊漳河南源	生活	2413	2041	0	0	8086	4454	3632
	第一产业	1568	7186	400.0	2777	12890	11930	957.0
	第二、第三产业	5909	4791	0	0	18260	10700	7555
	生态	0	0	0	1597	1597	1597	0
	小计	9890	14020	400.0	4374	40830	28680	12140
浊漳河西源	生活	551.0	335.0	0	0	1001	886.0	115.0
	第一产业	724.0	1197	6.000	281.0	2213	2208	6.000
	第二、第三产业	1050	0	0	0	1294	1050	245.0
	生态	0	0	0	87.00	87.00	87.00	0
	小计	2324	1532	6.000	368.0	4595	4230	365.0
浊漳河北源	生活	473.0	460.0	0	0	1038	933.0	105.0
	第一产业	580.0	1120	126.0	417.0	2243	2243	0
	第二、第三产业	2236	0	0	0	2696	2236	461.0
	生态	0	0	0	55.00	55.00	55.00	0
	小计	3289	1580	126.0	472.0	6033	5467	566.0
浊漳河干流	生活	1107	1151	0	0	2605	2259	347.0
	第一产业	1417	4124	423.0	789.0	6798	6753	45.00
	第二、第三产业	2692	0	0	0	3201	2692	509.0
	生态	0	0	0	63.00	63.00	63.00	0
	小计	5216	5275	423.0	852.0	12670	11770	901.0
合　计		26560	23200	1227	6861	71830	57850	13970

附表1.28　　2030年强化方案75%年型多目标配置方案　　单位：万 m^3

子流域	用户	需水量					实际供水量	缺水量
		地表水	地下水	雨水集蓄	污水回用	合计		
清漳河	生活	1007	465.0	0	0	1471	1471	0
	第一产业	2945	332.0	272.0	708.0	4257	4257	0
	第二、第三产业	1883	0	0	0	1883	1883	0
	生态	0	0	0	87.00	87.00	87.00	0
	小计	5835	796.0	272.0	795.0	7698	7698	0
浊漳河南源	生活	0	2041	0	0	8086	2041	6044
	第一产业	0	7186	400.0	2777	12890	10360	2525
	第二、第三产业	9890	4791	0	0	18260	14680	3574
	生态	0		0	1597	1597	1597	0
	小计	9890	14020	400.0	4374	40830	28680	12140
浊漳河西源	生活	666.0	335.0	0	0	1001	1001	0
	第一产业	328.0	1197	6.000	281.0	2213	1812	401.0
	第二、第三产业	1294	0	0	0	1294	1294	0
	生态	0	0	0	87.00	87.00	87.00	0
	小计	2289	1532	6.000	368.0	4595	4195	401.0
浊漳河北源	生活	578.0	460.0	0	0	1038	1038	0
	第一产业	326.0	1120	126.0	417.0	2243	1988	255.0
	第二、第三产业	2696	0	0	0	2696	2696	0
	生态	0	0	0	55.00	55.00	55.00	0
	小计	3600	1580	126.0	472.0	6033	5778	255.0
浊漳河干流	生活	1454	1151	0	0	2605	2605	0
	第一产业	317.0	4124	423.0	789.0	6798	5653	1145
	第二、第三产业	3201	0	0	0	3201	3201	0
	生态	0	0	0	63.00	63.00	63.00	0
	小计	4972	5275	423.0	852.0	12670	11520	1145
合　计		26590	23200	1227	6861	71830	57870	13940

附表 1.29　　2030 年强化方案 95%年型单目标配置方案　　单位：万 m^3

子流域	用户	需水量					实际供水量	缺水量
		地表水	地下水	雨水集蓄	污水回用	合计		
清漳河	生活	1007	465.0	0	0	1471	1471	0
	第一产业	1875	1525	272.0	708.0	4380	4380	0
	第二、第三产业	1883		0	0	1883	1883	0
	生态	0		0	87.00	87.00	87.00	0
	小计	4765	1990	272.0	795.0	7822	7822	0
浊漳河南源	生活	1426	2041	0	0	8086	3467	4619
	第一产业	1335	7186	400.0	2777	13530	11700	1836
	第二、第三产业	4220	4791	0	0	18260	9010	9245
	生态	0		0	1597	1597	1597	0
	小计	6980	14020	400.0	4374	41470	25770	15700
浊漳河西源	生活	477.0	335.0	0	0	1001	812.0	188.0
	第一产业	711.0	1197	6.000	281.0	2320	2195	126.0
	第二、第三产业	938.0	0	0	0	1294	938.0	356.0
	生态	0	0	0	87.00	87.00	87.00	0
	小计	2126	1532	6.000	368.0	4702	4032	670.0
浊漳河北源	生活	408.0	460.0	0	0	1038	868.0	170.0
	第一产业	583.0	1120	126.0	417.0	2338	2245	93.00
	第二、第三产业	2095	0	0	0	2696	2095	601.0
	生态	0	0	0	55.00	55.00	55.00	0
	小计	3086	1580	126.0	472.0	6128	5264	864.0
浊漳河干流	生活	1012	1151	0	0	2605	2163	442.0
	第一产业	1641	4124	423.0	789.0	7124	6976	148.0
	第二、第三产业	2682	0	0	0	3201	2682	518.0
	生态	0	0	0	63.00	63.00	63.00	0
	小计	5335	5275	423.0	852.0	12990	11890	1108
合　计		22290	24400	1227	6861	73110	54780	18340

附表 1.30　　2030 年强化方案 95%年型多目标配置方案　　单位：万 m^3

子流域	用户	需水量					实际供水量	缺水量
		地表水	地下水	雨水集蓄	污水回用	合计		
清漳河	生活	1007	465.0	0	0	1471	1471	0
	第一产业	1875	1525	272.0	708.0	4380	4380	0
	第二、第三产业	1883		0	0	1883	1883	0
	生态	0		0	87.00	87.00	87.00	0
	小计	4765	1990	272.0	795.0	7822	7822	0
浊漳河南源	生活	0	2041	0	0	8086	2041	6044
	第一产业	0	7186	400.0	2777	13530	10360	3171
	第二、第三产业	6980	4791	0	0	18260	11770	6484
	生态			0	1597	1597	1597	0
	小计	6980	14020	400.0	4374	41470	25770	15700
浊漳河西源	生活	666.0	335.0	0	0	1001	1001	0
	第一产业	225.0	1197	6.000	281.0	2320	1709	612.0
	第二、第三产业	1294	0	0	0	1294	1294	0
	生态	0	0	0	87.00	87.00	87.00	0
	小计	2185	1532	6.000	368.0	4702	4091	612.0
浊漳河北源	生活	578.0	460.0	0	0	1038	1038	0
	第一产业	215.0	1120	126.0	417.0	2338	1877	461.0
	第二、第三产业	2696	0	0	0	2696	2696	0
	生态	0	0	0	55.00	55.00	55.00	0
	小计	3489	1580	126.0	472.0	6128	5667	461.0
浊漳河干流	生活	1454	1151	0	0	2605	2605	0
	第一产业	218.0	4124	423.0	789.0	7124	5554	1570
	第二、第三产业	3201	0	0	0	3201	3201	0
	生态	0	0	0	63.00	63.00	63.00	0
	小计	4873	5275	423.0	852.0	12990	11420	1570
合　计		22290	24400	1227	6861	73110	54770	18340

附录 2　重点区域沿河区域水资源配置方案

附表 2.1　　沿河区域现状年初始水量配置方案　　单位：万 m³

月份	现状节水情况						新增节水 10%情况					
	区 5	区 6	区 7	区 8	区 9	合计	区 5	区 6	区 7	区 8	区 9	合计
1	1.720	4.410	527.2	2.810	2.460	538.6	1.550	3.970	474.5	2.530	2.210	484.8
2	1.720	4.410	527.2	2.810	2.460	538.6	1.550	3.970	474.5	2.530	2.210	484.8
3	81.72	111.0	1165	97.19	114.5	1569	73.54	99.91	1049	87.47	103.0	1413
4	81.72	111.0	1165	97.19	114.5	1569	73.54	99.91	1049	87.47	103.0	1413
5	81.72	111.0	1165	97.19	114.5	1569	73.54	99.91	1049	87.47	103.0	1413
6	81.72	111.0	1165	97.19	114.5	1569	73.54	99.91	1049	87.47	103.0	1413
7	1.720	4.410	527.2	2.810	2.460	538.6	1.550	3.970	474.5	2.530	2.210	484.7
8	1.720	4.410	527.2	2.810	2.460	538.6	1.550	3.970	474.5	2.530	2.210	484.8
9	1.720	4.410	527.2	2.810	2.460	538.6	1.550	3.970	474.5	2.530	2.210	484.8
10	1.720	4.410	527.2	2.810	2.460	538.6	1.550	3.970	474.5	2.530	2.210	484.8
11	81.72	111.0	1165	97.19	114.5	1569	73.54	99.91	1049	87.47	103.0	1413
12	1.720	4.410	527.2	2.810	2.460	538.6	1.550	3.970	474.5	2.530	2.210	484.8
合计	420.6	585.9	9515	505.6	589.7	11620	378.5	527.3	8567	455.0	530.5	10460

附表 2.2　　沿河区域 2020 规划年初始水量配置方案　　单位：万 m³

月份	现状节水情况						新增节水 10%情况					
	区 5	区 6	区 7	区 8	区 9	合计	区 5	区 6	区 7	区 8	区 9	合计
1	1.530	3.760	523.7	2.430	2.130	533.5	1.380	3.380	471.3	2.190	1.910	480.2
2	1.530	3.760	523.7	2.430	2.130	533.5	1.380	3.380	471.3	2.190	1.910	480.2
3	81.53	52.82	883.0	57.24	62.64	1137	73.38	47.54	794.7	51.52	56.38	1024
4	81.53	52.82	883.0	57.24	62.64	1137	73.38	47.54	794.7	51.52	56.38	1024
5	81.53	52.82	883.0	57.24	62.64	1137	73.38	47.54	794.7	51.52	56.38	1024
6	81.53	52.82	883.0	57.24	62.64	1137	73.38	47.54	794.7	51.52	56.38	1024
7	1.530	3.760	523.7	2.430	2.130	533.5	1.380	3.380	471.3	2.190	1.910	480.2
8	1.530	3.760	523.7	2.430	2.130	533.5	1.380	3.380	471.3	2.190	1.910	480.2
9	1.530	3.760	523.7	2.430	2.130	533.5	1.380	3.380	471.3	2.190	1.910	480.2
10	1.530	3.760	523.7	2.430	2.130	533.5	1.380	3.380	471.3	2.190	1.910	480.2
11	81.53	52.82	883.0	57.24	62.64	1137	73.38	47.54	794.7	51.52	56.38	1024
12	1.530	3.760	523.7	2.430	2.130	533.5	1.380	3.380	471.3	2.190	1.910	480.2
合计	418.4	290.4	8081	303.2	328.1	9420	376.6	261.3	7273	272.9	295.3	8481

附表 2.3　　沿河区域 2030 规划年初始水量配置方案　　单位：万 m^3

月份	现状节水情况						新增节水 10%情况					
	区 5	区 6	区 7	区 8	区 9	合计	区 5	区 6	区 7	区 8	区 9	合计
1	1.560	3.820	524.2	2.490	2.180	534.3	1.400	3.440	471.8	2.240	1.960	480.8
2	1.560	3.820	524.2	2.490	2.180	534.3	1.400	3.440	471.8	2.240	1.960	480.8
3	81.56	52.89	883.6	57.30	62.69	1138	73.40	47.60	795.3	51.57	56.42	1024
4	81.56	52.89	883.6	57.30	62.69	1138	73.40	47.60	795.3	51.57	56.42	1024
5	81.56	52.89	883.6	57.30	62.69	1138	73.40	47.60	795.3	51.57	56.42	1024
6	81.56	52.89	883.6	57.30	62.69	1138	73.40	47.60	795.3	51.57	56.42	1024
7	1.560	3.820	524.2	2.490	2.180	534.3	1.400	3.440	471.8	2.240	1.960	480.8
8	1.560	3.820	524.2	2.490	2.180	534.3	1.400	3.440	471.8	2.240	1.960	480.8
9	1.560	3.820	524.2	2.490	2.180	534.3	1.400	3.440	471.8	2.240	1.960	480.8
10	1.560	3.820	524.2	2.490	2.180	534.3	1.400	3.440	471.8	2.240	1.960	480.8
11	81.56	52.89	883.6	57.30	62.69	1138	73.40	47.60	795.3	51.57	56.42	1024
12	1.560	3.820	524.2	2.490	2.180	534.3	1.400	3.440	471.8	2.240	1.960	480.8
合计	418.7	291.2	8087	303.9	328.7	9430	376.8	262.1	7279	273.5	295.8	8486

附录3　基本模型下重点区域四大灌区水量配置方案

附表 3.1　　平水年来水与现状年需水情景下四大灌区水量配置方案　　单位：万 m^3

月份	现状年-情景 B－1							现状年-情景 B－4						
	需水量	可分水量	分配水量				余缺水量	需水量	可分水量	分配水量				余缺水量
			区 1	区 2	区 3	区 4				区 1	区 2	区 3	区 4	
1	0	3249	0	0	0	0	3249	0	3297	0	0	0	0	3297
2	0	2633	0	0	0	0	2633	0	2680	0	0	0	0	2680
3	2081	1967	751.0	543.0	213.0	460.0	－114.0	1873	2106	951.0	433.0	133.0	356.0	233.0
4	1576	566	226.0	134.0	96.00	110.0	－1010	1418	704	282.0	177.0	101.0	144.0	－714.0
5	2081	2390	1057	481.0	148.0	396.0	309.0	1873	2528	951.0	433.0	133.0	356.0	655.0
6	1576	1813	800.0	364.0	112.0	299.0	237.0	1418	1951	720.0	328.0	101.0	269.0	533.0
7	0	3574	0	0	0	0	3574	0	3622	0	0	0	0	3622
8	0	3174	0	0	0	0	3174	0	3222	0	0	0	0	3222
9	0	4611	0	0	0	0	4611	0	4658	0	0	0	0	4658
10	0	7592	0	0	0	0	7592	0	7639	0	0	0	0	7639
11	2307	3938	1171	533.0	164.0	438.0	1631	2076	4076	1054	480.0	148.0	394.0	2000
12	0	3826	0	0	0	0	3826	0	3874	0	0	0	0	3874
合计	9621	39330	4005	2055	733.0	1703	29710	8658	40360	3958	1851	616.0	1519	31700

附表 3.2　　平水年来水和规划年 2020 年需水情景下四大灌区水量配置方案　　单位：万 m^3

月份	规划年 2020 -情景 B－7							规划年 2020 -情景 B－10						
	需水量	可分水量	分配水量				余缺水量	需水量	可分水量	分配水量				余缺水量
			区 1	区 2	区 3	区 4				区 1	区 2	区 3	区 4	
1	0	3254	0	0	0	0	3254	0	3301	0	0	0	0	3301
2	0	2637	0	0	0	0	2637	0	2684	0	0	0	0	2684
3	4942	2348	798.0	517.0	704.0	329.0	－2594	4448	2448	833.0	538.0	734.0	343.0	－2000
4	3740	946	361.0	235.0	236.0	114.0	－2794	3366	1046	403.0	258.0	259.0	126.0	－2320
5	4942	2771	1161	556.0	754.0	300.0	－2171	4448	2871	1200	578.0	783.0	310.0	－1577
6	3740	2194	861.0	557.0	556.0	220.0	－1546	3366	2294	888.0	581.0	582.0	243.0	－1072
7	0	3579	0	0	0	0	3579	0	3626	0	0	0	0	3626
8	0	3179	0	0	0	0	3179	0	3226	0	0	0	0	3226
9	0	4615	0	0	0	0	4615	0	4662	0	0	0	0	4662
10	0	7596	0	0	0	0	7596	0	7643	0	0	0	0	7643
11	5477	4318	1852	604.0	1391	471.0	－1159	4929	4418	1965	649.0	1282	522.0	－511.0
12	0	3831	0	0	0	0	3831	0	3878	0	0	0	0	3878
合计	22840	41270	5033	2469	3641	1434	18430	20560	42100	5288	2603	3640	1544	21540

附表 3.3　　平水年来水和规划年 2030 年需水情景下四大灌区水量配置方案　　单位：万 m³

月份	规划年 2030 -情景 B-13							规划年 2030 -情景 B-16						
	需水量	可分水量	分配水量				余缺水量	需水量	可分水量	分配水量				余缺水量
			区 1	区 2	区 3	区 4				区 1	区 2	区 3	区 4	
1	0	3253	0	0	0	0	3253	0	3300	0	0	0	0	3300
2	0	2637	0	0	0	0	2637	0	2684	0	0	0	0	2684
3	7583	2347	846.0	613.0	377.0	511.0	−5236	6825	2447	895.0	651.0	357.0	544.0	−4378
4	5733	945	375.0	225.0	161.0	184.0	−4788	5160	1046	411.0	251.0	178.0	206.0	−4114
5	7583	2770	1284	589.0	389.0	508.0	−4813	6825	2870	1342	626.0	367.0	535.0	−3955
6	5733	2193	1054	480.0	266.0	393.0	−3540	5160	2293	1119	511.0	240.0	423.0	−2867
7	0	3578	0	0	0	0	3578	0	3625	0	0	0	0	3625
8	0	3178	0	0	0	0	3178	0	3225	0	0	0	0	3225
9	0	4615	0	0	0	0	4615	0	4662	0	0	0	0	4662
10	0	7596	0	0	0	0	7596	0	7643	0	0	0	0	7643
11	8507	4317	2421	601.0	390.0	905.0	−4190	7656	4418	2497	623.0	360.0	938.0	−3238
12	0	3830	0	0	0	0	3830	0	3877	0	0	0	0	3877
合计	35140	41260	5980	2508	1583	2501	6120	31630	42090	6264	2662	1502	2646	10460

附表 3.4　　枯水年来水和现状年需水情景下四大灌区水量配置方案　　单位：万 m³

月份	现状年-情景 B-2							现状年-情景 B-5						
	需水量	可分水量	分配水量				余缺水量	需水量	可分水量	分配水量				余缺水量
			区 1	区 2	区 3	区 4				区 1	区 2	区 3	区 4	
1	0	1508	0	0	0	0	1508	0	1555	0	0	0	0	1555
2	0	1406	0	0	0	0	1406	0	1454	0	0	0	0	1454
3	3330	215	74.00	42.00	65.00	34.00	−3115	2997	353.0	124.0	68.00	106.0	55.00	−2644
4	2521	87.00	34.00	21.00	15.00	17.00	−2434	2269	225.0	90.00	53.00	38.00	44.00	−2044
5	3330	27.00	9	4.000	8.000	6.000	−3303	2997	165.0	66.00	30.00	45.00	24.00	−2832
6	2521	1478	709.0	324.0	180.0	265.0	−1043	2269	1617	796.0	362.0	162.0	297.0	−652
7	0	2555	0	0	0	0	2555	0	2603	0	0	0	0	2603
8	0	8969	0	0	0	0	8969	0	9016	0	0	0	0	9016
9	0	1912	0	0	0	0	1912	0	1959	0	0	0	0	1959
10	0	2877	0	0	0	0	2877	0	2924	0	0	0	0	2924
11	3691	835.0	332.0	116.0	263.0	124.0	−2856	3322	973.0	436.0	136.0	237.0	164.0	−2349
12	0	1513	0	0	0	0	1513	0	1560	0	0	0	0	1560
合计	15390	23380	1158	507.0	531.0	446.0	7989	13850	24400	1512	649.0	588.0	584.0	10550

附表 3.5　　枯水年来水和规划年 2020 年需水情景下四大灌区水量配置方案　　单位：万 m^3

月份	规划年 2020 -情景 B-8							规划年 2020 -情景 B-11						
	需水量	可分水量	分配水量				余缺水量	需水量	可分水量	分配水量				余缺水量
			区 1	区 2	区 3	区 4				区 1	区 2	区 3	区 4	
1	0	1512	0	0	0	0	1512	0	1559	0	0	0	0	1559
2	0	1411	0	0	0	0	1411	0	1458	0	0	0	0	1458
3	7908	596.0	229.0	148.0	147.0	72.00	−7312	7117	696.0	268.0	172.0	172.0	84.00	−6421
4	5984	467.0	179.0	116.0	116.0	56.00	−5517	5386	567.0	218.0	140.0	141.0	68.00	−4819
5	7908	408.0	168.0	82.00	113.0	45.00	−7500	7117	508.0	212.0	103.0	139.0	54.00	−6609
6	5984	1859	729.0	472.0	472.0	186.0	−4125	5386	1959	738.0	495.0	497.0	229.0	−3427
7	0	2560	0	0	0	0	2560	0	2607	0	0	0	0	2607
8	0	8973	0	0	0	0	8973	0	9020	0	0	0	0	9020
9	0	1916	0	0	0	0	1916	0	1963	0	0	0	0	1963
10	0	2881	0	0	0	0	2881	0	2928	0	0	0	0	2928
11	8762	1215	370.0	168.0	584.0	93.00	−7547	7886	1316	398.0	183.0	632.0	103.0	−6570
12	0	1517	0	0	0	0	1517	0	1564	0	0	0	0	1564
合计	36550	25320	1675	986.0	1432	452.0	−11230	32890	26150	1834	1093	1581	538.0	−6746

附表 3.6　　枯水年来水和规划年 2030 年需水情景下四大灌区水量配置方案　　单位：万 m^3

月份	规划年 2030 -情景 B-14							规划年 2030 -情景 B-17						
	需水量	可分水量	分配水量				余缺水量	需水量	可分水量	分配水量				余缺水量
			区 1	区 2	区 3	区 4				区 1	区 2	区 3	区 4	
1	0	1512	0	0	0	0	1512	0	1559	0	0	0	0	1559
2	0	1410	0	0	0	0	1410	0	1457	0	0	0	0	1457
3	12210	595.0	208.0	115.0	179.0	93.00	−11610	10990	695.0	238.0	136.0	209.0	112.0	−10290
4	9247	466.0	183.0	112.0	79.00	92.00	−8781	8322	567.0	225.0	135.0	96.00	111.0	−7755
5	12210	407.0	162.0	74.00	110.0	61.00	−11800	10990	507.0	202.0	92.00	137.0	76.00	−10480
6	9247	1858	812.0	370.0	372.0	304.0	−7389	8322	1958	853.0	396.0	385.0	324.0	−6364
7	0	2559	0	0	0	0	2559	0	2606	0	0	0	0	2606
8	0	8973	0	0	0	0	8973	0	9020	0	0	0	0	9020
9	0	1916	0	0	0	0	1916	0	1963	0	0	0	0	1963
10	0	2880	0	0	0	0	2880	0	2927	0	0	0	0	2927
11	13500	1215	321.0	170.0	584.0	140.0	−12290	12150	1315	416.0	181.0	563.0	155.0	−10840
12	0	1517	0	0	0	0	1517	0	1564	0	0	0	0	1564
合计	56220	25310	1686	841.0	1324	690.0	−30910	50610	26140	1934	940.0	1390	778.0	−24460

附表 3.7　　特枯年来水和现状年需水情景下四大灌区水量配置方案　　单位：万 m^3

月份	现状年-情景 B-3							现状年-情景 B-6						
	需水量	可分水量	分配水量				余缺水量	需水量	可分水量	分配水量				余缺水量
			区 1	区 2	区 3	区 4				区 1	区 2	区 3	区 4	
1	0	2177	0	0	0	0	2177	0	2224	0	0	0	0	2224
2	0	1849	0	0	0	0	1849	0	1897	0	0	0	0	1897
3	5411	498.0	172.0	96.00	150.0	80.00	−4913	4870	636.0	222.0	122.0	191.0	101.0	−4234
4	4097	0	0	0	0	0	−4097	3687	0	0	0	0	0	−3687
5	5411	0	0	0	0	0	−5411	4870	0	0	0	0	0	−4870
6	4097	0	0	0	0	0	−4097	3687	0	0	0	0	0	−3687
7	0	754.0	0	0	0	0	754	0	801.0	0	0	0	0	801.0
8	0	1004	0	0	0	0	1004	0	1051	0	0	0	0	1051
9	0	1215	0	0	0	0	1215	0	1263	0	0	0	0	1263
10	0	1766	0	0	0	0	1766	0	1814	0	0	0	0	1814
11	5998	762.0	214.0	100.0	366.0	82.00	−5236	5398	901.0	284.0	126.0	385.0	106.0	−4497
12	0	1185	0	0	0	0	1185	0	1232	0	0	0	0	1232
合计	25010	11210	386.0	196.0	516.0	162.0	−13800	22510	11820	506.0	248.0	576.0	207.0	−10690

附表 3.8　　特枯年来水和规划年 2020 年需水情景下四大灌区水量配置方案　　单位：万 m^3

月份	规划年 2020-情景 B-9							规划年 2020-情景 B-12						
	需水量	可分水量	分配水量				余缺水量	需水量	可分水量	分配水量				余缺水量
			区 1	区 2	区 3	区 4				区 1	区 2	区 3	区 4	
1	0	2181	0	0	0	0	2181	0	2228	0	0	0	0	2228
2	0	1854	0	0	0	0	1854	0	1901	0	0	0	0	1901
3	12850	878.0	297.0	194.0	264.0	123.0	−11970	11570	978.0	331.0	216.0	294.0	137.0	−10860
4	9724	0	0	0	0	0	−9724	8752	0	0	0	0	0	−8752
5	12850	0	0	0	0	0	−12850	11570	0	0	0	0	0	−11570
6	9724	0	0	0	0	0	−9724	8752	9	3	2	3	1	−8743
7	0	758.0	0	0	0	0	758.0	0	805.0	0	0	0	0	805.0
8	0	1008	0	0	0	0	1008	0	1055	0	0	0	0	1055
9	0	1220	0	0	0	0	1220	0	1267	0	0	0	0	1267
10	0	1771	0	0	0	0	1771	0	1818	0	0	0	0	1818
11	14240	1143	345.0	160.0	549.0	89.00	−13100	12820	1243	376.0	174.0	597.0	96.00	−11570
12	0	1189	0	0	0	0	1189	0	1236	0	0	0	0	1236
合计	59390	12000	642.0	354.0	813.0	212.0	−47390	53460	12540	710.0	392.0	894.0	234.0	−40910

附表 3.9　特枯年来水和规划年 2030 年需水情景下四大灌区水量配置方案　单位：万 m^3

月份	规划年 2030 -情景 B-15							规划年 2030 -情景 B-18						
	需水量	可分水量	分配水量				余缺水量	需水量	可分水量	分配水量				余缺水量
			区 1	区 2	区 3	区 4				区 1	区 2	区 3	区 4	
1	0	2181	0	0	0	0	2181	0	2228	0	0	0	0	2228
2	0	1853	0	0	0	0	1853	0	1900	0	0	0	0	1900
3	19790	877.0	304.0	171.0	264.0	138.0	−18910	17810	978.0	341.0	188.0	294.0	155.0	−16830
4	14980	0	0	0	0	0	−14980	13480	0	0	0	0	0	−13480
5	19790	0	0	0	0	0	−19790	17810	0	0	0	0	0	−17810
6	14980	0	0	0	0	0	−14980	13480	9.000	4.000	2.000	2.000	1.000	−13470
7	0	757.0	0	0	0	0	757.0	0	804.0	0	0	0	0	804.0
8	0	1008	0	0	0	0	1008	0	1055	0	0	0	0	1055
9	0	1219	0	0	0	0	1219	0	1266	0	0	0	0	1266
10	0	1770	0	0	0	0	1770	0	1817	0	0	0	0	1817
11	22010	1142	318.0	150.0	549.0	125.0	−20870	19810	1242	332.0	171.0	597.0	142.0	−18570
12	0	1189	0	0	0	0	1189	0	1236	0	0	0	0	1236
合计	91550	12000	622.0	321.0	813.0	263.0	−79550	82390	12530	677.0	361.0	893.0	298.0	−69860

附录 4　节水激励模型下重点区域四大灌区水量配置方案

附表 4.1　　平水年来水与现状年需水情景下四大灌区水量配置方案　　单位：万 m³

月份	现状年-情景 B-1							现状年-情景 ES-4						
	需水量	可分水量	分配水量				余缺水量	需水量	可分水量	分配水量				余缺水量
			区 1	区 2	区 3	区 4				区 1	区 2	区 3	区 4	
1	0	3249	0	0	0	0	3249	0	3297	0	0	0	0	3297
2	0	2633	0	0	0	0	2633	0	2680	0	0	0	0	2680
3	2081	1967	998.0	467.0	144.0	388.0	－114	1873	2106	1069	487.0	150.0	400.0	233.0
4	1576	566.0	227.0	153.0	42.00	144.0	－1010	1418	704	306.0	205.0	7.000	186.0	－714.0
5	2081	2390	1213	553.0	170.0	454.0	309.0	1873	2528	1284	584.0	180.0	480.0	655.0
6	1576	1813	921.0	419.0	129.0	344.0	237.0	1418	1951	991.0	451.0	139.0	370.0	533.0
7	0	3574	0	0	0	0	3574	0	3622	0	0	0	0	3622
8	0	3174	0	0	0	0	3174	0	3222	0	0	0	0	3222
9	0	4611	0	0	0	0	4611	0	4658	0	0	0	0	4658
10	0	7592	0	0	0	0	7592	0	7639	0	0	0	0	7639
11	2307	3938	2000	910.0	280.0	748.0	1631	2076	4076	2069	942.0	291.0	774.0	2000
12	0	3826	0	0	0	0	3826	0	3874	0	0	0	0	3874
合计	9621	39330	5359	2502	765.0	2078	29710	8658	40360	5719	2669	767.0	2210	31700

附表 4.2　　平水年来水和规划年 2020 年需水情景下四大灌区水量配置方案　　单位：万 m³

月份	规划年 2020-情景 ES-7							规划年 2020-情景 ES-10						
	需水量	可分水量	分配水量				余缺水量	需水量	可分水量	分配水量				余缺水量
			区 1	区 2	区 3	区 4				区 1	区 2	区 3	区 4	
1	0	3254	0	0	0	0	3254	0	3301	0	0	0	0	3301
2	0	2637	0	0	0	0	2637	0	2684	0	0	0	0	2684
3	4942	2348	860.0	492.0	696.0	300.0	－2594	4448	2448	824.0	646.0	663.0	315.0	－2000
4	3740	946.0	356.0	237.0	351.0	2.000	－2794	3366	1046	432.0	368.0	162.0	84.00	－2320
5	4942	2771	935.0	738.0	760.0	338.0	－2171	4448	2871	1035	774.0	719.0	343.0	－1577
6	3740	2194	706.0	584.0	636.0	268.0	－1546	3366	2294	813.0	598.0	657.0	226.0	－1072
7	0	3579	0	0	0	0	3579	0	3626	0	0	0	0	3626
8	0	3179	0	0	0	0	3179	0	3226	0	0	0		3226
9	0	4615	0	0	0	0	4615	0	4662	0	0	0	0	4662
10	0	7596	0	0	0	0	7596	0	7643	0	0	0	0	7643
11	5477	4318	1578	1137	1127	476.0	－1159	4929	4418	1693	1138	1141	446.0	－511.0
12	0	3831	0	0	0	0	3831	0	3878	0	0	0	0	3878
合计	22840	41270	4435	3188	3570	1384	18430	20560	42100	4797	3524	3342	1414	21540

附表 4.3　　平水年来水和规划年 2030 年需水情景下四大灌区水量配置方案　　单位：万 m³

月份	规划年 2030 -情景 ES-13							规划年 2030 -情景 ES-16						
	需水量	可分水量	分配水量				余缺水量	需水量	可分水量	分配水量				余缺水量
			区 1	区 2	区 3	区 4				区 1	区 2	区 3	区 4	
1	0	3253	0	0	0	0	3253	0	3300	0	0	0	0	3300
2	0	2637	0	0	0	0	2637	0	2684	0	0	0	0	2684
3	7583	2347	965.0	609.0	209.0	564.0	−5236	6825	2447	1091	609.0	154.0	593.0	−4378
4	5733	945.0	237.0	278.0	83.00	347.0	−4788	5160	1046	429	384.0	90.00	143.0	−4114
5	7583	2770	1441	720.0	171.0	438.0	−4813	6825	2870	1247	766.0	226.0	631.0	−3955
6	5733	2193	981.0	574.0	151.0	487.0	−3540	5160	2293	1062	582.0	187.0	462.0	−2867
7	0	3578	0	0	0	0	3578	0	3625	0	0	0	0	3625
8	0	3178	0	0	0	0	3178	0	3225	0	0	0	0	3225
9	0	4615	0	0	0	0	4615	0	4662	0	0	0	0	4662
10	0	7596	0	0	0	0	7596	0	7643	0	0	0	0	7643
11	8507	4317	2058	1057	303.0	899.0	−4190	7656	4418	2181	1047	317.0	873.0	−3238
12	0	3830	0	0	0	0	3830	0	3877	0	0	0	0	3877
合计	35140	41260	5682	3238	917.0	2735	6120	31625	42090	6010	3388	974.0	2702	10460

附表 4.4　　枯水年来水和现状年需水情景下四大灌区水量配置方案　　单位：万 m³

月份	现状年-情景 ES-2							现状年-情景 ES-5						
	需水量	可分水量	分配水量				余缺水量	需水量	可分水量	分配水量				余缺水量
			区 1	区 2	区 3	区 4				区 1	区 2	区 3	区 4	
1	0	1508	0	0	0	0	1508	0	1555	0	0	0	0	1555
2	0	1406	0	0	0	0	1406	0	1454	0	0	0	0	1454
3	3330	215.0	32.00	49.00	44.00	90.00	−3115	2997	353.0	132.0	182.0	13.00	26.00	−2644
4	2521	87.00	17.00	24.00	37.00	9.000	−2434	2269	225.0	114.0	52.00	16.00	43.00	−2044
5	3330	27.00	8.000	4.000	0	15.00	−3303	2997	165.0	55.00	3.000	51.00	56.00	−2832
6	2521	1478	610.0	388.0	129.0	351.0	−1043	2269	1617	774.0	414.0	79.00	350.0	−652.0
7	0	2555	0	0	0	0	2555	0	2603	0	0	0	0	2603
8	0	8969	0	0	0	0	8969	0	9016	0	0	0	0	9016
9	0	1912	0	0	0	0	1912	0	1959	0	0	0	0	1959
10	0	2877	0	0	0	0	2877	0	2924	0	0	0	0	2924
11	3691	835.0	342.0	302.0	62.00	129.0	−2856	3322	973.0	332.0	274.0	100.0	267.0	−2349
12	0	1513	0	0	0	0	1513	0	1560	0	0	0	0	1560
合计	15390	23380	1009	767.0	272.0	594.0	7989	13850	24400	1407	925.0	259.0	742.0	10550

附表 4.5　　枯水年来水和规划年 2020 年需水情景下四大灌区水量配置方案　　单位：万 m³

月份	规划年 2020 -情景 ES-8							规划年 2020 -情景 ES-11						
	需水量	可分水量	分配水量				余缺水量	需水量	可分水量	分配水量				余缺水量
			区 1	区 2	区 3	区 4				区 1	区 2	区 3	区 4	
1	0	1512	0	0	0	0	1512	0	1559	0	0	0	0	1559
2	0	1411	0	0	0	0	1411	0	1458	0	0	0	0	1458
3	7908	596.0	204.0	0	175.0	217.0	−7312	7117	696.0	274.0	26.00	223.0	173.0	−6421
4	5984	467.0	183.0	119.0	118.0	47.00	−5517	5386	567.0	94.00	132.0	266.0	75.00	−4819
5	7908	408.0	121.0	155.0	132.0	0	−7500	7117	508.0	185.0	244.0	0	79.00	−6609
6	5984	1859	525.0	670.0	664.0	0	−4125	5386	1959	449.0	526.0	693.0	291.0	−3427
7	0	2560	0	0	0	0	2560	0	2607	0	0	0	0	2607
8	0	8973	0	0	0	0	8973	0	9020	0	0	0	0	9020
9	0	1916	0	0	0	0	1916	0	1963	0	0	0	0	1963
10	0	2881	0	0	0	0	2881	0	2928	0	0	0	0	2928
11	8762	1215	339.0	66.00	626.0	184.0	−7547	7886	1316	273.0	407.0	630.0	6.000	−6570
12	0	1517	0	0	0	0	1517	0	1564	0	0	0	0	1564
合计	36550	25320	1372	1010	1715	448.0	−11230	32890	26150	1275	1335	1812	624.0	−6746

附表 4.6　　枯水年来水和规划年 2030 年需水情景下四大灌区水量配置方案　　单位：万 m³

月份	规划年 2030 -情景 ES-14							规划年 2030 -情景 ES-17						
	需水量	可分水量	分配水量				余缺水量	需水量	可分水量	分配水量				余缺水量
			区 1	区 2	区 3	区 4				区 1	区 2	区 3	区 4	
1	0	1512	0	0	0	0	1512	0	1559	0	0	0	0	1559
2	0	1410	0	0	0	0	1410	0	1457	0	0	0	0	1457
3	12210	595.0	143.0	196.0	27.00	229.0	−11610	10990	695.0	156.0	277.0	145.0	117.0	−10290
4	9247	466.0	174.0	197.0	68.00	27.00	−8781	8322	567.0	106.0	150.0	63.00	248.0	−7755
5	12210	407.0	207.0	94.00	29.00	77.00	−11800	10990	507.0	131.0	81.00	95.00	200.0	−10480
6	9247	1858	702.0	526.0	159.0	471.0	−7389	8322	1958	805.0	549.0	208.0	396.0	−6364
7	0	2559	0	0	0	0	2559	0	2606	0	0	0	0	2606
8	0	8973	0	0	0	0	8973	0	9020	0	0	0	0	9020
9	0	1916	0	0	0	0	1916	0	1963	0	0	0	0	1963
10	0	2880	0	0	0	0	2880	0	2927	0	0	0	0	2927
11	13500	1215	369.0	513.0	0	333.0	−12290	12150	1315	366.0	430.0	60.00	459.0	−10840
12	0	1517	0	0	0	0	1517	0	1564	0	0	0	0	1564
合计	56220	25310	1595	1526	283.0	1137	−30910	50600	26140	1564	1486	571.0	1420	−24460

附表4.7　　特枯年来水和现状年需水情景下四大灌区水量配置方案　　单位：万 m^3

月份	现状年-情景 ES－3							现状年-情景 ES－6						
	需水量	可分水量	分配水量				余缺水量	需水量	可分水量	分配水量				余缺水量
			区1	区2	区3	区4				区1	区2	区3	区4	
1	0	2177	0	0	0	0	2177	0	2224	0	0	0	0	2224
2	0	1849	0	0	0	0	1849	0	1897	0	0	0	0	1897
3	5411	498.0	206.0	47.00	121.0	124.0	−4913	4870	636.0	264.0	10.00	116.0	246.0	−4234
4	4097	0	0	0	0	0	−4097	3687	0	0	0	0	0	−3687
5	5411	0	0	0	0	0	−5411	4870	0	0	0	0	0	−4870
6	4097	0	0	0	0	0	−4097	3687	0	0	0	0	0	−3687
7	0	754.0	0	0	0	0	754.0	0	801.0	0	0	0	0	801.0
8	0	1004	0	0	0	0	1004	0	1051	0	0	0	0	1051
9	0	1215	0	0	0	0	1215	0	1263	0	0	0	0	1263
10	0	1766	0	0	0	0	1766	0	1814	0	0	0	0	1814
11	5998	762.0	305.0	429.0	0	28.00	−5236	5398	901.0	334.0	402.0	165.0	0	−4497
12	0	1185	0	0	0	0	1185	0	1232	0	0	0	0	1232
合计	25010	11210	511.0	476.0	121.0	152.0	−13800	22510	11820	598.0	412.0	281.0	246.0	−10690

附表4.8　　特枯年来水和规划年2020年需水情景下四大灌区水量配置方案　　单位：万 m^3

月份	规划年2020-情景 ES－9							规划年2020-情景 ES－12						
	需水量	可分水量	分配水量				余缺水量	需水量	可分水量	分配水量				余缺水量
			区1	区2	区3	区4				区1	区2	区3	区4	
1	0	2181	0	0	0	0	2181	0	2228	0	0	0	0	2228
2	0	1854	0	0	0	0	1854	0	1901	0	0	0	0	1901
3	12850	878.0	260.0	211.0	176.0	231.0	−11970	11570	978.0	320.0	346.0	312.0	0	−10860
4	9724	0	0	0	0	0	−9724	8752	0	0	0	0	0	−8752
5	12850	0	0	0	0	0	−12850	11570	0	0	0	0	0	−11570
6	9724	0	0	0	0	0	−9724	8752	9.000	1.000	1.000	2.000	5.000	−8743
7	0	758.0	0	0	0	0	758.0	0	805.0	0	0	0	0	805.0
8	0	1008	0	0	0	0	1008	0	1055	0	0	0	0	1055
9	0	1220	0	0	0	0	1220	0	1267	0	0	0	0	1267
10	0	1771	0	0	0	0	1771	0	1818	0	0	0	0	1818
11	14240	1143	239.0	289.0	202.0	413.0	−13100	12820	1243	302.0	516.0	0	425.0	−11570
12	0	1189	0	0	0	0	1189	0	1236	0	0	0	0	1236
合计	59390	12000	499.0	500.0	378.0	644.0	−47390	53460	12540	623.0	864.0	314.0	430.0	−40910

附表 4.9　　特枯年来水和规划年 2030 年需水情景下四大灌区水量配置方案　　单位：万 m^3

月份	规划年 2030 -情景 ES - 15							规划年 2030 -情景 ES - 18						
	需水量	可分水量	分配水量				余缺水量	需水量	可分水量	分配水量				余缺水量
			区 1	区 2	区 3	区 4				区 1	区 2	区 3	区 4	
1	0	2181	0	0	0	0	2181	0	2228	0	0	0	0	2228
2	0	1853	0	0	0	0	1853	0	1900	0	0	0	0	1900
3	19790	877.0	101.0	177.0	178.0	421.0	−18910	17810	978.0	409.0	445.0	82.00	42.00	−16830
4	14980	0	0	0	0	0	−14980	13480	0	0	0	0	0	−13480
5	19790	0	0	0	0	0	−19790	17810	0	0	0	0	0	−17810
6	14980	0	0	0	0	0	−14980	13480	9.000	1.000	0	4	4	−13470
7	0	757.0	0	0	0	0	757.0	0	804.0	0	0	0	0	804.0
8	0	1008	0	0	0	0	1008	0	1055	0	0	0	0	1055
9	0	1219	0	0	0	0	1219	0	1266	0	0	0	0	1266
10	0	1770	0	0	0	0	1770	0	1817	0	0	0	0	1817
11	22010	1142	312.0	525.0	287.0	18.00	−20870	19810	1242	542.0	81.00	234.0	385.0	−18570
12	0	1189	0	0	0	0	1189	0	1236	0	0	0	0	1236
合计	91550	12000	413.0	702.0	465.0	439.0	−79550	82390	12530	952.0	526.0	320.0	431.0	−69860

附录 5　水权交易模型下重点区域四大灌区水量配置方案

附表 5.1　　平水年来水与现状年需水情景下四大灌区水量配置方案　　单位：万 m^3

月份	现状年-情景 EE-1							现状年-情景 EE-4						
	需水量	可分水量	分配水量				余缺水量	需水量	可分水量	分配水量				余缺水量
			区 1	区 2	区 3	区 4				区 1	区 2	区 3	区 4	
1	0	3249	0	0	0	0	3249	0	3297	0	0	0	0	3297
2	0	2633	0	0	0	0	2633	0	2680	0	0	0	0	2680
3	2081	1967	985.0	461.0	143.0	378.0	−114.0	1873	2106	1069	487.0	150.0	400.0	233.0
4	1576	566.0	226.0	126.0	51.00	163.0	−1010	1418	704	324.0	179.0	15.00	186.0	−714.0
5	2081	2390	1216	554.0	170.0	450.0	309.0	1873	2528	1284	584.0	180.0	480.0	655.0
6	1576	1813	921.0	419.0	129.0	344.0	237.0	1418	1951	991.0	451.0	139.0	370.0	533.0
7	0	3574	0	0	0	0	3574	0	3622	0	0	0	0	3622
8	0	3174	0	0	0	0	3174	0	3222	0	0	0	0	3222
9	0	4611	0	0	0	0	4611	0	4658	0	0	0	0	4658
10	0	7592	0	0	0	0	7592	0	7639	0	0	0	0	7639
11	2307	3938	2000	910.0	280.0	748.0	1631	2076	4076	2069	942.0	291.0	774.0	2000
12	0	3826	0	0	0	0	3826	0	3874	0	0	0	0	3874
合计	9621	39330	5348	2470	773.0	2083	29710	8658	40360	5737	2643	775.0	2210	31700

附表 5.2　　平水年来水和规划年 2020 年需水情景下四大灌区水量配置方案　　单位：万 m^3

月份	规划年 2020 -情景 EE-7							规划年 2020 -情景 EE-10						
	需水量	可分水量	分配水量				余缺水量	需水量	可分水量	分配水量				余缺水量
			区 1	区 2	区 3	区 4				区 1	区 2	区 3	区 4	
1	0	3254	0	0	0	0	3254	0	3301	0	0	0	0	3301
2	0	2637	0	0	0	0	2637	0	2684	0	0	0	0	2684
3	4942	2348	773.0	607.0	733.0	235.0	−2594	4448	2448	845.0	639.0	715.0	249.0	−2000
4	3740	946.0	381.0	263.0	196.0	106.0	−2794	3366	1046	266	292.0	434.0	54.00	−2320
5	4942	2771	1008	592.0	843.0	328.0	−2171	4448	2871	1008	756.0	813.0	294.0	−1577
6	3740	2194	800.0	462.0	654.0	278.0	−1546	3366	2294	792.0	591.0	644.0	267.0	−1072
7	0	3579	0	0	0	0	3579	0	3626	0	0	0	0	3626
8	0	3179	0	0	0	0	3179	0	3226	0	0	0		3226
9	0	4615	0	0	0	0	4615	0	4662	0	0	0	0	4662
10	0	7596	0	0	0	0	7596	0	7643	0	0	0	0	7643
11	5477	4318	1595	1101	1158	464.0	−1159	4929	4418	1676	1131	1152	459.0	−511.0
12	0	3831	0	0	0	0	3831	0	3878	0	0	0	0	3878
合计	22840	41270	4557	3025	3584	1411	18430	20560	42100	4587	3409	3758	1323	21540

附表 5.3　　平水年来水和规划年 2030 年需水情景下四大灌区水量配置方案　　单位：万 m^3

月份	规划年 2030 -情景 EE-13							规划年 2030 -情景 EE-16						
	需水量	可分水量	分配水量				余缺水量	需水量	可分水量	分配水量				余缺水量
			区 1	区 2	区 3	区 4				区 1	区 2	区 3	区 4	
1	0	3253	0	0	0	0	3253	0	3300	0	0	0	0	3300
2	0	2637	0	0	0	0	2637	0	2684	0	0	0	0	2684
3	7583	2347	1003	668.0	60.00	616.0	−5236	6825	2447	1138	522.0	187.0	600.0	−4378
4	5733	945	347.0	90.00	93.00	415.0	−4788	5160	1046	418.0	288.0	142.0	198.0	−4114
5	7583	2770	1204	698.0	232.0	636.0	−4813	6825	2870	1288	727.0	212.0	643.0	−3955
6	5733	2193	1046	436.0	192.0	519.0	−3540	5160	2293	1130	469.0	187.0	507.0	−2867
7	0	3578	0	0	0	0	3578	0	3625	0	0	0	0	3625
8	0	3178	0	0	0	0	3178	0	3225	0	0	0	0	3225
9	0	4615	0	0	0	0	4615	0	4662	0	0	0	0	4662
10	0	7596	0	0	0	0	7596	0	7643	0	0	0	0	7643
11	8507	4317	2076	1046	331.0	864.0	−4190	7656	4418	2177	1046	323.0	872.0	−3238
12	0	3830	0	0	0	0	3830	0	3877	0	0	0	0	3877
合计	35140	41260	5676	2938	908.0	3050	6120	31630	42090	6151	3052	1051	2820	10460

附表 5.4　　枯水年来水和现状年需水情景下四大灌区水量配置方案　　单位：万 m^3

月份	现状年-情景 EE-2							现状年-情景 EE-5						
	需水量	可分水量	分配水量				余缺水量	需水量	可分水量	分配水量				余缺水量
			区 1	区 2	区 3	区 4				区 1	区 2	区 3	区 4	
1	0	1508	0	0	0	0	1508	0	1555	0	0	0	0	1555
2	0	1406	0	0	0	0	1406	0	1454	0	0	0	0	1454
3	3330	215.0	63.00	16.00	23.00	113.0	−3115	2997	353.0	140.0	41.00	21.00	151.0	−2644
4	2521	87.00	36.00	0	29.00	22.00	−2434	2269	225.0	81.00	106.0	8.000	30.00	−2044
5	3330	27.00	5.000	6.000	12.00	4.000	−3303	2997	165.0	24.00	70.00	0	71.00	−2832
6	2521	1478	656.0	408.0	54.00	360.0	−1043	2269	1617	742.0	399.0	129.0	347.0	−652
7	0	2555	0	0	0	0	2555	0	2603	0	0	0	0	2603
8	0	8969	0	0	0	0	8969	0	9016	0	0	0	0	9016
9	0	1912	0	0	0	0	1912	0	1959	0	0	0	0	1959
10	0	2877	0	0	0	0	2877	0	2924	0	0	0	0	2924
11	3691	835.0	341.0	253.0	73.00	168.0	−2856	3322	973	340.0	362.0	81.00	190.0	−2349
12	0	1513	0	0	0	0	1513	0	1560	0	0	0	0	1560
合计	15390	23380	1101	683.0	191.0	667.0	7989	13850	24400	1327	978.0	239.0	789.0	10550

附表 5.5　　枯水年来水和规划年 2020 年需水情景下四大灌区水量配置方案　　单位：万 m^3

月份	规划年 2020 -情景 EE-8							规划年 2020 -情景 EE-11						
	需水量	可分水量	分配水量				余缺水量	需水量	可分水量	分配水量				余缺水量
			区 1	区 2	区 3	区 4				区 1	区 2	区 3	区 4	
1	0	1512	0	0	0	0	1512	0	1559	0	0	0	0	1559
2	0	1411	0	0	0	0	1411	0	1458	0	0	0	0	1458
3	7908	596.0	115.0	122.0	89.00	270.0	−7312	7117	696	69.00	270.0	177.0	180.0	−6421
4	5984	467.0	51.00	157.0	0	259.0	−5517	5386	567.0	150.0	81.00	244.0	92.00	−4819
5	7908	408.0	13.00	128.0	49.00	218.0	−7500	7117	508.0	84.00	138.0	27.00	259.0	−6609
6	5984	1859	322.0	612.0	586.0	339.0	−4125	5386	1959	548.0	630.0	547.0	234.0	−3427
7	0	2560	0	0	0	0	2560	0	2607	0	0	0	0	2607
8	0	8973	0	0	0	0	8973	0	9020	0	0	0	0	9020
9	0	1916	0	0	0	0	1916	0	1963	0	0	0	0	1963
10	0	2881	0	0	0	0	2881	0	2928	0	0	0	0	2928
11	8762	1215	59.00	503.0	653.0	0	−7547	7886	1316	517.0	334.0	334.0	131.0	−6570
12	0	1517	0	0	0	0	1517	0	1564	0	0	0	0	1564
合计	36550	25320	560.0	1522	1377	1086	−11230	32890	26150	1368	1453	1329	896.0	−6746

附表 5.6　　枯水年来水和规划年 2030 年需水情景下四大灌区水量配置方案　　单位：万 m^3

月份	规划年 2030 -情景 EE-14							规划年 2030 -情景 EE-17						
	需水量	可分水量	分配水量				余缺水量	需水量	可分水量	分配水量				余缺水量
			区 1	区 2	区 3	区 4				区 1	区 2	区 3	区 4	
1	0	1512	0	0	0	0	1512	0	1559	0	0	0	0	1559
2	0	1410	0	0	0	0	1410	0	1457	0	0	0	0	1457
3	12210	595.0	179.0	192.0	11.00	213.0	−11610	10990	695.0	85.00	279.0	134.0	197.0	−10290
4	9247	466.0	80.00	25.00	163.0	198.0	−8781	8322	567.0	174.0	95.00	218.0	80.00	−7755
5	12210	407.0	90.00	16.00	100.0	201.0	−11800	10990	507.0	118.0	149.0	72.00	168.0	−10480
6	9247	1858	666.0	558.0	86.00	548.0	−7389	8322	1958	809.0	571.0	39.00	539.0	−6364
7	0	2559	0	0	0	0	2559	0	2606	0	0	0	0	2606
8	0	8973	0	0	0	0	8973	0	9020	0	0	0	0	9020
9	0	1916	0	0	0	0	1916	0	1963	0	0	0	0	1963
10	0	2880	0	0	0	0	2880	0	2927	0	0	0	0	2927
11	13500	1215	495.0	386.0	83.00	251.0	−12290	12150	1315	228.0	336.0	97.00	654.0	−10840
12	0	1517	0	0	0	0	1517	0	1564	0	0	0	0	1564
合计	56220	25310	1510	1177	443.0	1411	−30910	50610	26140	1414	1430	560.0	1638	−24460

附表 5.7　　特枯年来水和现状年需水情景下四大灌区水量配置方案　　单位：万 m^3

月份	现状年-情景 EE-3							现状年-情景 EE-6						
	需水量	可分水量	分配水量				余缺水量	需水量	可分水量	分配水量				余缺水量
			区1	区2	区3	区4				区1	区2	区3	区4	
1	0	2177	0	0	0	0	2177	0	2224	0	0	0	0	2224
2	0	1849	0	0	0	0	1849	0	1897	0	0	0	0	1897
3	5411	498.0	113.0	134.0	118.0	133.0	−4913	4870	636.0	139.0	202.0	3.000	292.0	−4234
4	4097	0	0	0	0	0	−4097	3687	0	0	0	0	0	−3687
5	5411	0	0	0	0	0	−5411	4870	0	0	0	0	0	−4870
6	4097	0	0	0	0	0	−4097	3687	0	0	0	0	0	−3687
7	0	754.0	0	0	0	0	754	0	801.0	0	0	0	0	801
8	0	1004	0	0	0	0	1004	0	1051	0	0	0	0	1051
9	0	1215	0	0	0	0	1215	0	1263	0	0	0	0	1263
10	0	1766	0	0	0	0	1766	0	1814	0	0	0	0	1814
11	5998	762.0	300.0	410.0	0	52.00	−5236	5398	901.0	241.0	124.0	91.00	445.0	−4497
12	0	1185	0	0	0	0	1185	0	1232	0	0	0	0	1232
合计	25010	11210	413.0	544.0	118.0	185.0	−13800	22510	11820	380	326.0	94.00	737.0	−10690

附表 5.8　　特枯年来水和规划年 2020 年需水情景下四大灌区水量配置方案　　单位：万 m^3

月份	规划年 2020-情景 EE-9							规划年 2020-情景 EE-12						
	需水量	可分水量	分配水量				余缺水量	需水量	可分水量	分配水量				余缺水量
			区1	区2	区3	区4				区1	区2	区3	区4	
1	0	2181	0	0	0	0	2181	0	2228	0	0	0	0	2228
2	0	1854	0	0	0	0	1854	0	1901	0	0	0	0	1901
3	12850	878.0	233.0	209.0	169.0	267.0	−11970	11570	978.0	313.0	253.0	137.0	275.0	−10860
4	9724	0	0	0	0	0	−9724	8752	0	0	0	0	0	−8752
5	12850	0	0	0	0	0	−12850	11570	0	0	0	0	0	−11570
6	9724	0	0	0	0	0	−9724	8752	9.000	1.000	3.000	2.000	3.000	−8743
7	0	758.0	0	0	0	0	758.0	0	805.0	0	0	0	0	805
8	0	1008	0	0	0	0	1008	0	1055	0	0	0	0	1055
9	0	1220	0	0	0	0	1220	0	1267	0	0	0	0	1267
10	0	1771	0	0	0	0	1771	0	1818	0	0	0	0	1818
11	14240	1143	473.0	21.00	76.00	573.0	−13100	12820	1243	191.0	340.0	460.0	252.0	−11570
12	0	1189	0	0	0	0	1189	0	1236	0	0	0	0	1236
合计	59390	12000	706.0	230.0	245.0	840.0	−47390	53460	12540	505.0	596.0	599.0	530.0	−40910

附表 5.9　　特枯年来水和规划年 2030 年需水情景下四大灌区水量配置方案　　单位：万 m³

月份	规划年 2030 -情景 EE - 15							规划年 2030 -情景 EE - 18						
	需水量	可分水量	分配水量				余缺水量	需水量	可分水量	分配水量				余缺水量
			区 1	区 2	区 3	区 4				区 1	区 2	区 3	区 4	
1	0	2181	0	0	0	0	2181	0	2228	0	0	0	0	2228
2	0	1853	0	0	0	0	1853	0	1900	0	0	0	0	1900
3	19790	877.0	208.0	170.0	19.00	480.0	−18910	17810	978.0	251.0	131.0	70.00	526.0	−16830
4	14980	0	0	0	0	0	−14980	13480	0	0	0	0	0	−13480
5	19790	0	0	0	0	0	−19790	17810	0	0	0	0	0	−17810
6	14980	0	0	0	0	0	−14980	13480	9.000	2.000	2.000	2.000	3.000	−13470
7	0	757.0	0	0	0	0	757.0	0	804.0	0	0	0	0	804.0
8	0	1008	0	0	0	0	1008	0	1055	0	0	0	0	1055
9	0	1219	0	0	0	0	1219	0	1266	0	0	0	0	1266
10	0	1770	0	0	0	0	1770	0	1817	0	0	0	0	1817
11	22010	1142	244.0	544.0	354.0	0	−20870	19810	1242	532.0	710.0	0	0	−18570
12	0	1189	0	0	0	0	1189	0	1236	0	0	0	0	1236
合计	91550	12000	452.0	714.0	373.0	480.0	−79560	82390	12530	785.0	843.0	72.00	529.0	−69860

参 考 文 献

[1] 张建云，王国庆．河川径流变化及归因定量识别［M］．北京：科学出版社，2014.

[2] 徐宗学．水文模型［M］．北京：科学出版社，2009.

[3] 赵人俊．流域水文模拟［M］．北京：水利电力出版社，1984.

[4] 文康，金管生，等．地表径流过程的数学模拟［M］．北京：水利电力出版社，1991.

[5] 汪德爟．计算水力学理论与应用［M］．南京：河海大学出版社，1989.

[6] 芮孝芳．水文学原理［M］．北京：中国水利水电出版社，2004.

[7] 包为民．水文预报［M］．北京：中国水利水电出版社，2006.

[8] 王金星，张建云，李岩，等．近50年来中国六大流域径流年内分配变化趋势［J］．水科学进展，2008，19（5）：655－661.

[9] 李东龙，王文圣，李跃清．中国主要江河年径流变化特性分析［J］．水电能源科学，2011，29（11）：1－5.

[10] 王文圣，李跃清，解苗苗，等．长江上游主要河流年径流序列变化特性分析［J］．四川大学学报（工程科学版），2008，40（3）：70－75.

[11] 郝治福，康绍忠．地下水系统数值模拟的研究现状和发展趋势［J］．水利水电科技进展，2006，26（1）：77－81.

[12] 韩瑞光．海河流域平原区浅层地下水模型初步研究［J］．海河水利，2002，（6）：15－16.

[13] 任洪雨，冯斌．数值法在地下水资源评价中的应用［J］．西部探矿工程，2003，15（3）：81－84.

[14] 陈建卓，王海英．评析冀北高原区地下水模型致力于实现水资源的可持续利用［J］．地下水，2004，26（4）：255－259.

[15] 牛文娟．基于系统演化算法的水资源多Agent系统建模仿真研究［D］．南京：河海大学，2006.

[16] 张颖，余新晓，谢宝元，等．水资源合理配置研究现状与发展趋势［J］．中国水土保持科学，2004，（12）：93－97.

[17] 朱九龙．基于供应链管理理论的南水北调水量控制与水资源分配模型研究［D］．南京：河海大学，2006.

[18] 吴泽宁，索丽生．水资源优化配置研究进展［J］．灌溉排水学报，2004，（2）：1－5.

[19] 王济干．区域水资源配置及水资源系统的和谐性研究［D］．南京：河海大学，2003.

[20] 尤祥瑜，谢新民，孙仕军，等．我国水资源配置模型研究现状与展望［J］．中国水利水电科学研究院学报，2004，（2）：131－140.

[21] 许新宜，王浩，甘泓．华北地区宏观经济水资源规划理论与方法［M］．郑州：黄河水利出版社，1997.

[22] 谢新民．基于知识的水电站水库群模糊优化补偿调节模型研究［J］．水利学报，1998，（3）：74－81.

[23] 贺北方，周丽，等．基于遗传算法的区域水资源优化配置模型［J］．水电能源科学，2002，（3）：10－13.

[24] 王浩，陈敏建，秦大庸．西北地区水资源合理配置和承载能力研究［M］．郑州：黄河水利出版社，2003.

[25] 谭维炎，黄守信．用随机动态规划进行水电站水库最优调度［J］．水利学报，1982，（7）：45－51.

[26] 张勇传．优化调度理论在水库调度中的应用［M］．长沙：湖南科技出版社，1985.
[27] 马光文，颜竹丘．水电站群补偿调节的递阶控制——关联平衡法［J］．水力发电学报，1987，(4)：75-81.
[28] 董子敖，李瑛，阎建生．串并混联水电站优化调度与补偿调节多目标多层次模型［J］．水力发电学报，1989，(2)：73-78.
[29] 冯尚友．水资源持续利用与管理导论［M］．北京：科学出版社，2000.
[30] 刘国纬．跨流域调水运行管理——南水北调东线工程实例研究［M］．北京：中国水利水电出版社，1995.
[31] 刘国纬．关于中国南水北调的思考［J］．水科学进展，2000，11 (3)：345-350.
[32] 王慧敏．流域可持续发展系统理论与方法［M］．南京：河海大学出版社，2000.
[33] 赵建世，王忠静．水资源复杂适应系统配置的理论与模型［J］．地理学报，2002，57 (6)：639-647.
[34] 王慧敏，佟金萍，等．基于CAS范式的流域水资源配置与管理及模仿真［J］．系统工程理论与实践，2005，25 (21)：19-127.
[35] 王慧敏，胡震云．南水北调供应链运营管理的若干问题探讨［J］．水科学进展，2005，16 (6)：864-869.
[36] 杨方廷，赖纯洁．南水北调工程仿真系统［J］．系统仿真学报，2002，14 (12)：1564-1578.
[37] 赵勇，解建仓，等．基于系统仿真理论的南水北调东线水量调度［J］．水利学报，2002，(11)：38-43.
[38] 王浩，党连文，等．关于我国水权制度建设若干问题的思考［J］．中国水利，2006， (1)：28-30.
[39] 徐邦斌．淮河流域初始水权分配民主协商机制与分配程序探讨［J］．治淮，2006，(7)：32-35.
[40] 李向阳．跨界水资源管理协商机制研究［D］．南京：河海大学，2007.
[41] 陈丽芳，战子欣．松辽流域水资源管理制度建设初探［J］．东北水利水电，2009，(6)：21-23.
[42] 粟晓玲，康绍忠．石羊河流域多目标水资源配置模型及其应用［J］．农业工程学报，2009，11 (25)：128-131.
[43] 任宪韶．海河流域水资源评价［M］．北京：中国水利水电出版社，2007.
[44] 蔡启富，高西玲，项玉章，等．二维浅水方程组的一种二阶有限体积法［J］．数学杂志，1998，(1)：18-22.
[45] 韩龙喜，张书农，金忠青．复杂河网非恒定流计算模型——单元划分法［J］．水利学报，1994，(2)：52-56.
[46] 侯玉．河网非恒定流汊点分组解法［J］．水科学进展，1999，10 (1)：48-52.
[47] 胡四一，谭维炎．一维不恒定明流计算的三种高性能差分格式［J］．水科学进展，1991，2 (1)：11-21.
[48] 胡四一，施勇，王银堂，等．长江中下游河湖洪水演进的数值模拟［J］．水科学进展，2002，(3)：278-286.
[49] 胡四一，谭维炎．无结构网格上二维浅水流动的数值模拟［J］．水科学进展，1995，6 (1)：1-9.
[50] 胡四一，谭维炎．用TVD格式预测溃坝洪水波的演进［J］．水利学报，1999，(7)：1-11.
[51] 江春波，杜丽惠．二维扩散输移问题的一种新的有限体积算法［J］．水科学进展，2000，11 (4)：351-356.
[52] 李致家．通用一维河网不恒定流软件的研究［J］．水利学报，1998，(8)：14-18.
[53] 陆金甫，关治．偏微分方程数值解法［M］．北京：清华大学出版社，2004.
[54] 南京大学数学系计算数学专业．偏微分方程［M］．北京：科学出版社，1979.

[55] 裴杰峰．漳河河道冲淤变化及对护岸工程影响分析 [J]．海河水利，2009，(5)：34-36.

[56] 芮孝芳，蒋成煜，张金存．流域水文模型的发展 [J]．水文，2006，26 (3)：22-26.

[57] 施勇，胡四一．无结构网格上平面二维水沙模拟的有限体积法 [J]．水科学进展，2002，13 (9)：409-415.

[58] 王船海，李光炽．流域洪水模拟 [J]．水利学报，1996，(3)：44-50.

[59] 王春泽，胡军波，刘彦华，等．时变参数法在洪水预报中应用 [J]．水文，2010，30 (5)：32-37.

[60] S. V. Patankar. 传热与流体流动的数值计算 [M]．张政，译．北京：科学出版社，1984.

[61] Wang，G. Q.，Yan，X. L.，Zhang. JY，et al. Detecting evolution trends in the recorded runoffs from the major rivers in China during 1950—2010 [J]. Journal of Water and Climate Change，2013，4 (3)：252-264.

[62] Wood W L. A note on how to avoid spurious oscillation in the finite element solution of the unsaturated flow equation [J]. Journal of Hydrology，1996，176：205-218.

[63] SCHEIBE T，YABUSAKI S. Scaling of flow and transport behavior in heterogeneous ground water systems [J]. Advances in Water Resources，1998，22 (3)：223-238.

[64] GHASSEMI F，MOLSON J W，FALKLAND A. Three-dimensional simulation of the Home Island freshwater lens：preliminary results [J]. Environmental Modelling & Software，1999，14：181-190.

[65] MEHL S，HILL M C. Development and evaluation of a local grid refinement method for block-centered finite-difference groundwater models using shared nodes [J]. Advances in Water Resources，2002，25：497-511.

[66] Michael M G，Harbaugh A W. A Modular Three-Dimensional Finite-Difference Ground-Water Flow Model [M]. Washington：United States Government Printing Office，1988.

[67] Dracup J. A. Steady-State Water Quality Modeling in Streams [J]. Journal of the Environmental Engineering Division，1975，101 (2)：245-258.

[68] Boness A. J. Elements of a theory of stock-option value [J]. Journal of Political Economy，2012，72，(2)：163-175.

[69] Haimesyy，Allee D J. Multi-objective analysis in water resources [M]. New York：American Society of Civil Engineers，1982.

[70] E. Romijn，M. Tamiga. Allcation of Water Resources [M]. New York：American Society of Civil Engineers，1982.

[71] Maaren H，Dent M. Broadening participation in integrated catchment management for sustainable water resources development [J]. Water Science and Technology，1995，32 (5)：161-167.

[72] Raju K S，Duckstein L，Arondel C. Multicriterion analysis for sustainable water resources planning：A case study in Spain [J]. Water Resources Management，2000，(14)：435-456.

[73] Bernhard L，Beroggi G E G，Moens M R. Sustainable water management through flexible method management [J]. Water Resources Management，2000，(14)：473-495.

[74] Spulber N，Sabbaghi A. Economics of Water Resources [M]. Norwell：Kluwer Academic Publishers，1994.

[75] Stewart T. J，Scott L. V. A scenario based framework for multicriteria decision analysis in water resources planning [J]. Water Resoures，1995，31 (11)：2835-2843.

[76] Watkins David W，Jr Mc Knney，Dame C Robust. Optimization on for incorporation risk and uncertainty in sustainable water resource rose planning [J]. International Association of Hydrolchcal Sciences，1995，(13)：225-232.

[77] Banae Costa, C. A. Readings in Multiple CriteriabDecision Aid [M]. Berlin: Springer, 1990.

[78] El-Swaify S. A, Yakowitz D. S. Multiple Objective Decision Making for Land, Water and Environmental Management [M]. Boston: Lewis Publishers, 1998.

[79] Beinat E, Nijkamp P. Multicriteria Analysis for Land Use Management [M]. Dordrecht: Kluwer, 1998.

[80] Munda G. Multicriteria Evaluation in a Fuzzy Environment—Theory and Applications [M]. New York: Heidelberg, 1995.

[81] Niemeyer S, Spash C. L. Environmental valuation analysis, public deliberation and their pragmatic syntheses: a critical appraisal [J]. Environment and Planning C: Government and Policy, 2001, 19 (4): 567-585.

[82] Hanley N, Spash C. L. Cost-Benefit Analysis and the Environment [M]. Edward Elgar, Brookfield, 1993.

[83] Guha R, Martinez-Alier J. Varieties of Environmentalism. Earthscan Publications [M]. London: Public Press, 1997.

[84] Hampicke, U. Okonomische Bewertungsgrundlagen und die Grenzen einer "Monetarisierung" der Natur In Theobald, Integrative Umweltbewertung—Theorie und Beispiele ausder Praxis [M]. Beilin: Springer, 1999.

[85] Price C. Valuation of unpriced products: contingent valuation, cost-benefit analysis and participatory democracy [J]. Land Use Policy, 2000, 17 (3): 187-196.

[86] Deng S. J., Jiang W. Levy process-driven mean-reverting electricity price model: the marginal distribution analysis [J]. Decision Support Systems, 2005, 40 (10): 483-494.

[87] Rosegrant, M W, Renato G. S.. Tradable Water Rights: Experiences in Reforming Water Allocation [M]. Beilin: Springer, 1994.

[88] Kandice H. Reliability of soybean and corn option-based probability assessments [J]. Futures Markets, 1993, 13 (10): 765-779.

[89] George J, Stigler. Two Notes on the Coase Theorem [J]. Yale Law Journal, 1989, (12): 631-633.

[90] Walis, John J, Arid North, Douglass C. Measuring the Transaction Sector in the America Economy, Long term Factors in American Economic Growth [M]. Chicago: University of Chicago Press, 1986.

[91] Colby B. Transactions costs and efficiency in western water allocation [J]. American Journal of Agriculture Economics, 1990, (12): 72-85.

[92] Gould G. Water right transfers and third-party effects [J]. Land and Eater Law Review, 1998, (1): 28-41.

[93] Green G. Water allocation, transfers and conservation: links between Policy and Hydrology [J]. Water Resources Development, 2000, 6 (2): 132-147.

[94] Lin Crase, Leo O, Brian Dollery. Water Market as a Vehicle for Water Reform: The Case of New South Wales [J]. The Australian Journal of Agricultural and Resource Economics, 2000, 44 (1): 348-364.

[95] Ari M. Michelsen, James F. Booker. Patrick Person: Expectations in Water-right Prices [J]. Water Resources Development, 2000, 16 (2): 209-219.

[96] Watters, P. A. Efficient Pricing of Water Transfer Options: Non-Structural Solutions for Reliable Water Supplies [D]. University of Californial-Riverside, Riverside, 1995.

[97] D Brennan. Scoccimarroassues in Defining Property Rights to Improve Australian Water Markets

[J]. The Australian Journal of Agricultural and Resource Economics, 1999, 43 (1): 178-193.

[98] Rosegrant, Mark W, Renato Gazmuri Scheleyer. Tradable Water Rights: Experiences in Reforming Water Allocation [J]. Water Resources Development, 1994, 11 (1): 252-277.

[99] Abbott, M. B. An introduction to the method of Characteristics [M]. NewYork: American Elsevier, 1966.

[100] Abbott, M. B, lonescu, F. On the numerical computation of nearly horizontal flows [J]. J. Hydraulic Res, 1967, 5 (2): 97-117.

[101] Barkau, R. L. Mathematical Model of Unsteady Flow Through a Dendritic Network [D]. Department of Civil Engineering, Colorado State University, Ft. Collins, CO. , 1985.

[102] Beven K J, Kirkby M J. A physically based, variable contributing area model of basin hydrology [J]. Hydrological Sciences Bulletin, 1979, 24 (1): 43-69.

[103] Cunge, J. A. Study of a Finite Difference Scheme, Applied to Vumerical integration of the Certain Type of Hyperbolic Flow Equation Thesis [M]. Grenoble University, France, 1966.

[104] HEC. Hec-Ras River Analysis System Hydraulic Reference Manual [M]. U. S. Army Corps of Engineers, Davis, CA. , 2002.

[105] Noble D R. , Georgiadis J G, Buckius R O. Comparison of accuracy and performance for lattice Boltzmann and finite difference simulation of steady viscous flow [J]. Int J Numer Meth Fluids, 1996, 23: 1-18.

[106] Qian Y, Succi S, Orszag S. Recent Advances in Lattice Boltzmann Computing [J]. Annu Rev Comp Phys III, 195-342, 1995.

[107] Randall J. Leveque. Finite Volume Methods for Hyperbolic Problems [M]. Cambridge: Cambridge University Press, 2004.

[108] Tang X, Knight D. W. , Samuels P. G. Variable parameter Muskingum-Cunge method for flood routing in a compound channel [J]. Journal of Hydraulic Research, 1999, 37 (5): 221-224.

[109] V. M. Ponce, P. V. Changanti. Variable-parameter Muskingum-Cunge method revisited [J]. Journal of Hydrology, 1994, 162 (4): 433-439.

[110] Victor Miguel Ponce, Vujica Yevjevich. Muskingum-Cunge Method with Variable Parameters [J]. Journal of the Hydraulics Division, 1978, 104 (12): 1663-1667.

[111] WOLF-GLADROW D. A lattice Boltzmann equation for diffusion [J]. J State Phys, 1995, (79): 1023-1032.

[112] Yang D, Herath S, Musiake K. Hillslope-based hydrological model using catchment area and width function [J]. Hydrological Sciences Journal, 2002, 47: 49-65.

[113] Yang D, Kanae S, Oki T, Musiake K. Expanding the distributed hydrological modeling to continental scale [C]. IAHS Publication, 2001, 270: 125-134.

[114] Yang D, Koike T, Tanizawa H. Application of a distributed hydrological model and weather radar observations for flood management in the upper Tone River of Japan [J]. Hydrological Processes, 2004, 18: 3119-3132.

[115] Yang, D. , S. Herath, K. Musiake. Hillslope-based hydrological model using catchment area and width functions [J]. Hydrological Sciences Journal 2002, 47 (1): 49-65.

[116] Yang, D. , S. Herath, K. Musiake. Development of a geomorphology-based hydrological model for large catchments [J]. Annual Journal of Hydraulic Engineering, JSCE, 1998, 42: 169-174.

[117] Yang, D. , S. Herath, K. Musiake. Comparison of different distributed hydrological models for characterization of catchment spatial variability [J]. Hydrol. Processes, 2000, (14): 403-416.